国外电子与电气工程技术丛书

PCB电流与信号完整性设计

[美] 道格拉斯·布鲁克斯（Douglas Brooks）著
丁扣宝 韩雁 译

PCB Currents
How They Flow, How They React

机械工业出版社
CHINA MACHINE PRESS

图书在版编目（CIP）数据

PCB 电流与信号完整性设计 /（美）布鲁克斯（Brooks, D.）著；丁扣宝，韩雁译 . —北京：机械工业出版社，2015.5（2024.11 重印）
（国外电子与电气工程技术丛书）
书名原文：PCB Currents: How They Flow, How They React

ISBN 978-7-111-49997-8

I. P…　II. ①布…　②丁…　③韩…　III. 印刷电路－信号设计　IV. TN410.2

中国版本图书馆 CIP 数据核字（2015）第 080309 号

北京市版权局著作权合同登记　图字：01-2013-6493 号。

本书从电子学的基本概念出发，全面阐述了 PCB 上电流的性质和流动规律，详细探讨了现代 PCB 设计中的特殊问题，提出了设计方案，论述了由电流引起的信号完整性问题，还提出了应对甚高频谐波和极短波长复杂挑战的解决方案。本书的编写融理论性与工程实践性于一体，尽量减少烦琐的数学论证，直观生动。

本书既适合于 PCB 工程师阅读，也可作为相关专业研究生和高年级本科生的参考教材。

出版发行：机械工业出版社（北京市西城区百万庄大街 22 号　邮政编码：100037）

责任编辑：张梦玲　　　　责任校对：殷　虹

印　　刷：北京机工印刷厂有限公司　　　　版　　次：2024 年 11 月第 1 版第 8 次印刷

开　　本：185mm × 260mm　1/16　　　　印　　张：12.25

书　　号：ISBN 978-7-111-49997-8　　　　定　　价：79.00 元

客服电话：（010）88361066　88379833　68326294

译 者 序

最近 20 多年来，印制电路板（Printed Circuit Board，PCB）越来越像一个具有电阻、电容和电感的组件，而不仅仅是一个互连平台。因此 PCB 设计者需要了解相关的电子学知识，以便能更有效地处理诸如走线阻抗匹配等现代 PCB 设计中的问题。

本书从电子学的基本概念出发，全面阐述了 PCB 上电流的性质和流动规律，讨论了电压源和电流源，详细探讨了现代 PCB 设计中的特殊问题，提出了相关的设计方案。作者富有启发性地总结了由电流引起的信号完整性问题，对每一个常见问题提出了实用的设计方案，此外，还提出了应对甚高频谐波和极短波长等复杂挑战的方案。

本书的编写融理论与工程实践于一体，尽量减少烦琐的数学论证，直观生动，是作者相关工作成果和各类研讨会的心血结晶。

本书既适合于从事现代 PCB 设计的技术人员参考，也可作为相关研究生和高年级本科生的参考教材。

本书由浙江大学微电子与光电子研究所丁扣宝副教授和韩雁教授翻译。为表述准确，译者在翻译过程中较多地采用了直译法。虽力求完美，但难免存在错漏及不妥之处，望读者不吝指正。

丁扣宝　韩雁

2014 年 10 月于浙江大学求是园

译者序

自从20世纪末，印制电路板（Printed Circuit Board，PCB）上越来越多地集成了模拟电路、电子和电磁的组件，而不仅仅是一个互连平台。因此PCB设计者需要了解相关的电子学知识，以便能够有效地处理信号和电源完整性问题以及现代PCB设计中的新问题。

本书从电子学的基本概念出发，全面阐述了PCB上信号的传输和耦合，讨论了电子、磁和电磁场，详细探讨了现代PCB设计中的各种问题，提出了相关的设计方案。作者[illegible]地解释了由电流引起的信号完整性问题，对每一个常见问题都给出了实用的设计方案。此外，还提出了应对高频和快速边缘速率带来挑战的方案。

本书[illegible]工程实践[illegible]，尽量减少烦琐的数学推导，直观生动，[illegible]工程技术人员[illegible]。

本书适合于从事现代PCB设计的技术人员参考，也可作为相关专业研究生和高年级本科生的参考书。

本书由浙江大学[illegible]翻译[illegible]。译者在翻译过程中[illegible]，但由于译者水平有限，书中难免存在错误和不妥之处，恳请读者不吝指正。

丁扣宝 [illegible]

2014年10月于浙江大学求是园

前　言

我大部分的职业生涯都是在电子行业的各种岗位上度过的，最近 20 年一直从事与印制电路板设计有关的工作，这令我感到非常开心，通过写文章和研讨会报告，也结识了许多业内人士。我很幸运地受邀参与全球各地的研讨会。同行们对我也一直很好。

优秀的 PCB 设计人员是具有出色图形认知能力的艺术家。这么多年后，我依然惊奇于设计师观看计算机屏幕、抓取走线的始端，然后布放走线、通过众多的等效屏幕使其到达线网的另一端的才能，并且他们总是能精确地知道自己在哪儿。完成后的电路板看上去美极了，几乎就是一件艺术品。这个工作有时被贬低为“点的连接而已”，但其实它远不止如此。

最近 20 年来，PCB 设计人员不得不面对另一类需求。电路板已经开始像一个具有电阻、电容和电感的组件，而不仅仅是一个互连平台。因此 PCB 设计者需要对电子元器件和电流有所了解——不需要很多，不必成为工程师，但确实应该知道工程师所知道的很多知识。

在学术访问期间触动我的是，即使 PCB 设计师能够处理很复杂的电路和要求，他们也很少有人受过正规的电子学训练，因此即使走线的阻抗匹配很重要，他们中的很多人也不知道阻抗的含义。他们必须关心串扰和 EMI 问题，但却不知道这些是什么或是怎么发生的，当然还有地弹现象。

在 UP 传媒集团 Pete Waddell 的支持下，我在 20 世纪 90 年代早期的好几个 PCB 设计展会上开办了基础电子学方面的研讨会。Prentice Hall 在 2003 年出版了我关于 PCB 设计的著作 *Signal Integrity Issues and Printed Circuit Board Design*，希望这能对很多设计人员提供有用的帮助。虽然我对这些成就感到满意，但总觉得它不像预想中那么突出。

这种感觉促使我编写了当前这本书。

主题

本书的主题是电流：它是什么，它怎么流动，以及它如何起作用。每一章在特定的条件下讨论了电流的特定性质。

结构安排

本书分为四部分：

第一部分　电流的性质

第二部分　基本电路中电流的流动

第三部分　电压源和电流源

第四部分　电路板上的电流

电子学的基本粒子是电子，该领域称为电子学不是偶然的。宇宙中所有元素都由质子、中子和电子构成。质子带正电荷，电子带负电荷。基本粒子（事实上是整个宇宙）是“电荷中性的”，我的意思是，质子和电子的数量几乎到处相等。

如果电子不移动，那什么也不会发生。我们可以有由电荷的定域差引起的静电场，这些电荷场很重要。但是，直到电子开始在这些场内移动，游戏才开始真正有趣。当电子移动时，根据定义我们就有了电流，这是电子学的一切所在。

第一部分包括电流的基本性质。第1章介绍电流（电子流）的基本定义。具体而言，1A电流是1s内通过一个表面的6.25×10^{18}个电子的流量。第2章介绍了几个电流概念，从频率和波形到传播速度再到电流的测量，以及如何进行这些测量。第3章介绍五个基本的电流定律。

- 电流在回路中流动。
- 回路中的电流处处恒定。
- 欧姆定律（电流、电压和阻抗间的关系）。
- 基尔霍夫第一定律（进入节点的电流等于流出节点的电流）。
- 基尔霍夫第二定律（回路电压之和为0）。

重要的是要认识到，即使需要求解最复杂的电路，从概念上说，上述这些就是所需要的一切。AC（交流）和电抗的引入增加了电路的复杂性，但从概念上说，增加得并不多。简单地将一个电路拆为n个独立的回路，用基尔霍夫和欧姆定律建立一个联立方程组，再使用矩阵代数求解。从概念上说，这很直观（说起来容易），电子与电气工程（EE）专业的典型课程包含了很多这方面的教材。EE课程体系的其他课程包括了如何实际求解那些电路问题和计算的技术。

第二部分包括各种电路概念，从电阻电路开始，接着是电抗电路（电容和电感），然后是阻抗（将所有这些元件组合在一起时所发生的）。其余章节包括时间常数、变压器、差分电流和半导体等内容。

重要的是注意到，实际上我们面对的仅有三种无源元件：电阻、电容和电感。从真正意义上讲，这些元件占据了频谱的特殊位置。电容在一端（当频率趋向无穷大时，阻抗趋于0，电压相移趋于−90°），电感在另一端（当频率趋向无穷大时，阻抗趋于无穷大，相移趋于+90°）。电阻占据两者之间的特殊位置（阻抗与频率无关，相移为0）。这三个事实放之四海皆准，永远不会改变。

第三部分包括电压源和电流源。如果我们想得到电流（即电子流），那么需要知道电子从哪里来以及如何迫使它们移动。

第四部分处理由印制电路板引入的特定问题。大多数（应该承认不是全部）电子系统里面都有电路板。如果频率足够高（或者如我指出的，真正的问题是如果上升时间足够快），或者电流足够大，电路板将会出现哪些需要处理的特殊问题。

各章节包括了像电流和走线温度、传输线和反射、耦合电流/EMI/串扰)、电流分布、趋肤效应、介质损耗以及过孔等内容。

最后要说的是，最后一章处理了由电流引起的信号完整性问题。在我的职业生涯中，关于电路板信号完整性问题在电子行业的发展中经历了四个阶段。第一个阶段微不足道，没有任何问题；第二个阶段主要涉及电路板自身电感引起的问题；第三个阶段涉及高频引起的视在电阻的变化（即趋肤效应或介质损耗），这些不是真正的电阻改变，但它们的表现就像是电阻变化了；第四个阶段发生于谐波频率非常高以及波长非常短的情况下，以致在如此短的物理距离内极难求解。第22章介绍了处理这些问题的各种设计方法。

本书还有三个附录：附录A涉及麦克斯韦方程组和位移电流的概念；附录B介绍并给出了眼图的简要解释；附录C更多的是个人笔记。在我的职业生涯中，我多次听说过关于PCB消亡的预测，但每一次他们都错了，且总是由于相同的原因，附录 C 给出了我的观点并解释了理由。

但当你认识到当今几乎所有的电子元器件都是在电路板上互连的，我相信读者面看起来就不会窄了。无疑，在电视机和计算机中有电路板，在报警器、灌溉控制、调光器、洗衣机和烘干机、冰箱、烤箱、定时器、时钟，以及不计其数的其他产品中也有电路板，且谁又能数得清现代汽车中有多少块电路板呢？

读者对象

本书是针对 PCB 设计人员和可能成为 PCB 设计人员的人们编写的。本书没有严格的 EE 专业学位课程所要求的深度。然而，它对在其他学位课程中重视电子学简介的学生是有益的。这样的课程可见于大学层次、贸易学校层次、社区学院或针对现在的设计人员以增加他们基础知识的特定课程中。不管是什么原因，对当初在学校里初次学到的知识已感觉“生疏”的工程师们而言，本书也是有益的。

本书有意以简单易懂的方式来写作，将数学认证最小化。电子学的性质是电子的流动，是随时间变化的现象，按照定义，这涉及微积分的情形。我敢肯定 EE 专业的学生在受教育阶段学到的微积分知识比他们曾认为的要更多。一些公式的使用是不可避免的，欧姆定律就是其中一个，但我试图尽量少地使用公式，而仅使用本领域中我认为最重要的那些。

致谢

我已经在 PCB 设计行业工作 20 多年了。在这段时间里，有很多人帮助、指引我成长，因此我也希望寻求有助于该行业和从业人士成长的方式。尤其是 Pete Waddell 先生鼓励我先写些文章，然后开办研讨会，并提供给我进行这些工作的交通工具，本书正是起始于那个早期鼓励的最终成果。

在此过程中，很多与我有关的人总是帮助和鼓励我，我也从中学到了很多。他们涉及所有参与关于信号完整性问题研讨会的人们，人数太多而难以统计和提及。

Dave Graves 是我满 20 年的合作伙伴，我很感激他这么多年来的支持和奉献。我也经常给他看我写的文章和报告的草稿，我无法告诉你当他的回应是“不得要领！你在想说什么？”时，我曾经从头开始了多少次。由于他的评述和支持，一切都变得更好。由于我已经退休了，我们也已经在各走各的人生路，但我依然怀念那段友谊。

我也要感谢三家供应商，他们这些年来对我的文章和研讨会活动提供了慷慨的支持。Mentor Graphics 公司、HyperLynx 公司（现在是 Mentor 的一部分）和 Polar Instruments 公司当我需要软件许可和技术支持时总是随时给我提供帮助。我感谢他们在进行这些支持时没有试图通过任何方式对我施加任何控制。

我享受书稿的写作过程，现在完稿了，我感慨良多，但有很多人是“真正地”对这个项目的最终完成感到高兴，特别是我非技术背景的妻子，她觉得或许现在我可以真正退休了。

最后，我感谢来自 Prentice Hall 出版社的 Bernard Goodwin 先生的支持和鼓励，这是他第二次帮助并指导我完成出版流程，我期望他和读者一起来判定这一切都是值得的。

目 录

第三部分　电压源和电流源

第四部分　电路板上的电流

第一部分

电流的性质

第1章 电子和电荷

1.1 电子流

电流是电子的流动，这是本书最重要的定义。有电流的地方就有电子在移动；没有电流的地方就没有电子的移动。与电压和电流有关的领域称为**电子学**。

当测量电流时，即在确定有多少电子在移动。1A 电流的定义是 1s 内通过某处（或某个面）1C 的电荷（6.25×10^{18} 个电子）。因此，测量电流的方法是实际计算单位时间内通过某处电子的数量。当然，电子很小并难以看到，因此要对每个电子进行计数是不现实的，但如果我们可以看到电子，那将是测量电流的另一种方法。第 2 章阐述了实际电流的测量方法。

技术注解：

一些人认为上面说法不正确，他们认为电流是一股光子流或一种波动现象。然而这些说法并不全错，其核心概念是正确的。诺贝尔物理学奖得主 Richard Feynman 这样说道[⊖]：

在核内有三个质子（可与三个电子交换光子）的原子（如锂原子），它的第三个电子比另两个（其已占完了可能的空间）离原子核更远，与质子交换的光子也比较少。这使得这个电子很容易在来自其他电子的光子的影响下，逃离自己所属的核。大量的这种原子聚在一起，就很容易失去它们各自的第三个电子，从而形成一个在原子与原子之间到处游动的电子海。它对任何一个小的电力（光子）都会有反应，从而形成电流（这是锂金属的导电情况）。氢和氦原子不会将它们的电子丢失给其他原子，它们是“绝缘体”。

电子能够移动之所以重要，是因为如果它在我们的控制之下，有了这些信息，我们就可以做些有用的事情。设想我们沿着导体以某一频率前后移动电子，该频率与我们正在听的一些音乐的音调（频率）相同。当音乐声较大时，我们移动更多的电子；当音乐声比较安静时，我们移动较少的电子。也就是说，我们让电子流（电流）的大小正比于音乐的音量，因而电流的频率和大小就构成了对音乐的模拟。在房间里传递音乐的方法有很多种，但电流是远程传递（模拟的）音乐很方便的方法。

或者设想在某个时间点，在电路某处放置大量的电子，在另一时间点放置较少量的电子，这两种不同数量级的电子能代表信息的一位[⊖]。如果有数千或数百万这样的点可以利用（就像在微处理器中），我们就能将这些信息位组合成有意义的通信或信息处理系统。

⊖ Richard Feynman, *QED: The Strange Theory of Light and Matter* (Princeton, NJ: Princeton University Press, 1985). 113。

⊖ 信息的一位是指在“是”或“否”的回答中的信息量。它构成了二进制或数字逻辑的基础。

1.2　原子结构

电子是原子结构中的一种粒子。原子的一种简单模型如图1-1所示。该模型表明原子包含三种基本的粒子：质子、中子和电子。质子和中子紧紧地耦合在原子的中心，即原子核里，电子则围绕着核做同心圆周运动[㊀]。该模型称为**行星**模型，这是因为这些电子类似于围绕着太阳运行的行星，这是大约一百年前人们对原子结构的典型理解。现在知道，原子远比这复杂得多。尽管如此，这个简单模型对理解电流的基本性质还是很有用的。

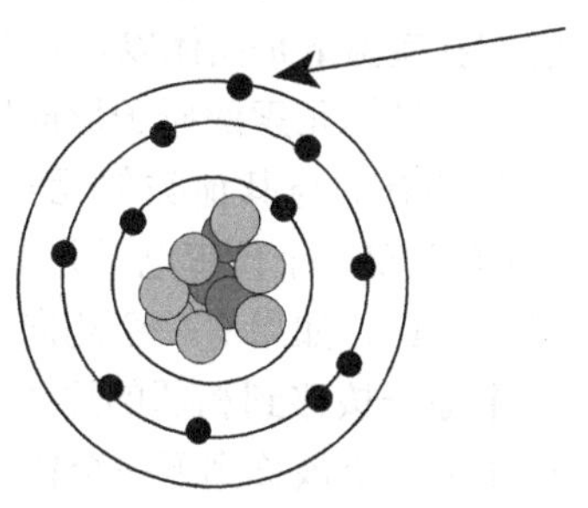

图1-1　原子的行星模型

质子和中子非常相似，只有一点不同：每个质子有一个单位的正电荷，而中子没有电荷。每个电子有一个单位的负电荷。自然界中所有稳定的元素必须呈电中性，因此在任何元素（原子）中质子和电子数必须相等。

原子中的质子数（由此可得到电子数）称为**原子序数**。用原子序数可将自然界的元素区分开来。例如，氢原子序数为1，一个氢原子有一个质子和一个电子；氦原子序数为2，一个氦原子有两个质子和两个电子；铜原子序数为29，因此它包含29个质子和29个电子。

一个原子的原子量（有时也称为原子质量）近似等于原子核中的质子数和中子数之和。氢原子序数为1，之所以原子量也为1，是因为它没有中子。氦原子量为4（其原子序数为2）是因为一个氦原子有两个质子和两个中子。铜的原子量是64，是因为它有29个质子和35个中子[㊁]。

元素周期表是展示原子结构信息和区分不同元素的主要方法。在学校学过化学的任何人都见过周期表（至少我希望是这样）。在网上搜索“周期表”将出现数百万个检索结果。基于网络的周期表（相对于基于课本的）的主要优点是：它往往更生动，更有助于对其所传递信息的理解。

最有助于我们理解的是弄明白在原子核的周围，原子的电子是怎样组织的。一般认为电子在围绕原子核的同心球轨道上（有时称为**能带或壳层**），但对此有非常明确的规则。每个球层能容纳的电子数有一个最大值，并且必须按次序填充该球层。也就是说，每个内层的球层必须先被填满，然后电子才能开始填充下一个球层。第一个球层能容纳两个电子，一个氢原子有1个电子在这一球层上，一个氦原子有两个电子在这一球层上，以进行填充。锂（原子序数3）有两个电子填充在最内层以及1个电子在下一球层上。

元素最外球层（或能带）称为**价带**。这种价带的性质对我们和对电流都很重要。电子带负电荷，自然地会被带正电的质子所吸引。电子在不同能带的能级就是阻止它们坍塌进入原子核内的能量，这类似于行星对太阳的万有引力吸引。行星如果不具有围绕太阳旋转的能量，它们将坍塌进入太阳内。如果某元素的价带有1个电子，则会离核较远，即更松散地与原子连在一起，有时（不完全恰当）称它是一个“自由”电子。另一方面，当一个价带完全被电子填满时，这些电子也将被核束缚得相对紧一些。

回到电流是电子的流动这一观点中。其电子松散地包含在价带中的那些元素，例如，价带中仅有一个电子的元素，它们释放出这些电子相当容易，因而，这些元素表现为**导体**，电子能相对自由地穿过这样的导体，而不需要施加过多的外部能量。另一方面，那些紧紧束缚

㊀ 实际上，它们并不占据同心圆轨道，而是处于不同的能量“壳层”上。

㊁ 原子的原子序数将其界定为一种元素。一种元素的不同同位素具有不同的原子量。

住电子的元素（价带被充满的那些）则不允许电子自由流动，因此，它们是导体的对立物：绝缘体。

我们直观地知道，铜、银和金是电流的良导体。这些元素有两个使其成为良导体的特性：它们在室温下是固体以及它们的价带中各自有一个电子。

当导体元素的原子形成导线或走线时，它们以晶体结构的形式结合在一起。每种元素都有其特有的与其他类似元素结合的方式，但对于金、银和铜而言，其结构中哪一个原子核"拥有"哪一个价带电子并不是一目了然的，这些原子核可以毫不费力地共享或交换这些价电子。因此，如果有一个趋向于在某特定方向上拉或推电子的力，这些电子就能相对容易地从一个原子核移到相邻的原子核，这一过程如图 1-2 所示。一些力将电子从左移动到右，一些电子从一个核移到下一个核，而一些电子在进入另一个价带前跳过了几个原子核。研究表明，当电流流动时，在铜结构中电子沿着原子的典型转移约为四个原子。但对研究最重要的是，当电流流动时，不是单一电子从导体的一端流动到另一端，而是所有的电子都趋向于在同一方向移动，这类似于载有很多小汽车的火车进入和离开一条长隧道，小汽车以同样的速率进入和离开隧道，但单独进入隧道的某辆汽车再次在另一端离开时可能需要相当长的时间。

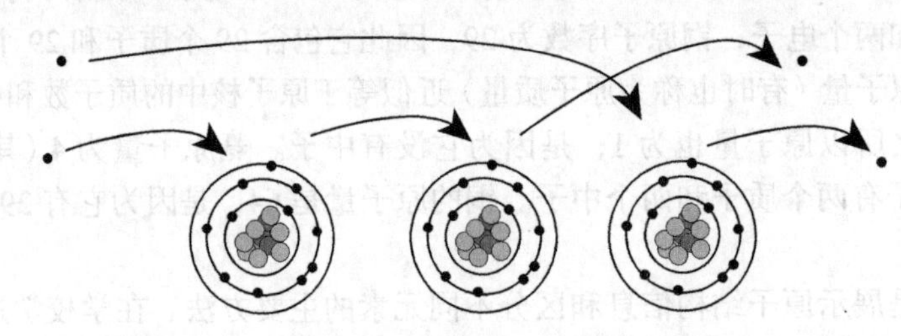

图 1-2　电子可以通过导体从一个核移动到另一个核

1.3　绝缘体

在价带中拥有几个电子的元素表现为绝缘体。也就是说，它们不能轻而易举地导电，但这并不是说它们在任何条件下都不能导电。它实际意味着：需要花费相当大的能量（力）才能将电子从价带中移开（进入通常被称为的导带中），此时电子（电流）才可以开始流动。当有足够大的能量使得电流流经它时，称这种材料已被"击穿"，通常这意味此能量已经使该材料形态变化。

一个常见的例子是木材。木材是非常差的电流导体，一般认为是绝缘体。但如果有足够的能量（例如，闪电），电流将能流过木材。木材中的水分是一个因素，同时在这样的能量下木材改变了形态（燃烧）。尽管如此，这说明了在足够大的力或能量下，绝缘体可以导电。

1.4　电荷场

大多数人在学校学过"同性电荷相斥"和"异性电荷相吸"的知识。每个电子带一个负电荷，且电荷与其他每一个电子的电荷相等。具有同性电荷的电子之间趋向于彼此相斥。因此，如图 1-2 所示，如果一个电子跳进已被其他电子占据的价带，它将向前排斥其他电子。

图 1-3　带电粒子具有电场，从其自身向外呈辐射状分布

可以将一个带电粒子想象为一个球，如图 1-3 所示。电场从带电粒子自身向外呈辐射状分布。该电场的强度反比于距离的平方。

设想有一个表面（或许是一条轨迹），其上有一些“额外”电子。用“额外”一词是想说明，这个轨迹是由比正常包含在原子元素中的电子更多的电子构成的（稍后将讨论是如何做到这一点的[㊀]）。设想现在有另一个表面（或许是另一条轨迹）在它的附近，其上有相同数量的额外电子，这些具有相同电荷的额外电子，将趋向于相互排斥。

而且，它们会以某种力的形式体现出来。根据额外电子的数量，这个力可能很小，也可能很大。如果这些额外电子可自由移动，它们可彼此分开，这样一来，它们将成为移动的电子或电流。它们相互排斥的力反比于它们之间距离的平方，因此随着彼此分开，这个力会减小。

如果电子不能自由移动，这个力将依然存在于它们之间。如果什么都没动，则称其为**静电力**。如果两个物体（或数个物体）间存在力，则可想象它们之间存在一个力场，且沿着它们之间最短（最直接的）路线的力场最强。当沿着这条线远离时，力场将变弱。这个场称为“**电荷场**”或“**电场**”。任何时候，只要有两个具有一定距离的电荷，它们之间就有力场。

现在设想有与前述相同的条件，并且这两组电荷不相等，如果它们是相异的电荷，在它们之间将有一个相互吸引的力。也就是说，这两组电荷将向对方移动。

此处需注意：这两组电荷没有必要完全彼此相反。也就是说，没有必要一组是负的而另一组是正的。这两组或数个物体间的电荷**差异**是一个相对概念。可以有两组负电荷，其中一组比另一组值更低，或两组正电荷，其中一组值更高。不管是哪种情况，都将有正比于它们总电荷净差值的吸引力。

1.5　磁场

当电子移动（也就是说，当电流流过）时，电流周边会产生磁场。这是电磁铁的基础。磁场通常沿着围绕电流的同心圆周方向分布，并且（类似于电场）强度按反比于电流距离平方的关系降低。磁场是极化的，它的方向（朝向北极）可以通过右手定则确定：将拇指指向电流方向，右手的手指将沿着场的方向弯曲，见图 1-4。

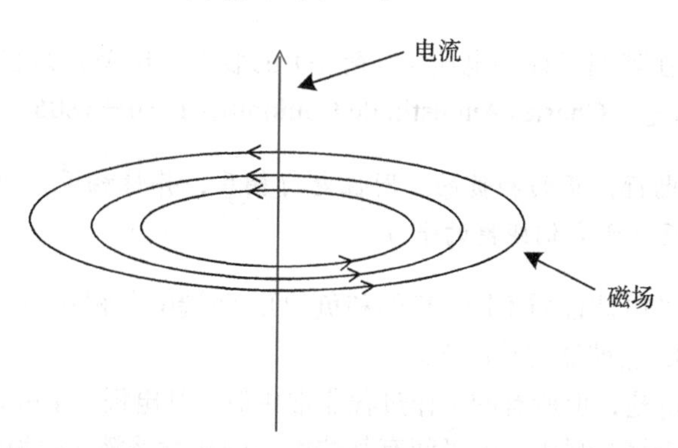

图 1-4　如果电流流动，在电流周围就有磁场，磁场方向可由右手定则确定

船员和飞机飞行员对磁场非常熟悉。如果与无线电或光有关的电流路径产生了改变罗盘指向的磁场，这对他们来说将是严重的安全问题[㊁]。

当电流流动（例如，在电路板走线上）时，这两种场（磁场和电场）同时存在。电场不仅可辐射进空间，而且可辐射到邻近的走线或平面层。磁场环绕着这些走线。场的模式取决于附

㊀ 一种方法就是用毛料摩擦一个表面，以在其上产生静电。

㊁ Brooks 在他的 *Signal Integrity Issues and Printed Circuit Board Design*（Upper Saddle River, NJ: Pearson Education, Inc.,2003, 331）一书中描绘了能说明这一问题的罗盘实验。

近走线中电流的相对方向和大小。Mentor Graphics 的信号完整性工具 Hyperlynx 能在此工具中画出当走线耦合在一起的场。图 1-5a 给出了载有差分信号（两个走线上的信号相等且方向相反）的一对走线的情形。图 1-5b 画出了共模情形，其中两条走线上的信号完全相同。注意观赏同性电荷和场是如何相斥（见图 1-5a）以及异性电荷和场如何相互吸引（见图 1-5b）的。

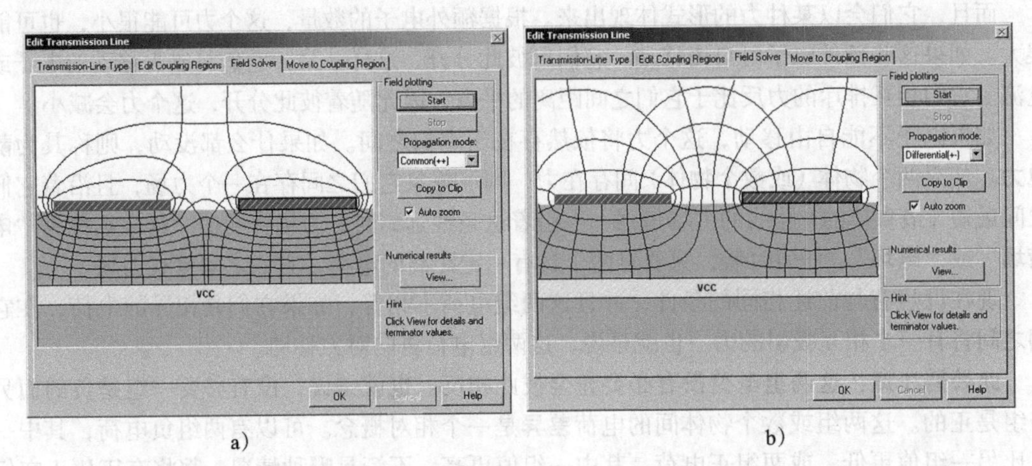

图 1-5 Hyperlynx 仿真工具可以显示基板上一对耦合微带走线的周围是如何形成辐射状电场和圆柱状磁场的

1.6 驱动电流的力

没有驱动力，电子就不会流动（也就是说，电流不存在），即必须用某种力将电子从一点移动到另一点。一般地，从实用的观点看，两种使电子移动的力是两点间的电压或电荷差，以及能引起电子流动的变化磁场。这些力如何产生是个问题。

1.6.1 电池

普通电池是一种能在其端子提供电压（电荷差）的装置。电荷差来自于电池中的化学反应[⊖]。**库仑定律**归功于库仑（Charles Augustin de Coulomb，1736—1806 年），其表述为：

> 有两种不同的电荷，正的和负的。同性电荷相斥，异性相吸，力的大小正比于它们电荷的乘积，反比于它们距离的平方。

由于电池每个端子的电荷性质不同（正的和负的），两端电荷相互吸引。如果提供一个电荷能流经的路径（电路），它就能流动起来。

有许多不同类型的电池，但所有的工作过程非常相似。其电极（正端和负端）由不同的材料（通常是某种形态的金属）制成，电极间有某些类型的化学溶液（称为电解液）。电解液与一个或两个电极反应（一种称为电化学反应的过程）产生至少一种其他化合物以及一些正的或者负的离子。离子带电并提供电池的电荷来源。当电池端子与电路相连，电子流经过电路到达另一端（电极），并在那儿与离子或化合物结合。

伏特（Alessandro Volta，1745—1827 年）在 1800 年制作了第一节电池，因此，电压的计量单位以他的名字（V）命名。他用锌和银制作了他的第一节电池，用盐水作为电解液。当今用于电池制造的一些常见材料包括：

⊖ 关于电池的网上搜索将产生大量的检索结果。一篇有益的参考文章见 http://science.howstuffworks.com/battery.htm。

- ❑ 锌 / 碳（标准碳电池）
- ❑ 锌 / 氧化锰（碱性电池）
- ❑ 锂 – 碘化物 / 铅 – 碘化物（锂电池）
- ❑ 铅 / 铅 – 氧化物（汽车电池）
- ❑ 镍 – 氢氧化物 / 镉（镍镉电池）
- ❑ 锌 / 空气

材料和电解液的每个组合产生一特定的电池电压（通常，范围从 1V 的几分之一到 1V 或 2V）。如果需要更大的电压，可将更多的电池串联。例如，每个汽车铅酸电池的单元会产生约 2V 的电压，12V 的汽车电池内则有 6 个内部单元。通常情况下，每个电池的电流容量是金属和电解液间表面面积的函数。如果想从单个电池得到较大的电流容量，则需要较大的电池单元。这就是为什么标准电池尺寸的范围从 AAA 到 D。化学过程（和电压）对每种尺寸的电池都是一样的，但较大的物理尺寸，会使它的表面积大些。

电池通常有一个能提供的最大电荷流（电流）。这是由于电荷通过电路循环时，必须在端子处提供额外的电荷（离子）。不同的电化学反应提供电荷的速率不同。具有较大表面积极板的电池通常能比具有较小极板的电池在特定时间点提供更多的电荷（电流）。

在某些电池里，化学过程是可逆的，这样的电池是可再充电的。如果电荷从电池经电路循环，则可将电池连到充电器上（通常仅是一个较高的电压），以使该材料恢复到充过电的状态。其他的化学过程不可逆的电池将随着使用而逐渐耗尽或放电，直到化学过程再也不能为电荷提供离子。

1.6.2 发电机

能产生电流的力的其他常见来源是发电。法拉第（Michael Faraday，1791—1867 年）提出了**法拉第磁感应定律**（1831 年），它表明**变化**的磁场伴随着变化的电场，且电场垂直于磁场的变化。我们从磁场开始，它可能来自自然的磁铁或流过导体的电流，在这些情形中都一直有一个磁场。法拉第定律中最重要的词是**“变化”**，设想附近存在另一导线或走线，如果附近磁场在**变化**，在此导体中将会产生电场，以及由此而来的电力。

磁场的变化特性可以由一个或多个不同的因素引起：自然的磁铁相对于导体移动或导体相对于磁铁移动，产生磁场的电流可以变化。这些情形中的任何一个都可以在相邻的导体和磁场间产生变化的关系。如此，这些情形中的任何一个都能产生电场，从而在邻近的导线中产生电流。

这是所有发电机的基本原理。通常一个绕组在磁场里旋转，会在绕组中产生力或者使绕组附近的磁场改变。在水力和燃油或燃煤（甚至核）发电厂中，电能来自于发电机，其中（通常）绕组在强磁场里旋转。由于变化的磁场电流或电压产生于变压器二次绕组中，此变化的磁场是由流经变压器主绕组的电流变化而引起的。我们家里和办公室里几乎所有的电力都来自发电机。

1.6.3 静电

我们都很熟悉静电，例如，它会引起电火花并在我们的手和另外物体或人之间跳跃。静电表示具有不同电荷的两点间的力。它通常由两种不同材料（绝缘体）一起摩擦而产生，此时电子从一种材料转移到另一种材料，从而引起电荷的不平衡。

如果在带有静电的两点间连接一个导体，电流将流动直至它们间的电荷差被抵消。在大多数实际情形中，不平衡的电荷数量并不太大。由于电荷的不平衡，可能会有显著的电压差，但电荷总量通常较小。当电压差较高时，小火花会跳动，但积累的电荷量通常较小。例如，当我们走在地毯上，鞋子相对于地毯的运动会在我们身体和邻近的物体间引起电荷差。然后，当我们触碰门把手时，电荷差引起了火花。这种火花实际上是电荷（电子及因此产生的电流）在我们身体和门把手之间的跳跃。此火花可以是一次“电击”，但会很快结束。在大多数实际场合下，物体中的静电会随着时间的推移而消散，或进入空气，因此电荷的不平衡不能长时间维持。

由于这个原因，静电（静电荷）通常不是发电所用电荷的实用来源。然而，静电可对电子设备造成破坏。虽然从一个物体跳到另一物体的总电荷可能不太大，由高电压引起的最初电荷尖峰也很短暂，但它可热得足以燃烧并因此毁坏灵敏的设备。这有可能是半导体中的一个特殊问题，必须慎防静电火花穿过半导体结。局部的发热虽然小，但足以将结烧穿一个洞并毁坏它。

非常大的静电电荷差的常见例子是在雷电期间发生的。由于两个一起摩擦的物体（地球和大气）非常巨大，因此静电荷差可以非常高。当电荷差达到足够高时，电火花在物体间跳动，有助于中和电荷差（在这种情形下，会形成闪电）。这里，电压差和电流非常大，大到足以致命。

雷击的后果也说明了绝缘材料的极限。例如，木材一般是很好的绝缘体，但当闪电击中一棵树时，雷击的力（电压）足以改变木头的状态（使其燃烧）以致使其变成导体。

1.7　电压与电流

比方说，有两个空间上分离的端点。假设一端相对于另一端有更多的电荷，因此端点间的电荷是不同的。不同的电荷相互吸引，其作用力与电荷差的大小有关，这个力会在端点间产生一个电场。

将这两个端点间的力定义为电压。如果用导体将这两个端点连接在一起，电荷将从一端流向另一端，将该电荷流定义为电流。一般地，没有力向前“推动”，电流就不能流动。如果两个端点有完全相同的电荷（它们间没有力或电压），那用导体将它们连接起来，则什么都不会发生。

一根普通的橡胶软管是一个好的类比。假定软管与关闭的龙头相连，这就像一根导线通过一个断开的开关连接到电池正极，软管的另一端摊在地上，现在将水龙头打开。

水龙头处有水压（类似于电压），且比软管另一端的压力大得多，因此，水以一种类似于电流流过导线的方式流过软管。当软管中仍有水时，如果我们断开软管并把它放在水平地面上，就没有力将水推出软管，但当我们将软管的一端抬得比另一端高些，重力将提供从软管中排出任何剩余水的力。

在两点间的电压（力）和可在这两点间流动的电流之间有一个非常明确的关系，其依赖于连接这些点的路径对电流的阻抗。这个关系称为欧姆定律，在第 3 章讨论。

用来定义电压和电流的术语有时会令人困惑。例如，某个电池是 DC 9V（直流）电池，这意味着电池端子间（没有很大的负载）的力是 9V，但这两个端点间没有电路，就不会有电流。DC 意味着如果在这些端点间连接一个电路，电流将只沿一个方向流动。

我们常常不加以仔细区分地画出电压和电流的波形。之所以可以这样做，是因为至少对于电阻电路而言，电压和电流的波形看起来非常相像，但有些时候它们并不相似。当制作或观察波形图时，重要的是弄明白它们是电压波形还是电流波形。

1.8　电流方向

本·富兰克林（Ben Franklin）说过，电流从正极流向负极。但你现在可能已认识到电流是电子的流动，带负电的电子将从负极流向正极。这可能是富兰克林仅有的一次出错，但这样的表述现在仍在使用。按惯例，每当我们分析电路和电路原理图时，我们认为电流从正极流向负极，与实际发生的相反。

事实证明，在大多数情况下，这没有什么区别。因此我们从不操心去处理这一异常，而是直接接受它，并不会出现任何问题，但有一种存在真正差别的情形：半导体中的电流。

1.9　半导体空穴流

之前，我们将良导体元素描述为有单个电子在它们的价壳层或价带上。绝缘体的价带几乎全被电子填满。然而，有某些元素，它们的价带正好被电子填满一半。例如，硅和锗，二者都有 4 个价电子位于能容纳 8 个电子的能带上。这些元素称为**半导体**。

一般地，半导体是电流的不良导体。但假设，我们将少量杂质加进另一纯净硅结构中（锑、砷和磷是三个在其价带中有 5 个电子的元素），如果我们令一个原子（例如磷）去取代另一纯净的晶体硅结构中的一个硅原子，就会产生一个“多余电子”，如图 1-6 所示。它并不是真的多余，而是不像附近其他所有电子那样被紧紧束缚。当我们将能提供多余电子的元素掺进这一结构中时，则称之为“n- 掺杂”（“n”代表负），并且说我们在制造一个 N 型半导体。

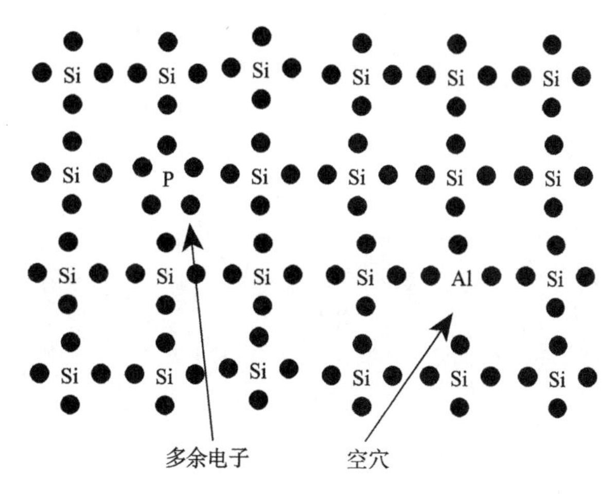

图 1-6　杂质掺入另一个纯硅晶格中可产生多余的电子或空穴

类似地，硼、铝和镓每个元素仅有 3 个电子在它们的价带上。如果我们让其中一个原子（例如铝）取代另一纯净的晶体硅结构中的一个硅原子，就会产生一个“电子的空穴”，如图 1-6 所示。不过，这不是真正的电子缺失，而是一个邻近电子被“俘获”，并且比硅结构是完全纯净时被更紧地束缚在了这一位置。我们称这一过程为“p- 掺杂”，会产生一个 P 型半导体[⊖]。

现在设想图 1-6 中紧靠空穴左边的电子向右移动并填充该空穴，然后在该电子曾处于的地方产生一个空穴。如果有外力（电压）加到此结构上，这种情况是有可能发生的。这是个哲学问题：是电子向右移动（电子流），还是空穴往左移动（空穴流）？在某种意义上，这也只

⊖　有关掺杂的深入讨论，参见 http://hyperphysics.phyastr.gsu.edu/hbase/solids/dope.html.

是个哲学问题[⊖]，但某些现象从空穴流的角度比从电子流的角度更容易解释。因此，就经常在半导体物理中使用术语**空穴流**。

有时，代之以从空穴流的角度思考，人们试图解决普通导体中电流从正极流向负极，然而电子实际从负极流向正极这一异常现象。这在半导体中是可行的，但在铜结构中没有真实的空穴，电子之所以移动，是因为它们被外力推或拉，而不是因为有空穴移进来。因此，试图将空穴流的概念延伸至铜中只会引起更大的困惑。就个人而言，我愿意接受这样的认识，当涉及导体时，我们如何看待这一问题真的无所谓。

⊖ 应该指出，在不同类型的材料中，电子迁移率和因此而来的空穴迁移率是不同的，特别是对不同的N型和P型半导体而言。它会影响通过不同材料的信号传输时间，尽管这超出了本书的范围，但我将指出，不是每个人都同意空穴流对电子流仅仅是个哲学问题。

第2章 基本的电流概念

2.1 电流类型

电流有多种形式，这些形式可能具有有用的特性，有时也具有随机性，本节将介绍一些较常见的形式。

有时，要弄清我们是在画电流还是电压是困难的。重要的是要明白，电压与电流间存在内在关系。电流流动是因为两点间（通常）有电压差，如果一个电路将它们连接，两点间的电压差可在这两点间产生电流。如果有电路，那么通常电压和电流都与此电路有关。电压和电流间的关系由欧姆定律确定，它在后一章讨论。

接下来的波形图代表的是电流，也可代表电压，事实上同样的讨论内容也适用于电压。本节的目的实际是说明不同的波形，而不是在电压和电流间进行区分。

2.1.1 直流

直流（DC）是沿着一个方向流动的电流（见图 2-1）。电池是提供在一个方向上（按惯例，从其正极流向负极）流动电流的电源的一个很好实例，直流并不意味着恒流。电池可提供仅在一个方向上流动的电流，但流过的电流大小由电路决定，可能变化很大。

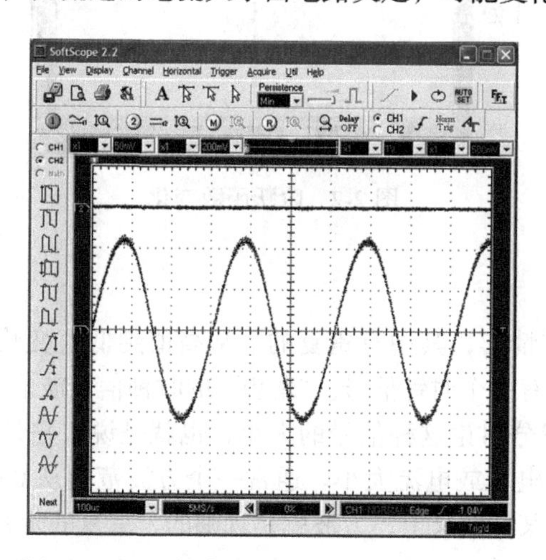

图 2-1　DC（较高的）和 AC（较低的）波形

2.1.2 交流

交流（AC）可以有很多形式，常常认为它来自墙上的插座。在美国，墙体插座通常提供约 110V、60Hz 的 AC。60Hz（1s 内的周期数）意味着电压正向波动半周，然后负向波动半周，如图 2-1 所示，每秒完成 60 次这样的循环。这意味着，在短时间内（1/120s），插座的一侧相对于另一侧是正的，然后变为负的。由于约定电流从正极流向负极，这就意味着从墙体插座流出的电流每秒钟改变 120 次方向。

强调**相对**的这个词很重要。总电流可以只在一个方向上流动，而对于它来说，其中仍然有 AC 分量。设想我们让电流流过导线，它包含两种分量：一种是 1A 的 DC 分量，一种是 0.25A（250mA）的 AC 成分（峰 - 峰值）。在这种情形下，总电流在 0.75A 和 1.25A 之间变化，且从来没有一次完全改变方向的变化。尽管如此，我们认为 250mA 的电流是叠加在（1A）DC 电流偏置上的 AC 分量（250mA 峰 - 峰值）。

图 2-1 所示为一个正弦电流波形。AC 不一定指的就是正弦波，任何大小变化的电流波形都有 AC 分量。它可以是规则的、重复的波形，如图 2-1 所示，或者是一个完全随机的波形，很快在后面就会看到。

2.1.3　阶跃函数

当电流（或电压）从一个量值很快地改变到另一个量值，我们称该变化为**阶跃函数变化**。“开”或“关”（“高”或“低”）的控制信号通常都会经历阶跃函数变化。图 2-2 画出了一个从低值到高值变化的阶跃函数。

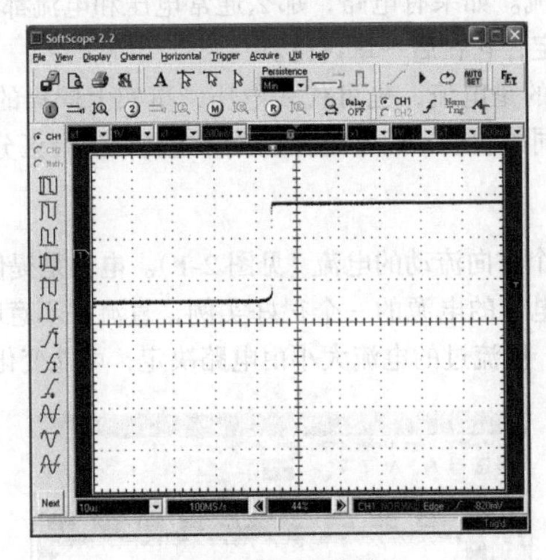

图 2-2　阶跃函数变化

2.1.4　方波

方波是交流电的特殊情形，其中有重复的、从高值到低值变化的阶跃函数形式的电流。在很多数字电路中，我们有一个时钟信号。“理想”的时钟信号波形就是方波，如图 2-3 所示。我们有时按照它的逻辑成分讨论这种信号的大小，也就是说，它是否为**开与关**，或为**逻辑 1** 或**逻辑 0**，而不是用它的电压或电流大小。通常一个方波范围从 0 变到一个正值，或在一个正值和一个负值之间。在某种意义上，方波就是规则的、重复的阶跃变化。

2.1.5　脉冲

电流脉冲的一种形式如图 2-4 所示。这个脉冲看起来像一个丢失了部分波形的方波或者称之为**低占空比**。一个脉冲可以代表发生的一个特殊事件，例如，键盘上的一个键被按下。一系列的脉冲可表示编码信息，就像在比特位流或数据流中那样。

2.1.6　瞬态

瞬态这个词通常指对某种脉冲形式的短期响应。瞬态电流通常是一些其他刺激的结果。例如，图 2-5 所示的瞬态电流是由一个电压的阶跃变化引起的流进电容器的电流。

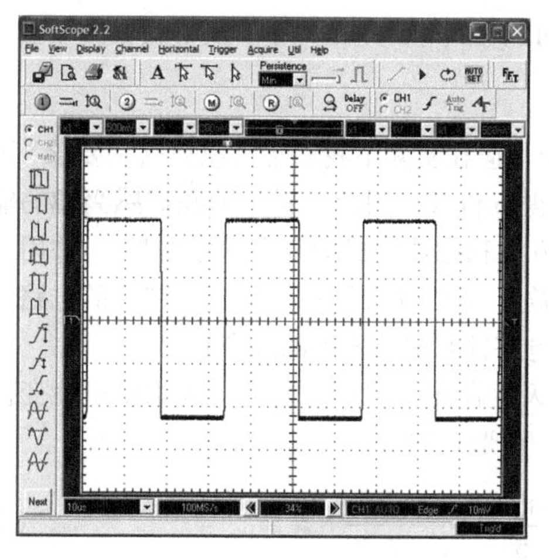

图 2-3　方波

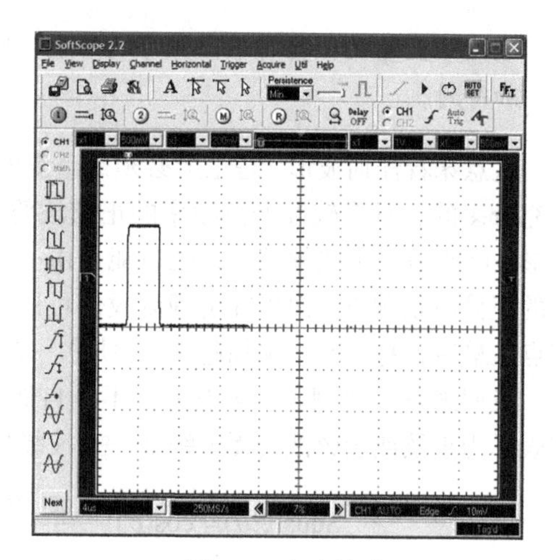

图 2-4　电流脉冲

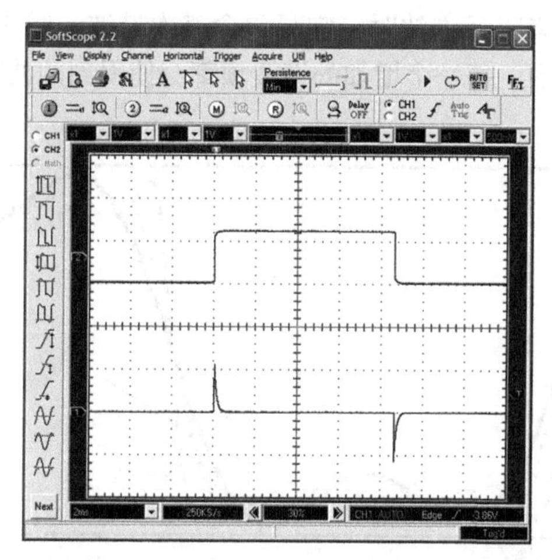

图 2-5　由电容器上的电压阶跃变化（上方的曲线）引起的流进电容器的瞬态电流（下方的曲线）

2.1.7　复合波形

正弦和余弦波形是自然界的标准波形。这些波形属于一类更为一般的被称为**三角函数**的波形。自然界的很多物体遵循三角函数的路径：弹跳的球、海洋潮汐以及行星绕太阳的运动等。几个世纪以来，都使用公式来分析三角函数的行为。

在不会自然地出现这个意义上，其他波形都不是自然的。一个方波时钟脉冲（见图 2-3）是一个较特别的相关的例子。在电子学里，为处理自然现象，单一频率的三角波形（例如，正弦和余弦）可用既有的公式进行分析并已被推导出用于处理自然现象。然而，方波并不容易分析。那么，我们怎样才能分析具有更复杂波形的电路呢？

答案是可先将复杂波形转换成一**系列**的三角波形，然后针对该系列中**每一个**单一频率波形进行电路分析，最后再将这些分析结果进行叠加。这听起来非常枯燥和复杂，不过事实确实如此。然而，工程师们有高级数学工具来帮助他们。

复杂波形到三角波系列的转换是基于所谓的傅里叶定理，如下所述：

任何信号或曲线，不管它的性质如何，也不管它最初是如何获得的，都可以通过足够数量的、具有不同频率（谐波）和不同相移的单个正弦（和／或余弦）波形叠加得到。

这意味着任何波形（理论上必须是重复的波形，但在实际中我们常常忽视这一要求）可通过充分多的、具有较高谐波频率的正弦波叠加而得以再现。因此，看一下我们感兴趣的输入波形（可能是一个视频信号，也可能是由一系列方波和脉冲构成的复合数字波形），并用一系列的正弦波重现它（傅里叶定理说我们可以这样做），然后分析每一个单个正弦波的电路性能特点。最后，将所有结果加起来（叠加），以得到电路针对输入波形的综合结果。

我们来看一些例子。虽然方波不是自然界中天生存在的波形，但可以利用傅里叶变换将它表示为正弦或余弦波的无穷级数。方波级数的一种形式如下：

$$\text{Square}(\theta)=\cos(\theta)-\frac{\cos(3\theta)}{3}+\frac{\cos(5\theta)}{5}-\frac{\cos(7\theta)}{7}+\text{等等} \tag{2.1}$$

式（2.1）所示级数中的每一个成分（项）代表一个基波频率为 θ 的谐波。就像公式所表示的，当用这个余弦级数来表示方波时，它只包含奇次谐波。图 2-6 画出了使用逐渐增多的（谐波）项来表示方波的情形。每一个增加的谐波项都会使得到的波形看起来更像一个方波。

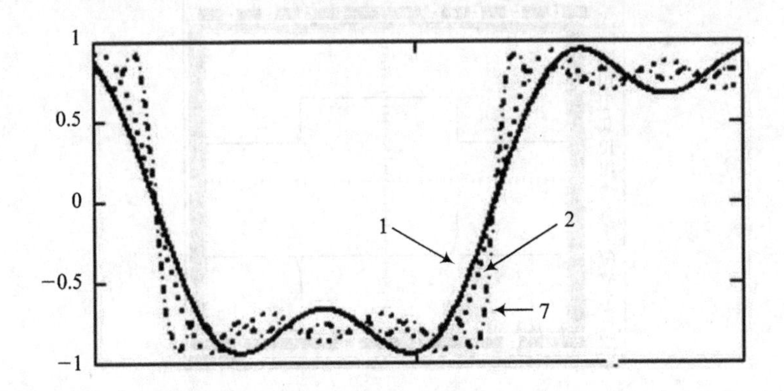

图 2-6　增加更多的谐波，则会得到对方波的更好近似。这些级数是一次谐波（1），两次谐波（2），以及七次谐波（7）

图 2-7 给出了同一序列执行到 101 次谐波（2×50+1）时的例子。该例子是使用 Mathcad 创建的，它是很容易从 Mathsoft 公司得到的软件包。如果你有 Mathcad 软件，就可以自己重复这个例子。

可在 UltraCAD 公司网站[⊖]上获得一个名为 Square.exe 的仿真程序，它可让你较为详细地探究这个余弦级数并查看不同的假设条件是如何影响波形特性的。

$$y(wt)=\sum_{n=0}^{50}\left[(-1)^n\cdot\frac{\cos[(2\cdot n+1)\cdot wt]}{(2\cdot n+1)}\right]$$

图 2-7　在 Mathcad 中执行的方波傅里叶级数

图 2-8 给出了实现其他标准波形的不同级数。这里要指出的是，任何波形都可以

⊖　参看 www.ultracad.com/simulations.htm。

“分解”为一系列的正弦谐波项，然后可以（至少从概念上说）对每个谐波项进行单独分析，再将结果叠加以确定电路的响应。此外，从概念上说，这种方法较简单，但在实践中可能很困难，其会涉及十分复杂的数学和微积分计算。

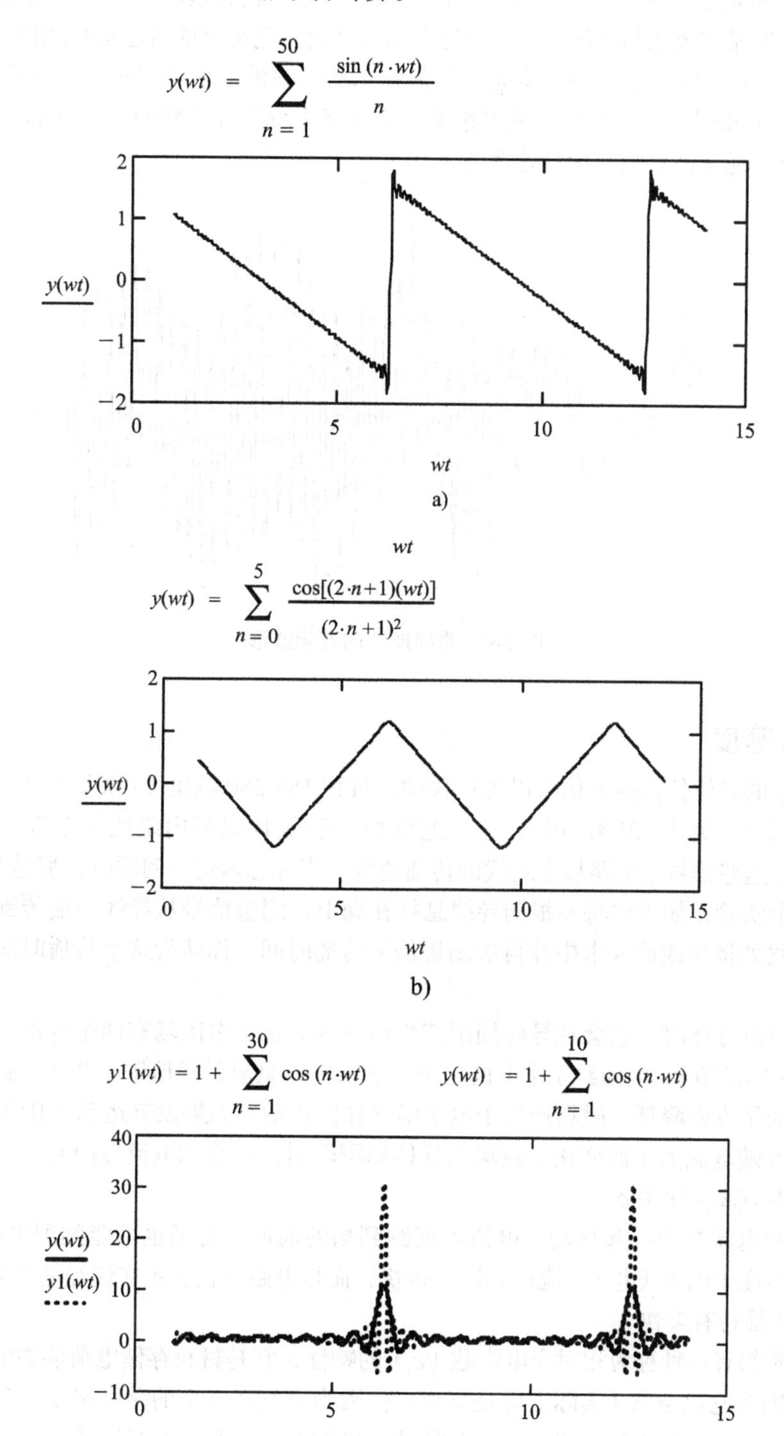

图 2-8　三个常见的复杂波形的傅里叶级数：a）锯齿，b）三角，c）脉冲

2.1.8　随机电流

最后，某些类型的电流最好描述成随机的、至少非周期性的或非重复性的。在严格意义上，它们可能不是随机的，因为如果电流代表某种信号，就有包含在信号内的相关信息。但讨论那个信息通常需要数据处理，在处理这个信号之前，电流可能看起来很随机。

如图 2-9 所示，它显示了一个音频信号的一部分。该波形包含了很多频率成分，每一个都有自己的大小和相位。工程师们可用相关算法程序去分析像这样的复杂波形，但算法程序自身也很复杂，通常需要相当大的处理能力。

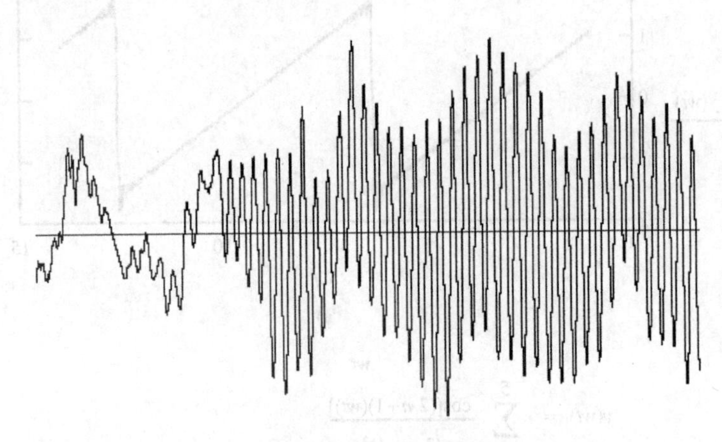

图 2-9　非周期性的音频波形

2.2　传播速度

沿空气中的导体传播的电信号以光速移动：每秒 186 280 英里（1 英里 =16 093m）(即每纳秒 11.8 英寸（1 英寸 =25.4mm))。这个速度相当于在 1s 时间内绕地球赤道 7.5 圈。不过，我们关心的是这些信号沿电路板上走线的传播速度。当你思索这一问题时，那是令人惊奇的。

考虑这个实验：如果你将一根铜导线悬挂在湖上，测量信号从导线一端传到另一端所需时间，现在假如将导线放入水中并再次测量信号传播时间。你认为这个传播时间会发生什么变化？

当电流流过导体时，它会在导体周围产生电磁场。这个电磁场有两个分量：电场和磁场(参见 1.4 节和 1.5 节)。电场源于带电的电子，它从导体呈放射状地辐射开来，强度随着离开导体的距离的平方而降低。磁场产生于电子沿导体的运动，如果没有运动（电流），就没有磁场，磁场强度随电流大小而变化。磁场在导体周围辐射，极性和电流方向有关，强度与离开导体的距离平方成反比关系。

电磁场和电流必须一起移动。电流不能跑到场的前面，磁场也不能跑到电场的前面去。这说明问题不在于电流（电子）流过导体有多快，而是电磁场在它正在流经的介质（导线周围的介质）中传播得有多快。

所有物质都有一种称为相对介电常数（ε_r）的特性，它是材料存储电荷能力的度量。称它为**相对的**是因为它以空气（实际上应是真空，但因为空气和真空的差别很小，只有天文学者才真正在乎这些）介电常数为参照。它与传播速度的相关性是，在某物质中电磁场传播的速度等于光速除以该物质的相对介电常数的平方根。因此，信号的传播速度（以 in/ns 为单位）由式（2.2）给出：

$$传播速度 = 11.8/\sqrt{\varepsilon_r}\ \text{in/ns} \tag{2.2}$$

因此，让我们回到将导线放到湖里的实验。同样的，问题不在于电子在铜导线中运动得有多快，而是电磁场能在水中传送得有多快。水的相对介电常数约为 80（取决于其纯度），80 的平方根约为 9，因此当放低导线进入水里时，信号在导线中的传播将变慢至原来的 1/9。

2.2.1 传播时间

传播**速度**和传播**时间**容易混淆。传播速度指传播的快慢，单位是距离 / 时间。传播时间无疑是指时间，本章后面讨论一个相关的单位：波长（信号在一个完整周期内前进的距离）。我们用时间的单位（比如，ns）或每单位长度的时间（比如，ns/in）来表示传播时间。传播时间（表示为每单位长度的时间）是传播速度的倒数：

传播时间（每单位长度）=1/ 传播速度　　或　　传播时间 = 长度 / 传播速度

例如，如果在空气中铜导线里的电信号以 11.8in/ns 的速度传播，那么它即以 1/11.8 ≈ 0.085 ns/in 的传播时间沿导线传播。

2.2.2 走线的布局与信号传播

图 2-10 画出了设计高速电路板时，设计者通常使用的几种走线布局。在信号完整性是个问题的情况下，大多数电路板都有内层。从信号传输的角度看，位于两个参考层之间的走线都可以视为处于带状线的环境里，而不管实际环境是简单的、居中的、双重的、偏置的，还是非对称的带状线布局。仅在一侧有参考层的走线视为处于微带线的环境里。

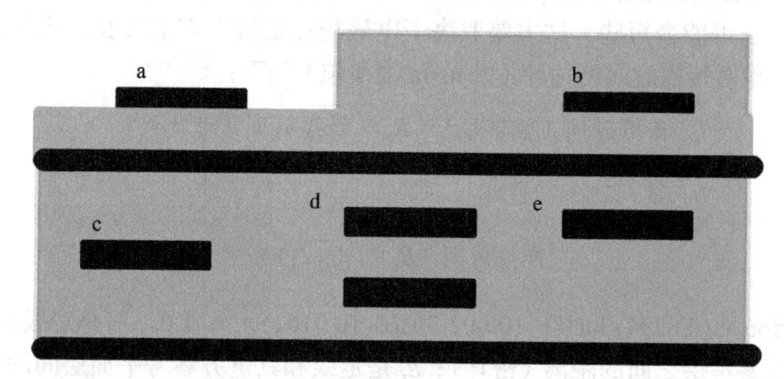

图 2-10　常见的 PCB 走线布局：a 微带线，b 嵌入式微带线，c 带状线，d 双带状线，e 不对称带状线

微带线可能是一个简单的表面走线，其上为空气，电路板材料位于它与其下的参考层间。嵌入式微带线在走线的上面还覆有电路板材料。当参考层上有两个外部走线层时，尤其如此。在这种情况下，至少第 2 层上的走线是嵌入式微带线。带涂层的微带线在它与参考层之间有电路板材料，并且走线上有附加的材料涂层。附加的涂层可以是多种材料，包括阻焊膜、保形涂层，诸如此类。

我们一般认为在带状线环境中的走线四周的材料是均匀的（一样的）。事实上，我们也通常对它提出这样的要求。因此，在带状线环境中的信号传播速度可被明确地预期为如式（2.3）所述：

$$传播速度 = 11.8/\sqrt{\varepsilon_r}\ \text{in/ns} \tag{2.3}$$

如果 ε_r 不是如所预期的那样或者如果材料非常不均匀，实际的体验一般只因这个计算而异。因为材料 FR4 的相对介电常数约为 4，并由于 4 的平方根是 2，所以带状线环境中信号的传播速度通常认为是 $11.8/2 \approx 6$in/ns，这是我们很熟悉的一个关系。如果想要计算更精确些，那么必须知道所使用材料的更精确的相对介电常数值，并将该值代入（2.3）式中。

微带线环境问题更多，走线周围的材料不均匀。最简单的情形为走线上方是空气而下方是电介质。在更加复杂的情形下，电介质和空气之间的分界线可能都不严格均匀，并且可能涉及不止一种材料。

因此，如果想估计微带线中信号的传播速度，就需要估计走线周围材料的有效介电常数。式（2.4）提供了一个能普遍接受的用于估计有效介电常数的经验公式：

$$\varepsilon_r' = 0.475\varepsilon_r + 0.67 \tag{2.4}$$

这一估计方法有几个问题。最明显的是，它是一个常数。人们已经发现微带线中的传播时间是一个变量，在其他所有条件一样的情况下，它是参考层上走线宽度和高度的函数。

当走线变宽时，传播速度则变慢。这是因为当走线变宽，走线和参考层之间就有更多的场线包含在电介质中。在极限情况下，对于无限宽的走线而言，几乎所有的电磁场都被包含在电介质中。在这种情况下，微带线就非常像带状线了。

由于同样的原因，当走线靠近参考层时，微带线传播速度会下降。相比在空气中，电介质中包含的场线更多。Brooks 已证明，在微带线中传播时间的更好估计值可通过将它表示为一个系数乘以在相同电介质材料的带状线环境中的信号传播时间而获得。他建立了估计此系数的一个公式[㊀]。微带线的信号传播时间永远不会长于在被相同材料包围的带状线环境中走线上的传播时间。它可能会短些，这主要取决于电磁场在走线上方空气和走线下方电介质之间是如何分布的。他对传播时间的估计（以 ns/in 为单位）如下：

$$\text{传播时间（微带线）} = B_r \times \text{传播时间（带状线）}$$

即

$$\text{传播时间} = B_r \times \sqrt{\varepsilon_r}/11.8 \tag{2.5}$$

其中：$B_r = 0.8566 + (0.0294)\ln(W) - (0.002\,39)H - (0.0101)\,\varepsilon_r \leqslant 1.0$。$W$ 是走线宽度（密耳[㊁]）；H 是走线和平面参考层之间的距离（密耳）；ε_r 是走线和其下方参考平面层间的材料的相对介电常数；ln 代表自然对数，底为 e。

因子 B_r 永远不会大于 1.0，微带线永远不会慢于（即传播时间长于）带状线（被相同材料包围的）。该公式是针对上方是空气而下方是电解质材料的简单微带线而导出的。嵌入式和有涂层的微带线的因子比此处估算的稍高些（传播时间稍慢些），但受限于因子 B_r 的 1.0 上限值。

2.3　电路的时序问题

常言道，“时序就是一切”。在复杂电路中，我们有遍布每一处的总线信号。在某些时刻，这些信号必须完全正确地保持一致。这些时刻具体如下：

- 视频图像的三色（红、绿和蓝）必须同时到达接收器，否则视频图像将会变形。

㊀ 参看在 www.pcbdesign007.com/pages/columns.cgi?artcatid=0&clmid=55&artid=76489&pg=1 上的 *Propagation Speed in Microstrip: Slower Than We Think* 一文。

㊁ 1 密耳 =0.0254mm。

- ❑ 差分对的两条走线必须等长，以便这两个相反的信号能同时到达接收器，否则就会产生共模噪声。
- ❑ 当时钟脉冲触发时，数据线必须出现并稳定在各自的端口，否则将出现数据错误。

图 2-11a 画出了如有时序问题时可能发生的情况。这里展示了三个信号线，最上面的与其他的稍微不一致。一个时钟脉冲正在对这些数据态进行采样。虽然数据信号排列得不是很一致，但时钟信号仍然可在它们都是高电平或低电平时对这些数据信号进行采样。然而，在图 2-11b 中，中间的信号出现了严重不一致，以致在时钟对数据线进行采样的时间内，它发生了跳变。则在图 2-11b 中，将会发生数据逻辑错误。

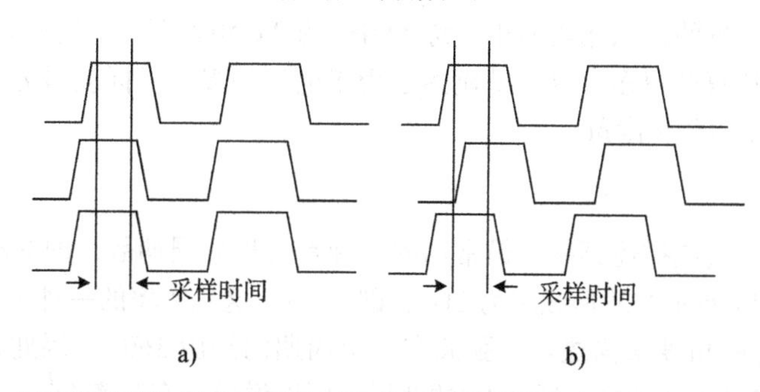

图 2-11　电路能容忍轻微的时序差 a)，但如果时序差太大，就会发生采样错误 b)

信号不一致的原因有多种，其中一个涉及器件自身，具体有信号经过器件的通过时间以及器件输出时序的容差。电路有不同数量的器件，信号在它们中传播。走线上有传播延迟，但在电路和系统中某些明确的位置和时间上，某些信号必须完全一致。电路设计工程师负责对此提出要求，但电路板设计师负责让它实现。

电路板设计师的通过走线长度控制信号时序。用走线的传播时间乘以它的长度就可得出信号沿走线的传播时间。如果需要给走线增加一个特定的传播时间，那么可以调整它的长度使之实现。这一过程常被称为**调节**走线。

用此方法调节时序有两个要求：对我们感兴趣的走线上的信号传播速度有精确的了解，以及调整走线长度的能力。在前面的讨论中我们确定了传播速度，伴随该定义的是走线周围材料的相对介电常数（ε_r）知识。虽然不能让走线短于它所连接的点之间的距离，但可以让它长些。调整走线的一般方法是使之“蛇形”化。

一旦给定适当的参数，很多高端 PCB 设计软件会自动调整走线长度。图 2-12 给出了某一软件的调整编辑器，注意设计人员可指定的各种模式。图 2-13 画出了某电路板的一部分，其需要进行大量的走线调节。

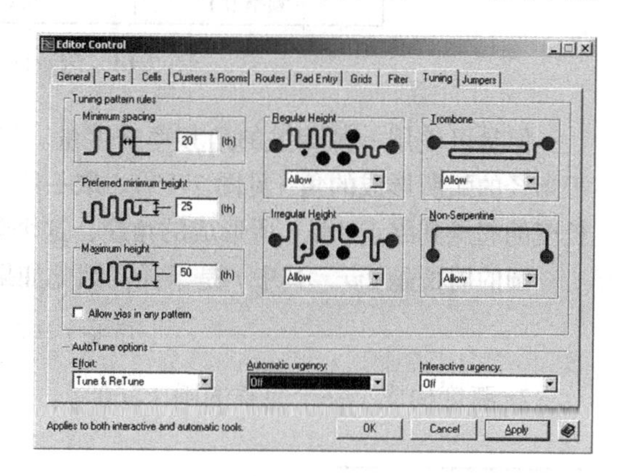

图 2-12　一款 PCB 设计软件包的调节选项

一些工程师担心调整走线图形会引起 EMI 辐射。根据我们的经验，只要每个走线都有一个信号参考层及限于带状线信号层调整，就没有发现因任何类型的调节而产生的 EMI 问题。在微带线层上，也有很多走线被成功调整（包括几乎所有的计算机主板），并且我们一直这样做。但如果你或你的工程师对调节引起 EMI 问题非常担心，可将调节限制在内层上，这样几乎能消除任何辐射的可能性。

一些文章提出，在回路调节部分的串扰会与信号传播速度相互影响并使时序计算失真，这仅可能发生在极高时钟速度下且间隔很窄的蛇形走线中，而这也超出了本书的讨论范围⊖。人们争论当计算传播时间时过孔长度是否应考虑在内，但在业内还没有一个关于这个问题的明确结论。

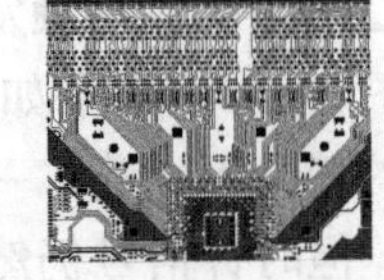

图 2-13　已调节的电路板走线

2.4　电流的度量

乍一看，电流度量的概念相当简单。称 1MHz 的 AC 电流是 1A 似乎就是个很好的表述，但实际情况可能比这复杂得多。这一节阐述了用于电流的多个不同度量方法，其含义可能非常不同，这取决于使用什么度量。

2.4.1　频率

可用三种方法度量或描述频率。最常用的一种是每秒的周期数，即 Hz，用符号“f”来命名。这样，图 2-14 所示的波形频率为 3Hz，即 $f=3$。这是频率的一种很普通的度量。也可以用 1s 内波形经过的角度来描述。正弦波在一个周期内经历 360°，因此在 3 个周期内它将经历 360°×3，即 1080°。这样，图 2-14 的波形也可以说成具有频率 $360\times f$，即 1080°/s。通常，可以将任何频率描述为 $360\times f$°/s。不过，我们几乎从来不用这种频率度量。

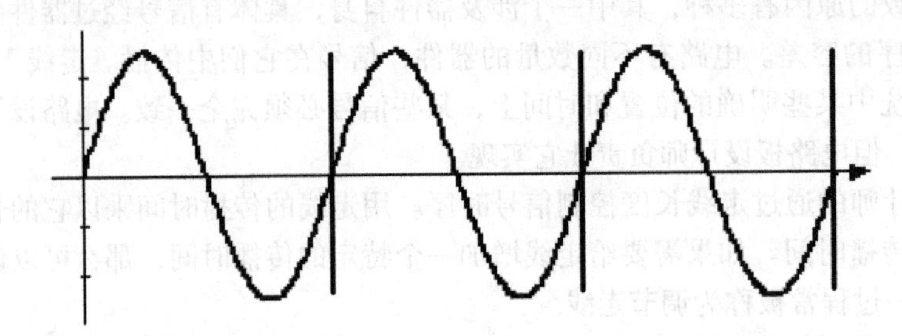

周期	度	弧度
1	360	2π
2	720	4π
3	1080	6π
= 频率 (f)	$=360\times f$	= 角频率 $=2\pi f=\omega$

图 2-14　测量波形频率的可选方法

但是可使用一种相关的角频率来度量。先把圆的周长分割成弧度，1rad 是圆周上长度等于半径的弧所形成的角（见图 2-15）。取一段等于半径的长度，将它沿圆周放置，看看由这段长度的起点到终点（弧）所形成的角度，这个角度（α）定义为 1rad。

圆的周长是 $2\pi r$，其中 r 是半径。因此如果问一个圆周（360°）有多少弧度，答案是：

$$周长 / 半径 = 2\pi r/r = 2\pi$$

2π 弧度构成了一个完整的圆（360°）。

⊖ 例如，参看 www.ultracad.com/mentor/mentor%20signal%20timing2.pdf 上 Brooks 的文章 *Adjusting Signal Timing*, 第二部分。

因为 360° 是 2π 弧度，所以正弦波 1s 内可经过 $2\pi f$ 弧度。这是在电子学中使用的频率度量，用符号 ω 表示，如式（2.6）所示：

$$\omega = 2\pi f \tag{2.6}$$

频率的这一度量被称为**角频率**或**角速度**，它出现在电子学的大量公式中。它表示了正弦波在 1s 内通过（完成）的弧度数。

如果一个典型的 AC 波形（电压或电流）具有单一频率且在性质上属于三角函数，那么它可以用 $\sin(x)$ 项表示，其中，x 是频率的度量。我们通常用表达式 $\sin(2\pi ft)$ 或 $\sin(\omega t)$ 来表示这样一种波形，其中，$2\pi f$ 或 ω 代表 1s 内的周期数，t 代表时间变量（以 s 为单位）。

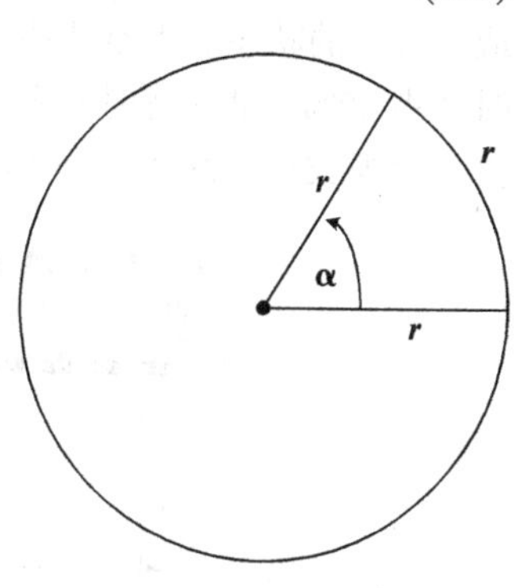

图 2-15　弧度的定义

2.4.2　谐波

假设有一个具有一定频率的信号，并且将它的波形用如下关系表示：

$$V = \sin(\omega t) \tag{2.7}$$

其中，ω 是频率，t 是时间。那么，一个形状由式 $V = \sin(2\omega t)$ 表示的波形的频率将是第一个波形的两倍，而另一波形 $V = \sin(3\omega t)$ 将有三倍频率。

可以概括地说，具有形状 $V = \sin(n\omega t)$ 的波形，其频率是形状为 $V = \sin(\omega t)$ 的波形的 n 倍。如果这些波形相互之间有关系 [或许波形 $\sin(n\omega t)$ 是由波形 $\sin(\omega t)$ 以某种方式产生的，也可能它们都产生于同一信号源]，那么这样的形状（波形）称为**谐波**。谐波频率是基波频率的简单倍数。在这种情况下，信号 $\sin(n\omega t)$ 称为基波 $\sin(\omega t)$ 信号的 n 次谐波。图 2-16 给出了一个信号以及它的 4 次谐波（振幅变小了）。谐波在电子学中，特别是在信号完整性方面非常重要。

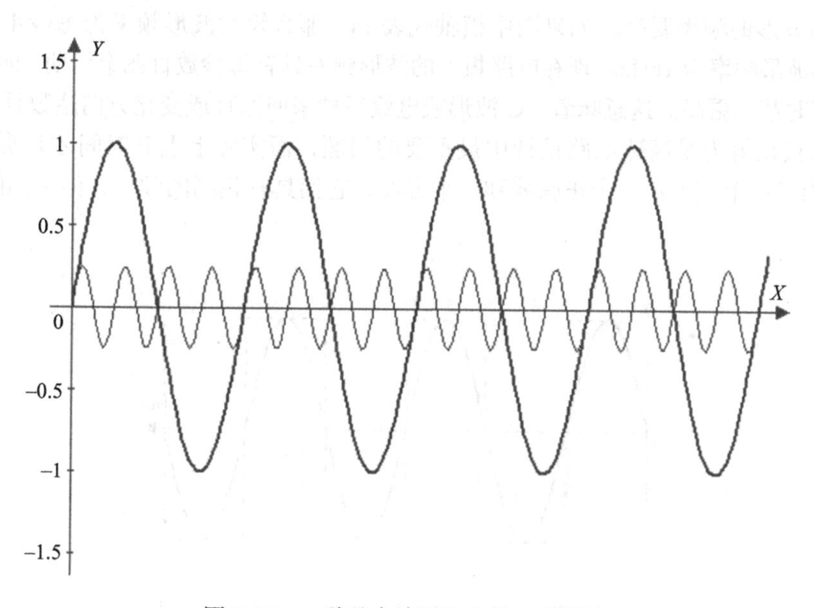

图 2-16　一种基本波形和它的 4 次谐波

2.4.3 占空比

每当我们有一个重复的信号，如图 2-1 所示的 AC 波形、图 2-3 所示的方波或图 2-4 所示的脉冲波，信号将一部分周期时间花费在正、“高”或“开”的状态，部分时间花费在负、“低”或“关”的状态。占空比指信号处于高状态的时间百分比。例如，一个典型的方波是高状态时间占 50%，低状态时间占 50%，即它的占空比是 50%。高状态时间只占 25% 的信号就说其占空比为 25%。图 2-17 给出了这两个例子。

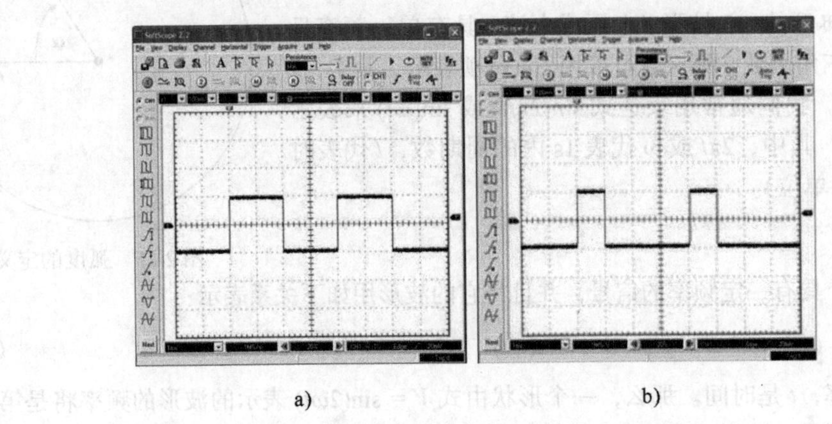

a) b)

图 2-17 波形：a）50% 的占空比，b）25% 的占空比

通常一个信号仅在处于高电平时消耗功率（也许这并不总是对的，要取决于电路），占空比就成为评估两个不同信号功耗的一种方法。例如，60% 占空比的信号将消耗两倍于 30% 占空比信号的平均功率。

2.4.4 上升时间

频率是单位时间内（通常是 1s 内）电流方向循环改变的次数。因此，图 2-16 中较小的波形比较大的波形的频率要高。如果图中横轴代表 1s，那么较大波形频率为每秒 4 个周期（即 4Hz），较小波形频率为 16Hz。现在电路板上的波形频率具有每秒数百兆个周期（即数百 MHz）的范围，有时甚至更高。这意味着 AC 波形或电流每秒来回循环或变化方向达数百兆次。

频率常被误解为是高速电路设计中最重要的问题，而实际上上升时间才是真正的麻烦。图 2-18 给出了两个波形：一个正弦波和一个方波，它们具有相同的频率，但它们的上升时间大不相同。

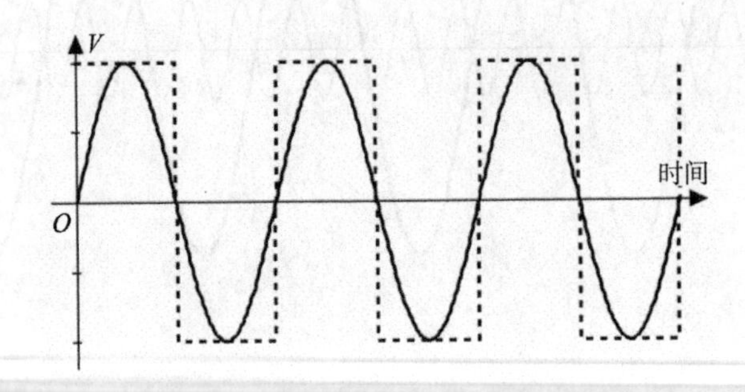

图 2-18 频率相同但上升时间非常不同的两个波形

上升时间一般定义为从波形的 10% 处上升到 90% 处所需要的时间长度（见图 2-19），有

时也会定义在 20% 与 80% 间。下降时间的定义方法完全相同：波形从 90% 处降到 10% 处所需的时间。如果沿着一个信号的上升沿叠加一个正弦波，如图 2-19 所示，就会看到正弦波形从 10% 到 90% 所占时间差不多是一个完整周期 τ 的 1/3，即对于正弦波而言，这个关系是 $T_r=1/(3f)$，其中 T_r 为上升时间，f 是以 Hz 为单位的频率。

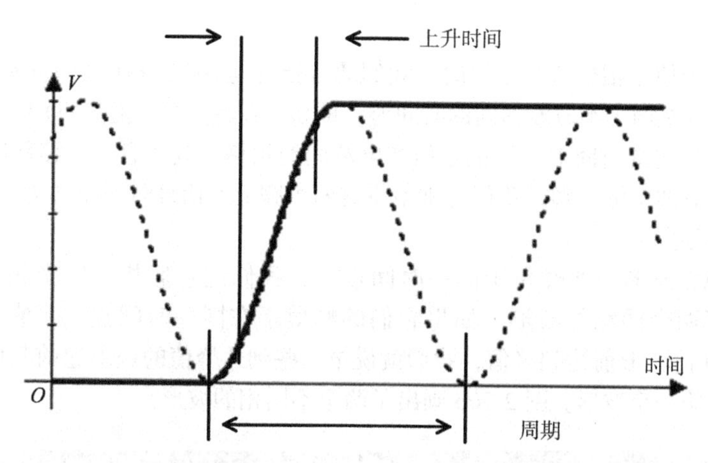

图 2-19　脉冲的上升时间约为其正弦波周期的 30%

技术注解

一些书中定义此关系为 $T_r = 1/(\pi f)$。

你可能会问，为什么指定幅度的 10% 到 90% 这个范围作为上升时间，而不是 0% 到 90%？或为什么有的采用 20% 到 80% 的范围？答案也许有点不太令人满意，但大致是这样的：几乎所有的开关器件都遵循类似于图 2-19 中的上升路线所表示的开关模式，但在开关模式的最初和最后部分，它们会有很大的差别。例如，一种器件可以非常快地达到 100%，而另一种器件接近 100% 时可能会摆动并且很多时候达不到 100%（我们有时称其为**渐进地**接近 100%）。开关器件在其开关范围的最初和结束阶段可以有非常不同的开关模式，但在其主要过渡区期间，所有的器件都有十分相似的模式。因此用开关范围的 10% 到 90% 作为上升时间以便能“对等地”比较。有时其他器件可能使用 20% 到 80% 的范围，这是因为其相应开关范围的起始和结束部分要比其他器件的宽些或是因为它们在有意无意地误导用户（20% 到 80% 的范围要短些，也因此上升时间似乎要快些）。

假设要求电压或电流在电路中变化很快。例如，要求电流在 1ns 内从 0mA 变到 10mA。则可将该要求表示为“电流的变化量除以时间的变化量”或 $\Delta i/\Delta t$（其中 Δ 表示变化量）。如果思考 $\Delta i/\Delta t$ 式关系，并视 Δt 为一个极小的时间间隔，就可以用数学形式将其表示为 $\mathrm{d}i/\mathrm{d}t$（读作 dee-eye-dee-tee）。术语 $\mathrm{d}i/\mathrm{d}t$ 是一种微积分的表示，意味着当时间变化量小到可忽略时，电流的变化量除以时间的变化量（也就是说，Δt **确实**很小）。在特别高速的电路中，$\mathrm{d}t$ 项等同于信号的上升（或下降）时间。也正是这个 $\mathrm{d}i/\mathrm{d}t$ 项引起了信号完整性问题。

在业内，我们常常用术语**上升时间**简单地描述对电路的要求。读者应该明白，下降时间同样重要。真正重要的是两者中较快的那一个。因此，当你读到“上升时间”，就应想到“上升或下降时间，究竟哪一个快？”

2.4.5 周期

一个周期所需的**时间**是 $1/f$，其中 f 是频率。一个循环的时间称为周期（τ）。因此，具有 1MHz（每秒 100 万个周期）频率的正弦波的周期是百万分之一秒，即 1μs 或 1000ns。则 1MHz 正弦波的上升时间大约是周期的 1/3，即约为 333 ns。

2.4.6 相移

当在电子学中使用**相位**这个术语时，我们通常指的是 AC 三角函数（正弦或余弦）波形。当说到**相移**，指的是两个类似波形间的时间差。例如，在特定的（正弦的）频率、电路中特定的位置和在任意给定的时间上，讨论电压和电流间的相移。应注意到，相移通常与信号时序无关。如果器件有两个输入脚，我们通常不将这两个脚上的信号时序差视为相移。取而代之，可以将它视为信号失调。

如果两个 AC 波形的波峰位于同一时间点上，我们说它们相位完全相同或者是**同相**。图 2-20a 画出了两个同相的波形。如果它们的峰值不在同一时间点上，它们就不再同相。一个波形将在其他波形前达到峰值，我们就说早一些到达峰值的波形超前其他波形，或者第二个波形滞后于第一个波形。图 2-20b 画出了两个不同相的波形。

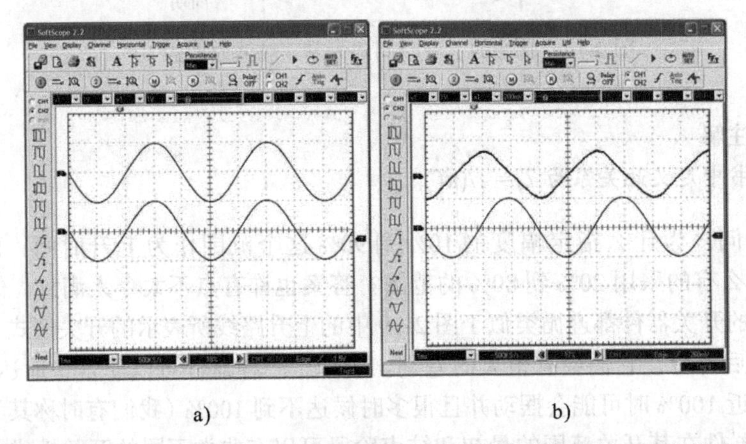

图 2-20 相位：a）中上方和下方曲线同相，b）中上方曲线超前下方曲线约 90°

需要记住几个绝对真理：电阻上的电压和电流总是完全同相的；对于电容而言，电流超前电压 90°；通过电感的电流滞后电压 90°。重要是明白这三个表述总是正确的（所讨论的是理想的电容和电感，它们没有内部电阻），没有例外。因此，如果电路中有电感和电容，两个信号间可能有 180° 的相移（对于电感而言，加 90°，而对于电容而言，减 90°，合计差 180°）。在完全合适的条件下，相位差为 180° 的两个信号可以完全抵消，这可引起不寻常和特殊的效果。我们将在第 5、第 6 和第 7 章学到关于这一切的更多知识。

如果在电路中有电阻和电容（和 / 或电感），我们就能实现任意度数的相移。图 2-21 给出了一种情况，上方的波形超前另一个波形约 45°。

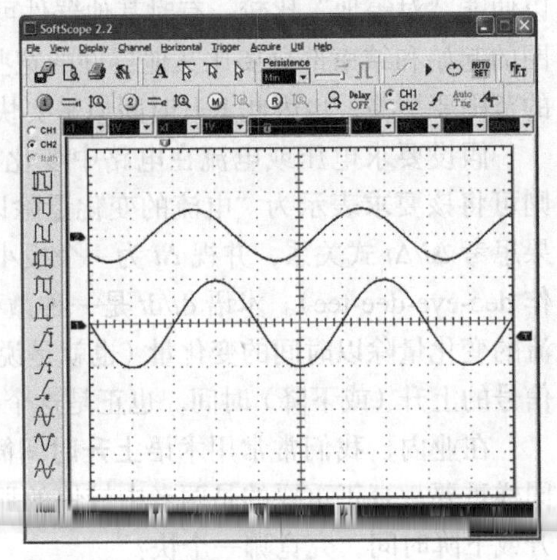

图 2-21 上方的波形超前下方的波形约 45°

2.4.7　振幅：峰 – 峰

很多人困惑于电子学中振幅的不同度量。对于 DC 波形而言，其振幅非常直观，是多大就是多大。但对于 AC 波形而言，就有几种不同的度量。在图 2-22 中，AC 信号的峰 – 峰振幅大约是图中主分度的 4 倍。

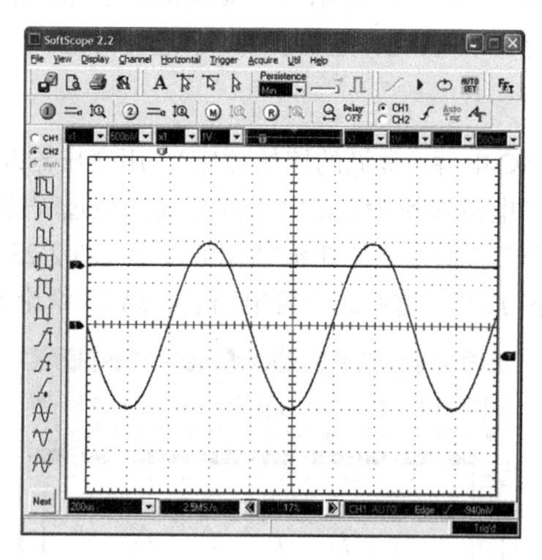

图 2-22　振幅的测量

2.4.8　振幅：峰值

AC 波形的峰值振幅是峰 - 峰振幅的一半。它是波形水平“中线”（或平均）与它的峰值之间的幅度。图 2-22 中的峰值是两个分度。

2.4.9　振幅：平均值

对称的 AC 波形的平均振幅总是 0，那是因为波形在波形水平中点的上下有相等的面积。因此，AC 波形的平均值毫无意义。

将 AC 波形叠加到 DC 波形上是有可能的。例如，假设将图 2-22 所示的波形叠加到值为 10 个分度（在图形窗口上）的 DC 波形上，那合成后的波形的平均值就是 10 分度。虽然它不完全错误，但它是一个很差的描述此度量的方法。更正确的说法是，波形中 AC 成分的平均值是 0，其叠加在 10 分度 DC 成分之上。

2.4.10　振幅：RMS

用于 AC 波形振幅的标准度量叫作 RMS。RMS 代表均方根（Root-Mean-Square）。在概念上，得到 RMS 值的方法是：将波形分成很多小部分，然后对每一小部分的波形振幅求平方，接着计算所有平方值的平均值，再将这一平均值开方。在数学上，我们用式（2.8）表示波形的 RMS 值：

$$\mathrm{RMS}=\sqrt{\frac{1}{n}\sum_{1}^{n}\sin^{2}(n)} \tag{2.8}$$

如果图 2-22 的波形峰值是 2 分度，解出的波形 RMS 值则是 1.414 分度。一般而言，正弦或余弦波形的 RMS 值是 0.707 乘以其峰值。那意味着以家里 117V 的 AC 波形为例，其峰值为 117/0.707=165.5V，峰 - 峰值为 331V。

任意波形的实际 RMS 值与功率有关。设想将图 2-22 所示的正弦波电压加在一个电阻上，RMS 值就是能在该电阻上产生相同功率（即热量）的等效 DC 电压值。这样，加在电阻上的 1.414 分度的 DC 电压将与 2 分度（峰值）正弦波在电阻上产生的热量完全相同。

但是 0.707 这个值仅仅是正弦或余弦波的 RMS 真实值。要是波形形状不同，会怎样？或者波形是随机的，又会怎样？如图 2-9 所示的音频波形，当你仔细观察它时，它看起来似乎很随机，那要如何度量它的 RMS 值呢？这将在 2.5 节进行讨论。

2.4.11 振幅：整流

几乎所有供电都出自 AC 电源（常见的墙体插座），用变压器改变电压大小，然后使电流通过二极管电路，以将 AC 电流转换为 DC 电流的形式，该过程称为**整流**，并且二极管历来就被视为整流器。单独一个二极管会产生半波整流的波形（图 2-23 中上方的波形），二极管电桥会产生全波整流波形（下方的）。这些二极管电路会在第 13 章论及。

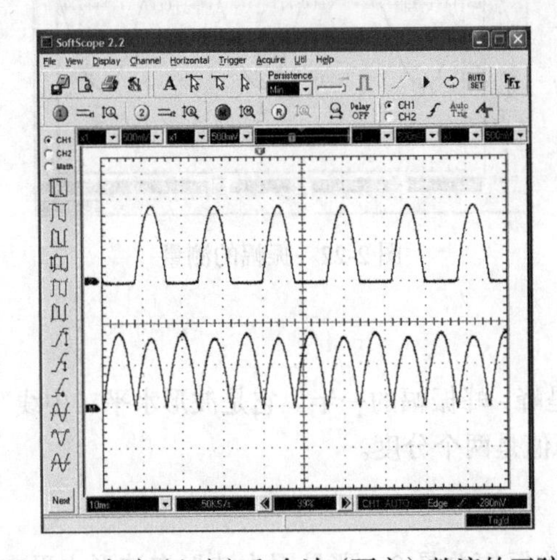

图 2-23 半波（上方）和全波（下方）整流的正弦波

虽然正弦波的平均振幅是 0，但经整流后的正弦波的平均振幅不是。正弦波经整流后的半波平均值是 0.318 乘以它的峰值。对全波整流的波形而言，平均值等于 0.637 乘以它的峰值。经全波整流的正弦波的 RMS 值与未经整流的正弦波的相同：0.707 乘以它的峰值。这是由于正弦波和经全波整流的正弦波将对电阻负载传送相同的功率。经半波整流的正弦波的 RMS 值是它们的一半，即 0.354 乘以它的峰值。

2.4.12 幅值：分贝

分贝（dB）这一概念对学生而言，有时难以掌握。其基本单位是贝尔（以 Alexander Graham Bell 的名字命名）。我们一般使用的单位是分贝（分 =1/10），1 贝尔等于 10dB。

关于分贝，记住以下三点将使得对整个论题的理解容易些：

- ❑ 它是比率量度，不是绝对量度。
- ❑ 它与功率直接相关，而不单独与电压或电流有关。
- ❑ 它是对数度量（通常为 log，即底为 10）。

1 贝尔定义为功率 P_1 和 P_2 比值的对数：

$$\text{功率比值} = \log(P_2/P_1)\ (\text{单位：贝尔}) \tag{2.9}$$

由于分贝数是 10 倍的贝尔数（即 1dB=1/10 贝尔），则有：

$$功率比值 = 10 \times bel = 10\log(P_2/P_1)\ (单位：dB) \tag{2.10}$$

假设有一个 12dB 增益的放大器，如果输入信号是 0.5W，放大器输出的信号功率是多少？

解

$12 = 10\log(P_2/0.5)$

$1.2 = \log(P_2/0.5)$

$2 \times P_2 = 15.85$

$P_2 = 7.9\text{W}$

我们将在第 4 章看到，功率是电压或电流平方的函数。因此，可将式（2.10）表示为电压平方的比率：

$$dB = 10\log(V_2^2/V_1^2)$$

即：

$$dB = 10\log[(V_2/V_1)^2] \tag{2.11}$$

如果与 V_1 相关的阻抗和与 V_2 相关的阻抗相等，则该表达式成立。如果熟悉对数运算，该式还可变为：

$$dB = 20\log(V_2/V_1) \tag{2.12}$$

式（2.10）和式（2.12）在电子学中很常见。你有时会看到电子测量装置以 dB 分度。那就要意识到，如果是这样的话，在测量中就内含了一个参考功率、电压或电流值。参考值应在仪器面板上标明，并在随机文件中明确说明。

2.4.13 时间常数

与振幅幅有关的一个度量称为**时间常数**。它与波形发生改变所需的时间长度有关，即该变化占将要发生的全部变化的一定比例。例如，图 2-24 中那条较低的曲线为在电子学中很常见的一个波形，它通常与电容器或电感器的充放电有关。这种类型的曲线遵循一个非常明确的公式。

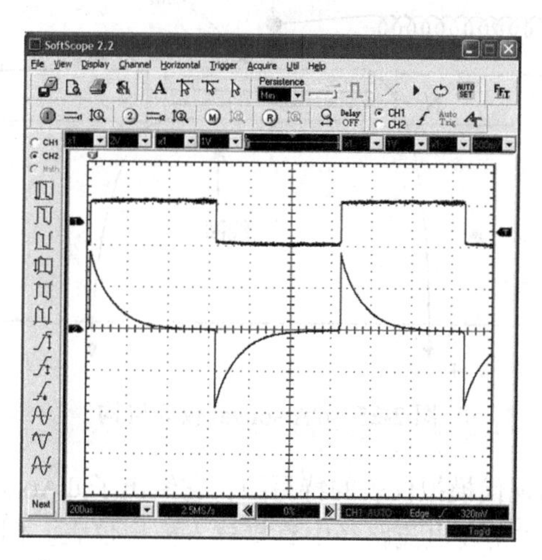

图 2-24 某些类型的瞬态响应（下方曲线）遵循非常明确的时间常数

考虑那条较低的曲线从其最大（正的或负的）值变到基准线所需的时间长度。它将在一个称为时间常数的时间单元里改变其值的 63%，在两个时间常数里改变其值的 87%，及在三个时间常数里改变其值的 95%。如果知道如何计算时间常数，就能构建体现这一关系的时序电路。事实上我们确实知道如何计算时间常数，这在第 10 章将有更详细的讨论。

2.5 测量技术

一个多世纪以来，电流的测量都是基于检流计的原理。检流计的工作原理为：线圈中的电流会对一个磁针施加作用力。它由丹麦科学家 Hans Christian Oersted 于 1820 年首先发现。同年，法国物理学家 Andre Ampere 得到了 Oersted 的发现并将其用于电流的测量中，由此发明了检流计。Ampere 建议该装置以 Luigi Galvani 的名字命名，一位意大利电学研究的开创者。

1880 年，Jacques-Arsene d'Arsonval（1851—1940 年）对经典检流计的设计作了大幅提升，自那时起，模拟仪表动作机构就被描述为 d'Arsonval 机构。

2.5.1 模拟仪表

图 2-25 画出了一个 d'Arsonval 机构，它包含一个线圈，其中流过待测量电流。一个磁针（指针）与线圈相连。线圈能以其中心为支点转动，且放置在两块磁铁间。如图 2-25 所示，流过线圈的电流产生磁场，其北极指向指针的方向，此感应磁场使指针沿顺时针方向从磁铁北极向磁铁南极旋转。一个弹簧提供拉力，逆着旋转方向拉住指针。这样，旋转的度数正比于磁场强度，后者正比于电流大小。

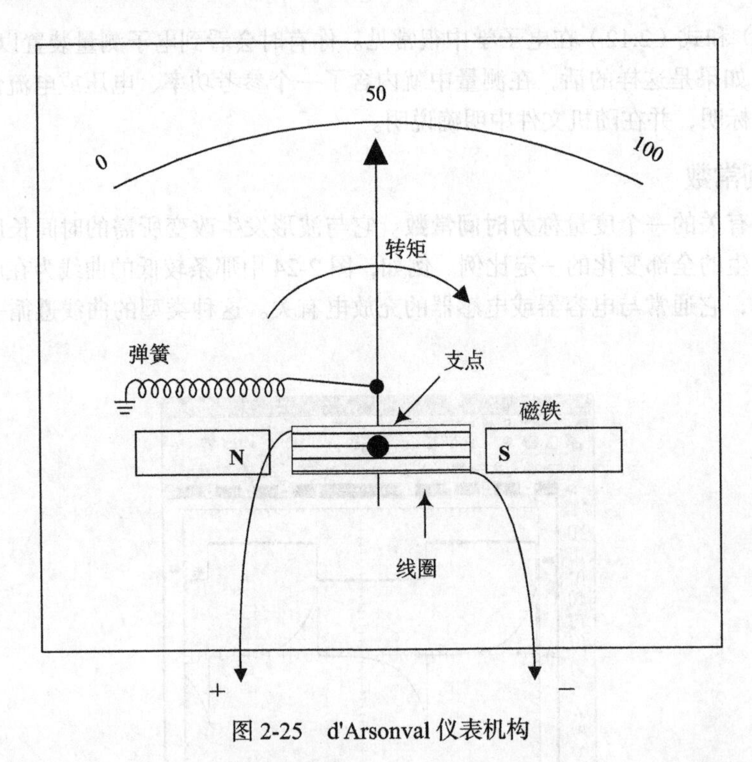

图 2-25 d'Arsonval 仪表机构

图 2-26 是一个实际的现代模拟仪表的特写图，它给出了 d'Arsonval 机构的组成。

电流测量的最简单形式是在电流路径中直接放入模拟仪表。例如，在图 2-27 中，如果你想测量流经回路 a 的电流，可断开回路并在电流路径 b 中插入一个简单的模拟仪表。

图 2-26　基于 d'Arsonval 仪表机构的典型仪表

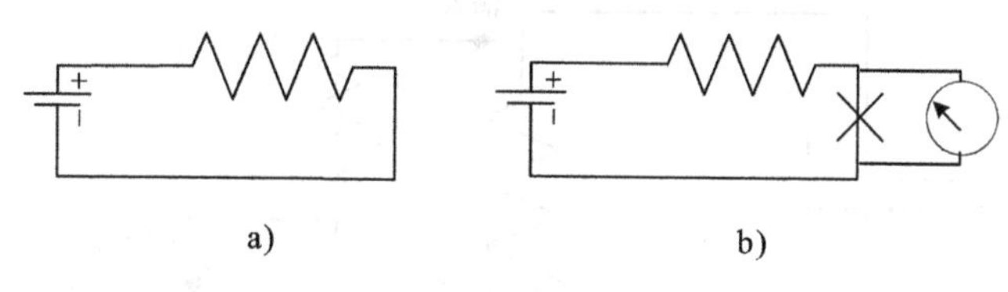

图 2-27　电流测量的最简形式

用这个方法有三个方面的麻烦。首先，电流路径必须在测量处断开。这在某些情况下是不方便的，在其他情形几乎不可能，还有些情况则可能非常不安全。其次，仪表测量范围有限。尽管理论上可以制造任意测量范围的仪表，仪表通常从 0 刻度移动到满刻度时经过的范围为 50 ~ 400μA（0.000 05 ~ 0.0004A）。最后，将仪器直接接入电路中将影响电路自身。仪表机构有一些电阻，或许仅是几分之一欧姆到几个欧姆，但这足以使某些电路的性能产生巨大改变。

图 2-28 给出了解决测量范围问题的一种方法。将一个旁路电阻与仪表机构并联，形成一个分流器。如果分流器电阻很低（0.025Ω），那么大部分电流将通过这一旁路，这可能对电路其他部分会有些小影响。虽然如此，依然有足够的电流流过了仪表并做了合理的测量。实际的仪表会在几个不同的旁路电阻间切换，并有一个校准电路，从而能在一个很宽的范围进行测量。

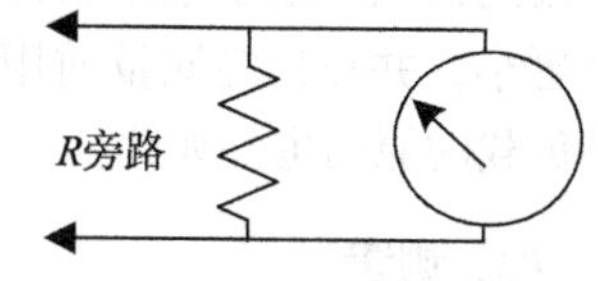

图 2-28　增加一个旁路电阻并与仪表并联

2.5.2　数字仪表 / 示波器

通过将仪表转变为数字显示，可进一步简化所用的电路测量技术，如图 2-29 所示。因为 AD 转换器比仪表线圈灵敏得多，能对更小的信号产生响应，所以旁路电阻可以很小。旁路电阻越小，对待测电路的影响就越少。

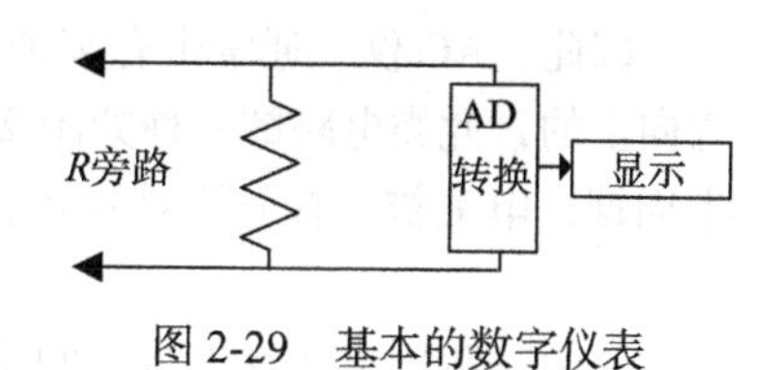

图 2-29　基本的数字仪表

2.5.3　电压表

对图 2-27 ~ 图 2-29 所示方法做些小改进，则可将电流表转变为电压表。如图 2-30 所示电路，电压加在输入和输出端之间，电阻 R_1 和 R_2 构成分压器，且电阻 R_1 承担了大部分电压降，流经仪表的大部分电流被 R_2 分流，少量电流通过仪表机构自身。切换电路将转变 R_1 和 R_2 的不同组合值。正确地设计切换电路并校准，则可使该仪表用于很大范围的电压测量。

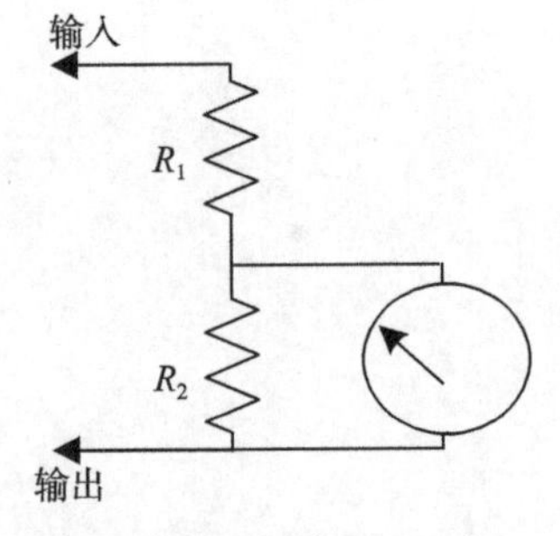

图 2-30　简单的电压表

用电压表测量不需要将电流路径断开（见图 2-31）。将电压表简单地连接到电路上的两点间并测量这两点间的电压。因此，测量通过电路某处电流的一种方法是：测量位于同一部分的已知电阻上的电压，并利用欧姆定律（见第 3 章）推导出电流。只要简单地用一个 AD 变换器和数字显示器电路（见图 2-29）替换仪表机构电路，如图 2-31 所示的模拟电压表就可以变为数字仪器或示波器。

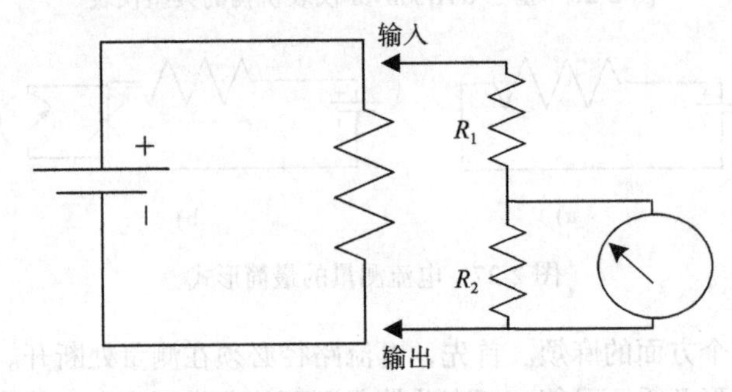

图 2-31　电压表不要求断开电路

模拟电压表在待测电路中引入了一个电阻。通常，这个电阻值在仪表说明书中有说明，是已知的。例如，一个不太昂贵的便携式电压表有一个类似于每伏 20 000Ω 的输入参数，它的意思是，如果量程是 5V，在此量程下使用时，它的输入电阻将是 5V × 20 000Ω/V，即 100 000Ω（100kΩ）。在数字电路中，这将引入了不可接受的负载，改变了待测电路，从而给出无效的读数。电子电压表避免这一问题的方法通常是：采用更大的输入电阻，使测量处的信号更小，并在最终测量前用一个内部放大器对该信号进行升压。示波器会向待测电路引入较小负载的原因也是如此。

2.5.4　AC 测量

如果一个 AC 电流通过图 2-25 所示仪表，则它的磁针可能永远不会动。感应磁场的极性将随着电路频率而变化，任何方向上都没有净的转矩。如果**平均电流**是 0 的话，这一结果当然是可预见的。

因此，AC 仪表通常带有某种二极管电路以让电流在一个方向上通过仪表，而阻止另一个方向上的，此类电路的一种如图 2-32a 所示。在 AC 信号的正半周期，电流流过仪表；在另一半周期，电流被二极管阻挡而不能流过。所产生的波形称为**半波**（此二极管起**半波**整流器的作用）。

通常，我们想让仪表指示的是最有用的度量（波形的 RMS 值），它是峰值的 0.707 倍。在图 2-32b 中，仪表将指示的是经半波整流后的正弦波形的平均值（0.318 乘以峰值）。于是，仪表面板的标度定标方式是：让它显示峰值的 0.707 倍，即使它测量的仅是峰值的 0.318 倍。因此，这类仪表仅当它在测量正弦波时才指示正确的 AC 值，对任何其他波形（具有不同的平均值）的测量将显示错误的结果。几乎所有的 AC 仪表都是这样。除非仪表标签表明它是真正的 RMS 仪表，才能相信它是在测量任意波形的真实 RMS 值，而不用管波形的形状。

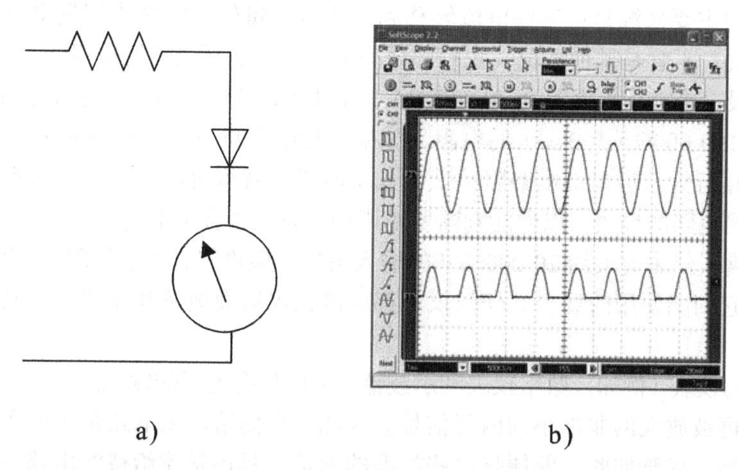

图 2-32　a）简单的 AC 电流表；b）AC 信号的半波整流部分

历史上，真正的 RMS 仪表使用某种功率测量以确定待测信号的 RMS 值。信号加在电阻式传感器上，它将与所加功率成正比地升温。测量温度的变化，并将其转换为功率，再转换为 RMS 值。即使这一技术存在几个可能的误差源，但真正的 RMS 仪表事实上令人惊讶地准确。

近年来，随着电路计算能力的增加和实用化，仪表可真正地进行 RMS 实时计算并显示结果。现在还有专用的集成电路用于电压表和电流表的 RMS 计算。因此，在如今，真正的、实用的和经济的 RMS 仪表比以往更多。

2.5.5　钳形仪表

回想一下，沿着导线的电子流（电流）会在导线周围产生磁场。如果能测量这一磁场的强度，就能推知产生该磁场的电流大小。钳形仪表有一个钳在载有电流的导线周围的磁敏线圈部件，通过测量磁场的强度可计算出流经导线的电流（见图 2-33）。

钳形仪表比其他电流表有显著的优点：它们不是侵入式的，不需要将电路断开以完成测量。这既方便又安全，特别是在高压区域测量大电流时。它们的缺点是通常需要能环绕所感兴趣的单一导线的完整周边。如果两根导线被夹钳围住，仪表将读出净电流值。如果这两根导线是信号线及回流线（例如，一根普通的延长线），由于这两根导线电流相等而方向相反，所以仪表将没有任何显示。因而，钳形仪表适合单根导线的电流测量，但对在印制电路板走线上的电流测量就没什么价值了。有些钳形表仅对正弦波形信号能准确测量，而有些则是真正的 RMS 版。

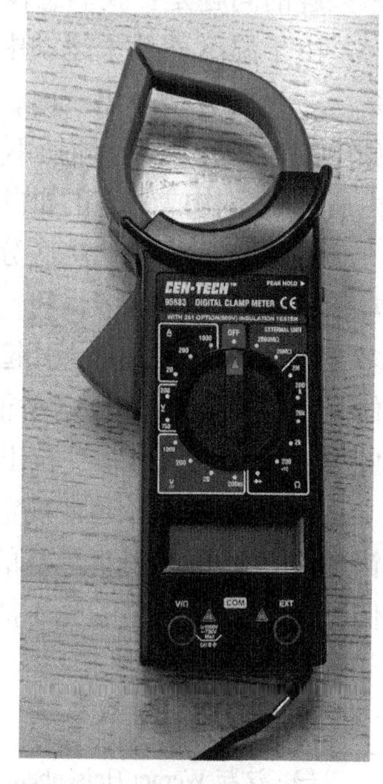

图 2-33　典型的商用钳形仪表

2.5.6 测量误差

当然，任何测量工具都有某种内在的准确度。但除此之外，还有另外的问题，就是测量过程自身对测量效果的干扰，它可能因此导致不正确的结果[㊀]。工具使用者必须了解他们的测量对电路本身造成的可能影响。

可能误差的主要来源是：一些电流转移到了进行测量的电路中或测量电路增加了被检查电路的一些阻抗。不管是哪种情况，我们都说测量工具增加了电路的**负担**。

例如，假设一个电压表内阻为 20 000Ω/ V，使用 5V 量程。那么，它就充当了放置在待测电路中的一个 100 000Ω（100kΩ）的电阻。如果待测电路也有 100kΩ 的阻抗，那该负载就能极大地改变电路行为。但如果电路阻抗仅为几十欧姆，就很可能不会对测量造成误差。使用者必须了解待测电路的性质，以便能判断所使用的工具是否会带来测量误差。

较好的便携式仪表有大约 20 000Ω/V 的输入阻抗。廉价仪表的输入阻抗可低至 2000Ω/V，这严重限制了它们能使用的场合。任何仪表都应该在仪器面板及其文档中对其输入阻抗规格清晰说明。

功能强大的仪表（例如，数字仪表和示波器）可以具有更高的输入阻抗，这是因为它们能处理在测量前再被放大的非常小的内部信号。因此，它们给待测电路带来的负担比便携式仪表带来的小很多。尽管如此，即便是这些类型的测量工具还是能给待测电路带来负担。对所有测量工程师而言，一个重要的挑战是确定测量技术自身是否会在测试期间引起电路变化。

2.6 热、噪声和电流阈值

绝对零度[㊁]是所有原子运动都停止时的温度。当元素变热，原子和分子运动增强。我们知道，当温度升高时，元素会经过三种状态：固态、液态和气态。每一种都与原子和分子增强的运动有关。

电子的运动与温度紧密相关，原子越热，发生在原子内的运动越强，也就有越多的电子运动。现在，如果电流是电子的流动，并且由于温度的缘故，电子处于运动之中，一个令人感兴趣的问题是：我们怎样去区分与电子信号有关的运动和仅由温度自身引起的运动？

由于温度而处于运动中的电子引起的电子信号，我们称为**热噪声**。如果你家里有高保真系统，当没有信号出现时，将音量调到很高，你可从扬声器中听到类似嘶嘶的声音。那个嘶嘶声的大部分成分（即使不是所有的）是由热噪声引起的，有时称它为**白噪声**是因为它似乎是由所有频率构成的，正如白光由所有颜色构成一样。

一般的，我们无法区分由于信号而处于运动的电子和由于热效应而处于运动的电子，通常信号比噪声大很多，我们讨论信噪比（*S*/*N*）以对**两者**进行比较。如果信号比噪声电平大很多（也就是说，由信号引起移动的电子比由噪声引起移动的电子更多），那么就很容易分辨出信号成分。如果信号电平很弱或类似于热噪声电平，借助于信号编码，我们可以做些事情，例如，提高从噪声中“拉出”信号的能力。

但热噪声电平通常规定了一个阈值信号电平，低于该电平，我们就不再能工作。一个不错的直观例子是观察星空的望远镜，来自星星的光照到某种光探测器上，产生一个信号让我们处理，如果星星的光不能产生比热噪声电平更强的信号，我们就不能看到星星。这也正是望远镜灵敏度的制约因素。

㊀ 这与 Werner Heisenberg（1901—1976 年）提出的“测不准原理”有关，但不完全相同。

㊁ 绝对零度是 –459° F、–273° C 或 0° K。

提高信噪比的方法有：一种是对信号编码。如果我们检查一定时间的信号增量，热噪声在本质上将是随机的。如果我们对信号编码，就会有一个能在噪声内探测到的相关信号。这样，在电平低于噪声电平时，可以使用编码以允许通信。第二个可能的解决方案是，在开始处理前，以某种方式预先放大信号，这提供了一种可能的对于此问题的“强力”解决方案。第三种可行性是，冷却电子的温度，这样就降低了热噪声电平。事实上，这一方法已应用于望远镜中。初始电路（“前端”电路）置于液氮冷却箱中，以压低那部分电路的噪声电平。最后，购买低噪声元器件以用于电路的重要部分。然而，归根到底，热噪声是信号电平能有多低的最终决定因素，因此仍然要对其有效地探测并处理。

第3章 基本的电流定律

这有几个每个人都应该知道的基本电流定律。基于电流的基本定义，第一个可能是直观的，记住电流是电子的流动。

3.1 电流在回路中流动

如果电流是电子的流动，那么电流必须在闭合回路中流动。如果电流（电子）从某一源（例如，电池）中流出，那么电流（电子）必须流回到那个源中。如果不是这样，而是电子可流出电池且不返回，那它们会去哪里？如果电子可离开一个地方（且不返回），以下两个条件之一必须是真实的：要么电荷消失了（这与电荷守恒的思想相冲突），要么电荷必定在其他某处聚集（致使该处不再是电中性）。无论是哪一种，都将是一个必须要解决的问题。我们从来没有遇到过像这样的问题，因此这样的情况不会发生。

因此，除非有一个回路让电流流动，否则它不会流动。如果有一个回路，再加上有一个力驱动它，电流就能绕回路流动。但是无论何种电流开始在回路中流动，那么它必须在回路的另一端返回。

这一定律有一个推论：**每个信号都有一个返回电流**。每当考虑连接电路上两点的导线或走线时，重要的是认识到，这仅代表了电流回路的一半，还有必须要考虑的另一半回路：返回信号。我们将在后面看到：如果电路有问题，这个问题很可能与返回信号有关，而不是主信号自身。每个信号都有一个返回信号，这一点绝无例外。

3.2 回路中的电流处处恒定

已经叙述过，电流必须在闭合回路中流动。但这并不是全部，电流还必须在电路中处处恒定。在任何时刻，电流在其流经的某一回路的每一处必须是恒定的，这与所说的电流和电压必须在回路中处处同相并不是一回事，电流和电压仅在流经电阻时才同相，当流经电抗性元件（电容或电感）时，它们将不同相。

这个恒定电流规律并不总是直观清晰的。图 3-1 画出了有三个电流回路的电路，标注为（a）、（b）和（c），它们并不是独立的回路。仅有两个回路独立，因此我们仅考虑回路（a）和（b）、回路（a）和（c）或回路（b）和（c），而不能同时独立地考虑回路（a）、（b）和（c）。

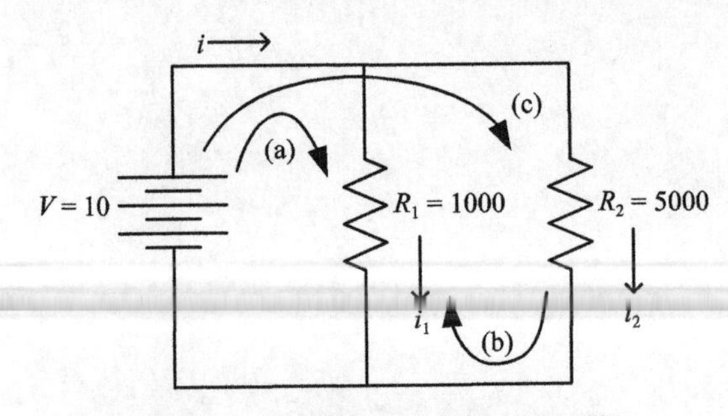

图 3-1　一个简单电路中的电流回路

我们来看这个例子（公式是基于欧姆定律的，下一节讨论）：电流 i_1 是 V/R_1=10/1000 = 10mA，电流 i_2 是 V/R_2=10/5000=2mA，因此，i 必须等于 i_1+i_2=12mA。

仅考虑回路（a）和（b）。回路（a）中的电流是 12mA（等于 i），这一电流在回路（a）中处处恒定。回路（b）中的电流是 2mA（等于 i_2）且在回路（b）中处处恒定。电流 i_1 等于回路（a）的电流（12mA）减去回路（b）的电流（2mA），即 10mA，我们已经算过这一结果。

或者仅考虑回路（a）和（c）。回路（a）的电流是 10mA（等于 i_1）且在回路（a）中处处恒定，回路（c）电流是 2mA（等于 i_2）且在回路（c）中处处恒定。电流 i 等于回路（a）电流（10mA）加上回路（c）电流（2mA），即 12mA，我们已经算过这一结果。

这表明了这里的两个规则[㊀]：

- ❑ 电流必须在闭合回路中流动；
- ❑ 电流在该回路中必须处处恒定。

图 3-1 也启示了更复杂的电路分析方法。设想电路很复杂，由很多元件组成。一种分析电流和电压在这样复杂的电路中分配的方法是将电路分成一个个独立回路，然后对每个回路写出电路方程。此结果将是一个方程组，可以用矩阵代数进行求解。尽管这听起来乏味，但它是处理电路分析问题的一种方法。

3.3 欧姆定律

如果有一个回路让电流流动，下一个问题或许就是有多少电流实际流经了该回路。确定这一问题的定律称为欧姆定律[㊁]，建立于 1827 年。这个定律非常简单，表述如下：

$$V = I \times R \tag{3.1}$$

其中，V 是电压（单位：V）；R 是电阻（单位：Ω）；I 是电流（单位：A）。

欧姆定律的其他形式为：

$$I = V/R \tag{3.2}$$

$$R = V/I \tag{3.3}$$

电压正比于电阻与流经该电阻电流的乘积，因此如果知道任意两个参数，那么就能算出第三个。

考虑如图 3-2 所示的简单电路。如果知道电阻器的阻值 R = 1000Ω（1kΩ），以及流经它的电流 I=0.5mA，那么其上的电压 [根据式（3.1）] 必定为 $V = I \times R$ = 1.0 × 0.5 = 0.5V。如果一个 6V 的电池加在一个 300Ω 的电阻器上，电流必定是 [根据式（3.2）]$I = V/R$ =6/300=0.02A=20mA。

虽然欧姆定律通常只对电阻严格成立，而事实上它是各种类型电子分析的基础。电子工程师不仅将欧姆定律应用于电阻，而且也用于电抗和阻抗（后文将讨论）。欧姆定律普遍适用于电子学的各个方面，适合作为**点概念**，也就是说它适用于电路的某一特定点和某一特定时刻。在 AC 电路中，电压和电流间可能有大的相移，因此欧姆定律通常会**失灵**，但作为点概念，它总是成立的。

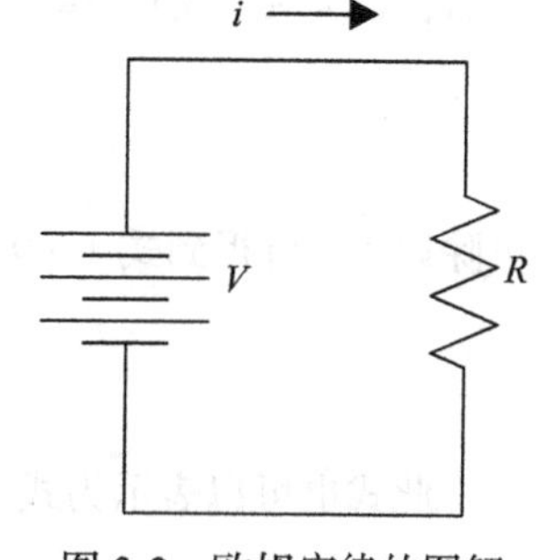

图 3-2　欧姆定律的图解

㊀ 本书后面还有其他的例子，诸如在传输线的情形下，乍看之下，似乎这两个规则不能同时成立，我会给你说明，尽管有这个假象，但事实上这些规则是正确的，即使是在那些情形中。

㊁ Georg Simon Ohm, 1787—1854 年。

欧姆定律或许是本书中最重要的公式。如果本书中仅有一件事情是你要记住的，那就是它。毫无疑问，业内的任何人和每个人都必须能不假思索地写出欧姆定律并运用它。

3.4 基尔霍夫第一定律

作为电路分析基础的两条定律都归功于基尔霍夫[⊖]。他的第一定律阐明：流入某一节点（也可使用术语**网点**）的电流必定等于流出该节点的电流。图 3-3 说明了这一定律，这个图例其实很简单，在图 3-3a 中，仅一个节点在上部，另一个在下部。

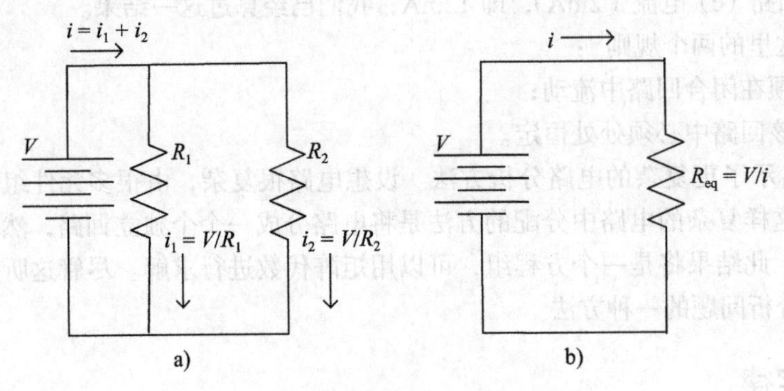

图 3-3 基尔霍夫第一定律的图解

进入上部节点的电流是 i，通过 R_1 的电流是 i_1，通过 R_2 的电流是 i_2。根据基尔霍夫第一定律，可以写出式（3.4）：

$$i = i_1 + i_2 \tag{3.4}$$

现在，一个有趣的问题是，给定 V 和 I，R_{eq} 的值是否等于 R_1 和 R_2 的并联组合结果？我们或许已经从经验中知道相应结果，但基尔霍夫第一定律提供了一个工具去推导它。推导过程如下，根据欧姆定律可知 i_1、i_2 和 i 分别为：

$$i_1 = V / R_1 \tag{3.5}$$

$$i_2 = V / R_2 \tag{3.6}$$

$$i = V / R_{eq} \tag{3.7}$$

然后，代入式（3.4）得：

$$\frac{V}{R_{eq}} = \frac{V}{R_1} + \frac{V}{R_2} \tag{3.8}$$

再除以 V，可得到式（3.9）：

$$\frac{1}{R_{eq}} = \frac{1}{R_1} + \frac{1}{R_2} \tag{3.9}$$

此式也可以表示为式（3.10）：

$$R_{eq} = \frac{1}{\dfrac{1}{R_1} + \dfrac{1}{R_2}} = \frac{R_1 R_2}{R_1 + R_2} \tag{3.10}$$

⊖ 基尔霍夫（Gustav Robert Kirchhoff），1824—1887 年。

式（3.9）的形式是重要的。推而广之，可以证明，如果有任意数量（n）电阻器并联，其等效电阻可从式（3.11）得到 R：

$$\frac{1}{R_{eq}}=\frac{1}{R_1}+\frac{1}{R_2}+\cdots+\frac{1}{R_n} \tag{3.11}$$

它也可表示为式（3.12）的形式：

$$R_{eq}=\frac{1}{\frac{1}{R_1}+\frac{1}{R_2}+\cdots+\frac{1}{R_n}} \tag{3.12}$$

如果有必要计算几个并联电阻器（工程师们经常这样做）的等效电阻，使用这些公式则相对简单。

3.5 基尔霍夫第二定律

图 3-4a 给出了两个串联的电阻器，它们由一个电压源驱动。直观上应很清楚，串联组合（R_1 和 R_2）上的电压加起来必须为电压源。如果不是这样，那额外的电压是怎么产生的，并且都到哪里去了？

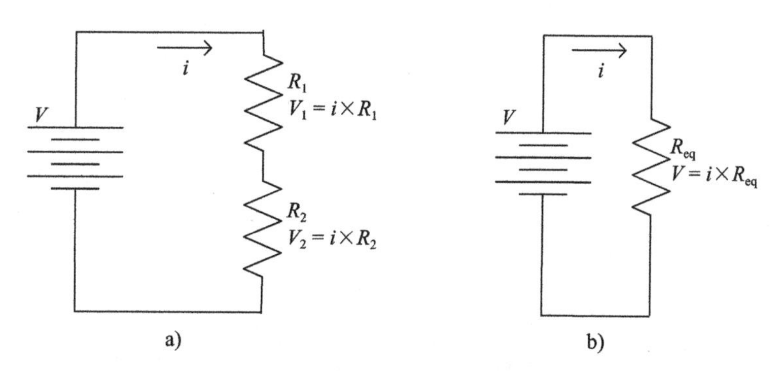

图 3-4 基尔霍夫第二定律的图解

基尔霍夫第二定律以一种在最初人们有时觉得有些笨拙的形式进行表述：回路电压之和必定为 0。它是一个能量守恒定律。想想如何解释回路电压之和可能不为 0 的情况呢？

说明基尔霍夫第二定律的方法是从上部开始，顺时针沿回路移动。第一个元件（R_1）上的电压降为 V_1，第二个元件（R_2）上的电压降为 V_2，至此，电压和为 V_1+V_2。沿回路继续，我们到达电压源，电压源上的电压是 $-V$，是负值的原因在于当我们沿着回路继续前进时，我们是从下到上接近电压源的（测量它），因此现在有式（3.13）

$$V_1+V_2+(-V)=0 \text{ 或 } V_1+V_2=V \tag{3.13}$$

应用基尔霍夫第二定律的诀窍是：环绕回路的方向决定了电压的符号。

在电路中，我们多次想用一个等效单一电阻（R_{eq}）替换两个或更多的电阻（R_1 和 R_2）或者用多个电阻中的两个替换一个单一电阻。因此，从等效电路的角度去思考，在这个示例中，什么单一电阻等效于两个串联电阻？

不过，大多数人已经知道答案了。但要点不在于知道答案，而在于知道如何去分析从而得到答案，以后我们也将问到同样的关于等效电容和等效电感的问题，那里用到的分析会与这里的分析非常类似。虽然很多人都知道等效电阻电路，但当他们接触其他类型的元件时，并不真的理解类似的等效电路。

基尔霍夫第二定律有助于我们得到以上相关问题的答案。如图 3-4 所示，我们将确定其单一等效电阻 R_{eq}，它是两个电阻 R_1 和 R_2 的串联值。根据基尔霍夫第二定律，图 3-4a 回路的电压和，结合式（3.13）可计算等于式（3.14）：

$$V = iR_1 + iR_2 \tag{3.14}$$

根据图 3-4b 和欧姆定律，可得到式（3.15）：

$$V = iR_{eq}$$

这导致

$$iR_{eq} = iR_1 + iR_2 \tag{3.15}$$

两边除以 i，得到式（3.16）：

$$R_{eq} = R_1 + R_2 \tag{3.16}$$

这一结果很简单，但得到它的过程似乎很烦琐。然而此方法说明了基尔霍夫第二定律的应用，本书后面也将进行类似的分析，以推导更困难的关系。

第二部分

基本电路中电流的流动

第4章

电阻电路

从第1章知，电流是电子的流动。在导体中，价带壳层上的电子并不被其核紧紧束缚，因此电子能在晶体结构中移动，从一个原子跳到另一个原子。电子移动并通过导体只需很少的能量，但也确实需要一些能量。它需要一些能量这一事实意味着，存在一些对电子流动的阻力。在导体中，这一阻力差不多可归因于原子结构内部。因此，由此推断，移动电子当前所处区域内的电子越多，总的阻力越低。

4.1 电阻率

导体对电流（电子的流动）的阻力称为导体所用材料的**电阻率**（有时也称为**比电阻**）。所有元素都有电阻率，并且大多数元素的电阻率可以很容易在不同的物理和化学手册中得到。例如，退火后的铜的电阻率通常在20℃时为1.724μΩ · cm[⊖]。为确定供给电流流过的材料的单位长度电阻，可将电阻率除以材料的横截面积，即式（4.1）：

$$R = \rho \times (1/A) \tag{4.1}$$

一条长方形印制电路板走线宽10mil、厚0.65mil，横截面积=6.5mil^2，即0.000 419 354cm^2（译者注：原文如此）。因此，采用铜的电阻率并将该面积代入式（4.1）可得到电阻为：

$$R=1.724/0.000\ 419\ 354=4114\mu\Omega/\text{cm}$$

可将此理解为每厘米走线长度的电阻为$4.114 \times 10^{-6}\Omega$的。因此，在20℃时一个长度为6in（15.24cm）的走线电阻为4114 × 15.24=62 700μΩ，或0.0627Ω。

这里需要注意三点。第一，电阻反比于横截面积。横截面积越大（导体越大），电阻越小（我们将在第6章看到，趋肤效应就表现为缩小了导体或走线的有效横截面积）。第二，电阻正比于长度。走线越长，电阻越大（在其他所有条件相同时）。第三，电阻是温度的函数。对大多数金属导体而言，电阻随温度升高而增加。铜的温度系数约为0.00393/℃，这意味着铜的电阻率在30℃时会增加到1.724+0.003 93 × 10=1.763μΩ · cm（比列入说明书中的值高10℃），其比在20℃时，每摄氏度增加了0.22%。这有时会给那些电阻会随温度变化的电路带来问题。另一方面，这也可以是铜的一个有用性质，它允许我们通过精确地测量电阻的变化而来确定走线的温度。

银具有比铜更低的电阻率：1.59μΩ · cm。或许出人意料的是金，我们想当然地认为它是电流的极佳导体（也确实是的），而其电阻率却高于银或铜：2.44μΩ · cm。碳[⊜]的电阻率更高：1375μΩ · cm，这是它在制作电阻方面如此有用的一个原因。在两根导线焊接前，要让它们之间有良好的机械接触，这一点之所以重要，是因为焊锡的电阻率为铜的15倍。水银电阻率为98.4μΩ · cm，一方面，这似乎高了，但当水银用作开关触点的润湿剂时，若在一个比较大的表面积上（相对于金属触点表面自身而言）进行接触，有助于补偿这一较高的电阻率。

⊖ 本节所有电阻率值取自 *Handbook of Physics and Chemistry*，第64版（CRC出版社，1984）E-78和F-125。

⊜ 碳有4个价电子，参看第1章。

电阻，就像它在电路中表现的那样，根本上是由材料的电阻率引起的。所制造的电阻器（诸如铜薄膜电阻器和线绕电阻器）直接利用了这一性质。但电阻率在所谓的**寄生**电阻（参看第 9 章）中也扮演了一个角色：在电路中我们不一定想要但确实存在的电阻。寄生电阻的一个例子是在诸如电容器、电感器、IC 等的元器件上的引线电阻。

寄生电阻的另一种形式是接触电阻，它产生于两个导体或元器件紧密接触并相互束缚住时，通常是被弹性力所束缚，例如连接器触点或开关。不管试图使它们接触得多么紧密，接触的实际横截面积总是相对较小（材料表面并不是理想光滑），因此在那个位置的接触电阻较大。开关接触处的水银润湿剂有助于降低这种接触电阻。

最后，在焊锡接合处有两根紧密放置（或缠绕）的（或更多）导线，焊锡融化并浇注在它们周围。用松香浸蚀这些导线可以获得较好的电气和机械接触。然而，焊锡具有比铜更高的电阻率，10 ~ 15 倍，这取决于焊锡成色。因此，在焊锡接合处或许会形成少许的寄生电阻或电阻的不连续性。

后面几章将讨论其他元件，诸如电容器和电感器，会当它们是理想的，即就当它们是没有任何电阻的纯元件。这样做可以清晰地体现电阻、电容和电感的不同之处。然而，在现实中每个元件都有寄生电阻，通常它太小以致在分析电路性能时可以忽略。但有时，如在分析旁路电容 ESR（等效串联电阻）的情形时，即使很小的寄生电阻也会在电路中扮演重要角色。

4.2 电阻的电流和相位

电阻电路中的电流很简单。电流、电压和电阻之间的关系由第 3 章描述的欧姆定律式（3.1）给出：

$$V = I \times R$$

电阻不是频率的函数（在后文将会看到，当审视被认为是纯电阻的元件时，它们可能会有频率效应）。但有时电阻的效应看起来像会受频率的影响，具体情形如下：

- 绕线电阻由于它有线绕线圈而具有电容和电感，因此，它的性能表现为频率的函数。
- 在很高的频率下，一种称为**趋肤效应**的现象增加了普通电阻的视在电阻，这是因为导线有效横截面积减小了，最后引入了频率效应。
- 一根普通长度的导线具有某些电感，因而在很快的上升时间下引起了频率效应。

但所有这些频率效应都是由感性、容性或感性和容性寄生引起的，并非电阻。重要的是明白，在其最纯粹的意义上，电阻与频率无关（见图 4-1）。任何为直线（在一定的频率范围内）的阻抗曲线都是纯阻性的（在此频率范围内）。

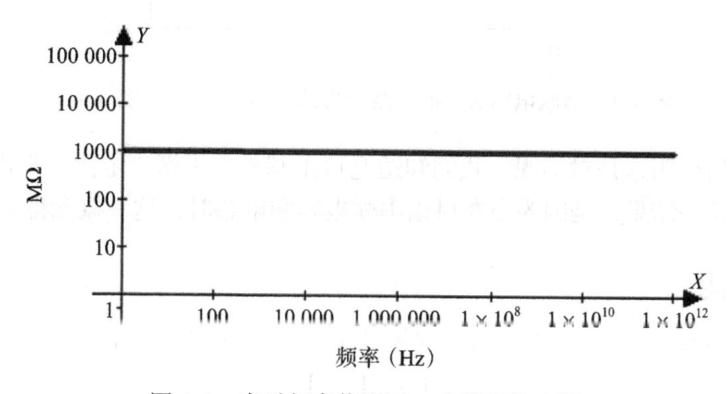

图 4-1 当对频率作图时，电阻图为直线

如果电压为 AC，那么通过电阻的电流和电压完全同相。也就是说，它们两个在同一瞬间达到其波形的峰值、在同一瞬间经过零线等。图 4-2 所示为一个电阻器的电流和电压关系。

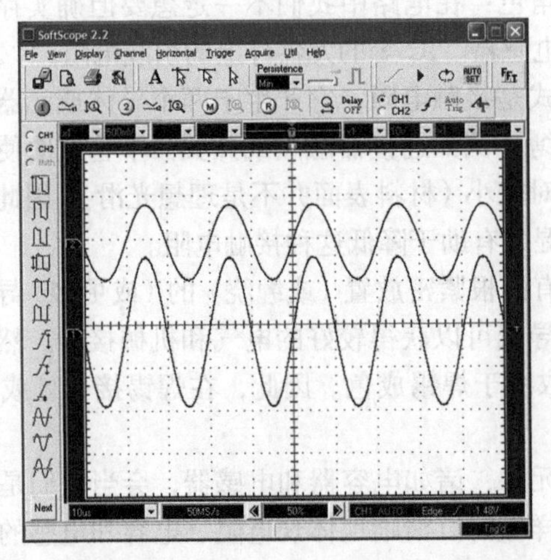

图 4-2　通过电阻的电流（上）与电压（下）同相

我们将在后面看到，在一个较大的连续体中，电阻是一个很特殊的情形。电容效应是频率的函数：容抗随频率增加而降低，电容上的电流超前电压 90°。电感效应是频率的函数：感抗随频率增加而增加，电感上的电流滞后电压 90°。电容和电感好像占据了频谱的相反两端，电阻正好在其中间，它的效应与频率无关，经过它的电压和电流完全同相。

4.3　串联电阻

在电路中两个电阻串联是很常见的。很多人凭直觉知道，如果将两个电阻 R_1 和 R_2 串联（见图 4-3），等效电阻 R_{eq} 可简单表示为：

$$R_{eq}=R_1+R_2 \tag{4.2}$$

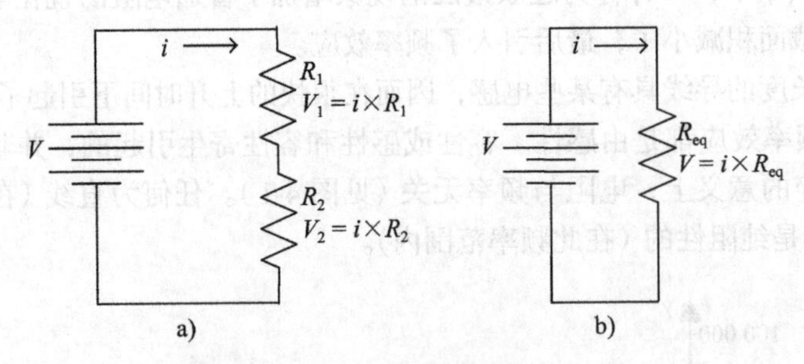

图 4-3　串联电阻 R_1 和 R_2 组合形成等效 R_{eq}（来自图 3-4）

但我们是如何证明这是对的呢？我们知道它可由基尔霍夫第二定律（参见第 3 章 3.5 节），得到。在此重申这一结果，是因为当在讨论串联电容和电感时，这一概念将不会这么简单。

4.4　并联电阻

类似的，在前面提到，由并联电阻（见图 4-4）组合成的等效电阻 R_{eq} 可由下式表示：

$$\frac{1}{R_{eq}}=\frac{1}{R_1}+\frac{1}{R_2} \tag{4.3}$$

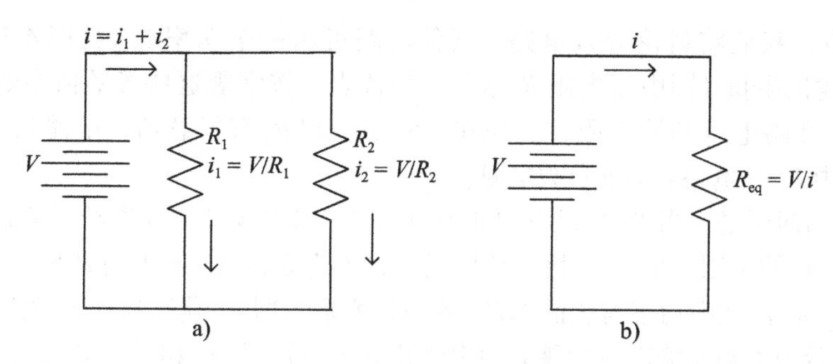

图 4-4　并联电阻（来自图 3-3）

4.5　功率和能量

功率（功）和能量密切相关。了解它们的一种方法是：功率是功的变化率，能量是功率（功）经过一段时间后的效果。例如，一辆卡车具有比一辆小汽车更“大功率的”发动机，但如果仅仅停在那里，则不会产生多少能量。能量表明功率已使用了一段时间。

在电子学中，功率（功）可简单地表示为电压乘以电流的积。又由于电压、电流和电阻都以欧姆定律相关（参见第 3 章），则可写出以下的功率表达式：

$$功率 = V \times I \tag{4.4}$$

$$功率 = V^2/R \tag{4.5}$$

$$功率 = I^2 \times R \tag{4.6}$$

这样，在一个标准的 15A（RMS）、110V 家庭墙体插座上可得到的功率大约是 1 650W（作为参考，1 马力约为 746W。）它实际送出多少功率当然取决于实际插入插座里的是什么。房子外面的功率表实际上表示一段时间内派送（到我们房子里）的功率的总和。这是一个能量的度量，也是要向电力公司支付的电能。

当电流流经电阻时，依据式（4.6）可计算出消耗在电阻上的功率。我们通常将其称为通过电阻的 I^2R 损失。功率消耗通常以发热的形式表现出来：电阻温度上升。这是，比方说电路板走线，发热的本质原因，流经走线电阻（固然很小）的电流引起 I^2R 损失，从而使走线温度升高（参见第 16 章有关这一问题的更多内容）。

关于电路能给负载提供多少功率，有一个令人感兴趣的极限。在很多电路中，我们仅处理信号，更可能的是，想要信噪比最大化。但例如若正在设计一个发射机，我们通常要使传送给天线的功率最大化。在设计高端音频放大器时，我们通常想最大化送给扬声器的功率。已经证明，电路能提供给负载的最大功率理论值是电路可获得功率的 50%，不可能比这还要多，图 4-5 给出了其中原因。

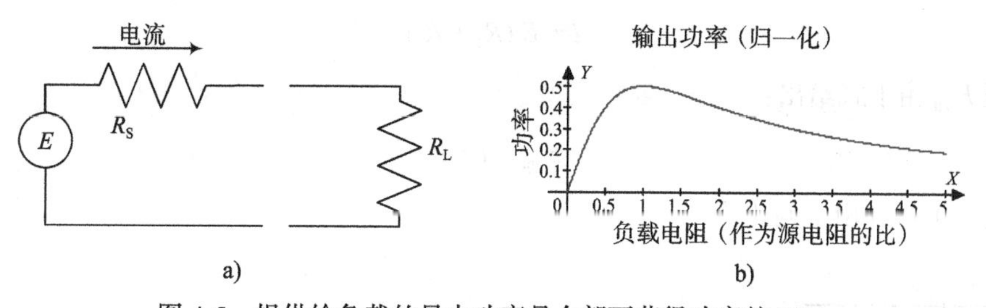

图 4-5　提供给负载的最大功率是全部可获得功率的 50%

在第 14 章，我们将讨论等效电路。任何电路可由一个功率源（见图 4-5a 中的发电机 E）串联一个输出阻抗（图中用电阻 R_S 表示）来代表，按常规这些等效值在数据表中给出，通常分别称为开路电压和输出阻抗。现在，假定 E 和 R_S 有任意值，电路送出的总功率是 $I^2R_S+I^2R_L$，其中 R_L 是电路驱动的负载电阻。

一个有趣的问题是：当 R_L 从很小增加到很大时，有多少功率提供给了负载 R_L？假定 R_L 是一个远低于 R_S 的电阻。R_L 上消耗的功率很小，因为表达式 I^2R 中的 R 很小。图 4-5b 画出了（归一化的）R_L 消耗的功率与比值 R_L/R_S 的函数关系（"归一化"在这个意义上意味着曲线上每一点都表示为电路所能产生的最大功率的几分之一），当 R_L 相对于 R_S 很小时，该分数值开始也很小。另一方面，如果 R_L/R_S 很大（横轴右边）时，R_L 消耗的功率仍然很小，这是因为现在表达式 I^2R 中的 I 很小。如果功率输出曲线在两端都是低的，那么在逻辑上曲线中间某处必有一个最大点。

这的确存在，并且这种情况发生在 $R_L = R_S$ 时，换句话说，当负载电阻等于源电阻时。在该处，已经证明由 E 提供给 R_S 的总功率最大，以及功率的一半消耗在 R_L 上、一半消耗在 R_S 上。事实证明，**电路能提供给一个电阻负载的最大功率发生于负载电阻等于源电阻时**。这是一个普遍的真理[⊖]。

这有助于解释为什么当发射功率增加时发射机的输出级变热（即使在与天线匹配得很好时），以及为什么当音量调大时，音频放大器变热（即使它与扬声器很好地匹配）。

4.6 电阻分压器

分压电路是应用在许多设计中的一个很常见的电路。把它列在这里，是因为它是解释本书后面其他电路的一个有用工具。如图 4-6 所示，两个电阻器（R_1 和 R_2）串接在一起，电压（E）加在这对电阻上。现来看两个电阻结合处的电压（E_{out}），并考虑**比值** E_{out}/E。我们称这个电路为**分压**电路，这是因为输出电压（E_{out}）是输入电压（E）的一部分。

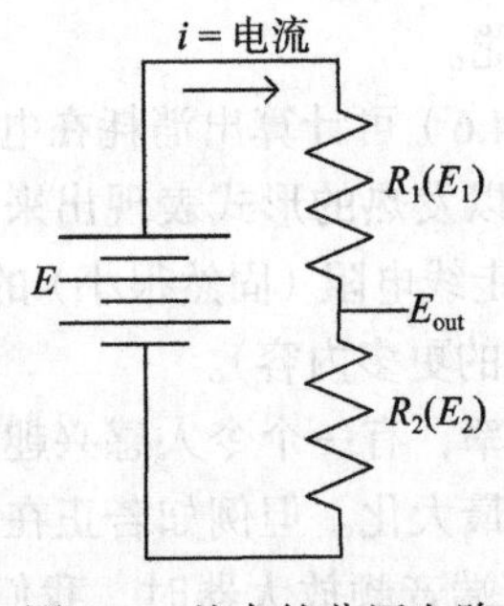

图 4-6 基本的分压电路

回路电流为：

$$i = E/(R_1 + R_2) \tag{4.7}$$

电压 E_{out} 由下式给出：

$$E_{out} = I \times R_2 \tag{4.8}$$

因此，可推导出下列比值：

⊖ 它的证明过程可以在 www.en.wikipedia.org/wiki/Maximum_power_transfer_theorem 上找到。

$$E_{out}/E = R_2/(R_1 + R_2) \tag{4.9}$$

这是分压电路的一般形式。输出与输入电压的比值等于输出端下方的电阻与总电阻的比值。

图 4-7 给出了分压电路的两种其他常见类型。图 4-7a 是一个固定分压器，它将二级放大器的输入电平（V_{in}）设置为一级放大器输出电压（V_{out}）的一部分。其分压比为：

$$V_{in}/V_{out} = R_2/(R_1 + R_2) \tag{4.10}$$

即

$$V_{in} = [R_2/(R_1 + R_2)] \times V_{out} \tag{4.11}$$

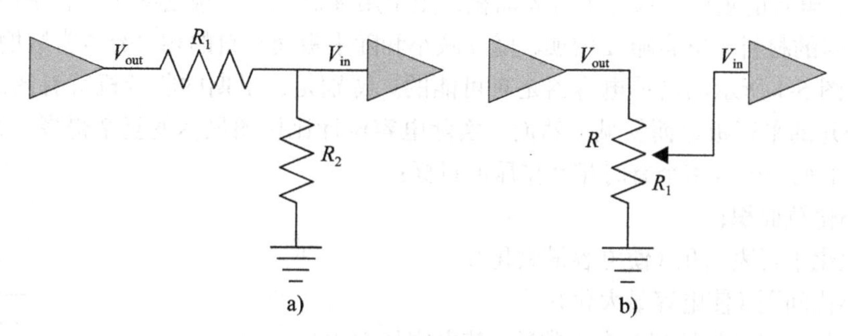

图 4-7 其他分压器结构：a）固定分压器，b）音量控制应用

图 4-7b 是一个常见的音量控制应用，其中可变电阻调节进入下一级的信号音量。R 是总电阻值为 R 的可变电阻（电位器），R_1 是滑动片控制下的电阻。其分压比为：

$$V_{in}/V_{out} = R_1/R \tag{4.12}$$

即

$$V_{in} = (R_1/R) \times V_{out} \tag{4.13}$$

第5章 电抗电路：电容器和电容

5.1 电容的性质

从概念上说，电容是非常简单的器件。它包含两个分开一小段距离的平行导电平面，如图5-1所示。电容的重要参数是平行表面积，图中用A表示；平板之间距离，图中用d表示；以及平板之间的材料。电容随A增加、随d减小和随平板间材料的相对介电常数增加而增大。

构建如图5-1所示的简单电容器是有可能的。特别是，早期的收音机就有调谐电容，其中由空气隔开的平行板显而易见。然而，实际电容设计比该图显示的复杂得多。大量技术用于设法实现下列一个或多个有时相互排斥的目标：

- ❑ 最小化总面积；
- ❑ 最大化平行表面积（使电容最大化）；
- ❑ 最小化间隔（使电容最大化）；
- ❑ 最大化中间材料的相对介电常数（使电容最大化）；
- ❑ 使用专用材料（为了长期稳定性）；
- ❑ 最大化可靠性；
- ❑ 最小化寄生电阻和电感（将在后面看到这一点）。

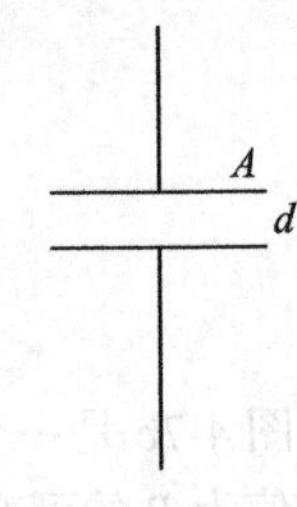

图5-1 基本的电容器

5.2 电容的定义

电容的单位是"法拉（F）"，以法拉第（Michael Faraday，1791—1867年）的名字命名。当极板上1库仑电荷在极板间产生1V电压时，称该电容为1F，如下：

$$\text{电容 } C = \text{电荷量 } Q / \text{ 电压 } V \tag{5.1}$$

这样，如果极板上有1库仑电荷，2F电容器就在极板间产生0.5V电压。

在实际的电子学术语里，1F电容相当大。我们常常谈到的是μF（10^{-6}F）、pF（10^{-12}F）以及不太常见的nF（10^{-9}F）。注意，电流在这里定义为每秒流过的电荷量（更具体的Q/s）。因此，可改写式（5.1）为：

$$\text{电压 } V = \text{电荷量 } Q / \text{ 电容 } C \tag{5.2}$$

其中，电容C以F为单位。两边除以Δt（"Δ"意为"变化"），则有：

$$\Delta V/\Delta t = (\Delta Q / \Delta t)/C \tag{5.3}$$

由于$\Delta Q/\Delta t$就是电流i，因此，式（5.3）可变为：

$$\Delta V/\Delta t = i/C \tag{5.4}$$

也就是说，当电流流到电容器极板上时，电压随时间线性增加，并且在电容较小时电压的增加比在电容较大时增加快得多。

这一关系的微积分表达式为：

$$dV / dt = i / C \tag{5.5}$$

$$C = i / (dV / dt) \tag{5.6}$$

$$i = C \times dV / dt \tag{5.7}$$

5.3　电流“通过”电容器

回顾电流是电子的流动（参见第 1 章）以及电子必须在闭合回路中流动（参见第 3 章）的知识，但在电容器的两个平行极板间并没有直接的电气连接。图 5-2 所示的简单电容电路示意图提出了问题：当电容器的极板间没有电气连接时，电子怎样环绕回路流动？简短的回答是，它们不会流动。但是，当然，答案没那么简单。

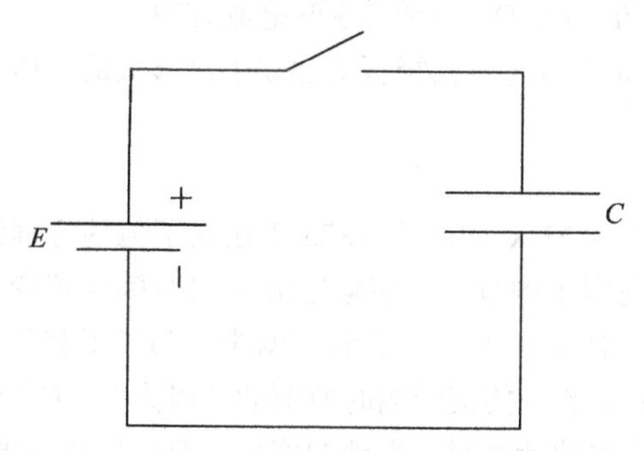

图 5-2　电流在电容电路中的流动

参考图 5-2，假设电容器上没有电荷，然后合上开关接通电路。在最初时刻，电子流到电容器的极板上时，它们将电子从电容器的另一极板中排斥出去。流出极板的电子继续绕回路流动，从而完成了电子的流动。回想一下，电流确实是电子围绕电路的**移动**（参见 1.2 节），在初始时刻，发生了电子的移动，就好像极板间直接相连接了，并满足**一个电子进、一个电子出**的要求。这仅仅是由于众所周知的**同性电荷相斥**的事实而实现的。

下一时刻有点复杂。初始时刻过后，电容器一个极板上的电子比另一极板上的多些，也就是说，电容器极板间存在电荷差。电荷差实际上是电压的定义。因此，初始时刻过后，极板间就有了电压，该电压趋向于抗拒另外的电子流。

因此在接下来的时刻，电子仍然会流进电容器的一个极板、流出另一个极板，但速率变慢。变慢的原因在于极板上建立了电荷差，拒拒电子的流动。再接下来，电子依然流动，但是以更慢的速率，这是因为极板上的电压持续增大。

最终，电容器极板上的电压（电荷差）增加到与驱动电压 E 相等。这时，没有更多的电子能流到极板上，也就是说，没有进一步的电流流动。至此，这个过程停止。

因此在图 5-2 所示的简单电路中，电流或电子流（移动）可以发生，直到电容器上的电压达到与驱动电压相同时为止，此时所有电子流动必须停止。如果接着断开开关，并且电容是理想的，电压将无限期地保持在极板上。（所有实际电容器都有不同程度的极板电荷泄漏，这取决于其结构和技术，因此，实际上没有电容器真的能“无限期地”保持其上的电荷。）

5.4　AC 电流“通过”电容器

现在让我们将电路稍做改变。图 5-3 给出了放置在电容器上的一个电流源。假设我们让电流沿正向流动（如图 5-3 所示），电容器极板开始建立电压，以阻止电流的流动。现在假定将电流的方向改变为负（与图 5-3 所示相反），极板上的电压现在**吸引**电流。在最初时刻，电流将沿负了向非常自由地流动。然而，在下一时刻，极板上将建立起相反极性的电压，再次阻止电流的流动。

但如果再次改变电流的极性，初始时刻电流又将很自由地流动。每次改变电流的方向，初始电流都能很自由地流动，然后随着电容器极板上电压的建立而开始变慢。

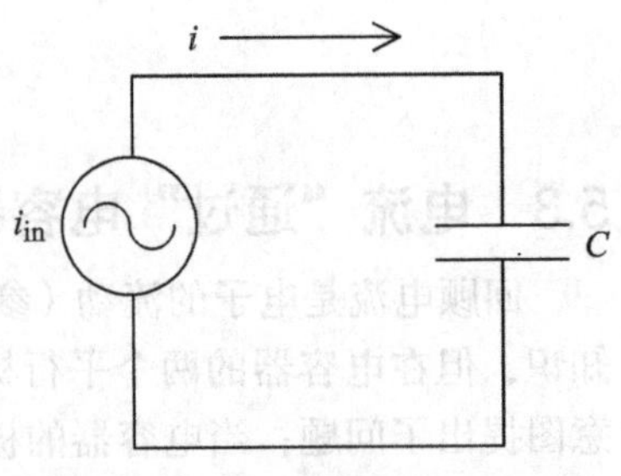

图 5-3 对电容器加上 AC 电流

考虑电流方向改变得非常快（高频）和缓慢（低频）之间的差别。如果非常快（高频）地改变电流方向，电流将自由流动；如果缓慢地（低频）改变电流方向，其平均电流往往会变小，这是因为电压可以建立在电容器极板上以阻止电流的流动。如果很慢地（很低乃至 DC 电流）改变电流方向，平均电流则几乎变为 0，这是因为电容器极板上建立了足够大的电压，几乎完全阻断了电流。

5.5 位移电流

当麦克斯韦（James Clerk Maxwell）在 1873 年建立了他的方程组，他在想象电子（电荷）是如何流过电容器极板时遇到了困难，在想象电流是如何耦合到变压器（参见第 11 章）或另一个完全分开的电路（见第 18 章）上时也遇到了困难。为了解释这些，他引入了称为**位移电流**的概念，它是一种不同的电流，能流经当时所谓的“以太”(空气或空间的另一用词)。有趣的是，当进行与位移电流有关的计算时，得到的值与没有该概念时的相同。

现代许多人认为用其他定律能够解释这些现象。他们认为，位移电流的概念虽然是一个有用的模型，但在解释耦合电流时不是必需的。附录 A 会再次讨论位移电流和麦克斯韦方程组。

5.6 电容的欧姆定律

能流过电容器的电流量取决于电流频率，也取决于电压在电容器极板上建立得有多快，它反过来又取决于电容器的尺寸。在概念上，电容器对电流的“阻力”反比于电容，也反比于频率。注意，将它与电阻对电流的阻抗相比较，后者正比于电阻且与频率完全无关。

电容器对电流的阻抗更恰当的称谓是**电抗**。电抗符号是 X，容抗的符号是 X_C。因此，X_C 的表达式一定反比于 C 和频率。

之前指出，频率的度量方式有好几种（参见图 2-14），其中之一是频率的角度量，由式（2.6）给出并在此重复：

$$\omega = 2\pi f$$

在电抗公式中可使用这种度量，纯电容的电抗表述如下：

$$X_C = -1/\omega C = -1/(2\pi f C) \tag{5.8}$$

注意，该表达式的前面有负号（–）。当一起讨论容抗与其他电阻、电抗时，这一点将是重要的。取负号的原因可能令人困惑，它涉及一种称为“**复数代数**”的代数学。它得名复数基于这样的事实：公式中有一项是（–1）的平方根。它有时称为**虚数**，因为 –1 的平方根并不存在，没有数的平方是 –1。

从概念上来说，容抗中负号的简单解释是，通过电容器的电压相移（相对于电流）为 –90°。[电容器的相移在 5.8 节讨论，电感的（+90°）在第 6 章讨论，且在第 4 章已经看到电阻的相移是 0°。]

欧姆定律 [式（3.1）] 适用于电阻，同样也适用于电抗，因此可将电容器的欧姆定律写为：

$$V = I \times X_C \tag{5.9}$$

其中，V 是电压（单位：V）；X_C 是电容器的电抗（单位：Ω）；I 是电流（单位：A）。

对于容抗，欧姆定律的其他形式是：

$$I = V / X_C \tag{5.10}$$

$$X_C = V / I \tag{5.11}$$

5.7　容抗与频率的关系图

如果使用线性刻度坐标系，式（5.8）对应的曲线则不会提供很多有用信息。因为我们所感兴趣的区域覆盖了很宽的频率范围，并因为该关系在本质上是非线性的，所以我们几乎总是在双对数坐标系中绘制这个关系曲线。对一个 0.01μF 的理想电容器而言，这样的曲线如图 5-4 所示。

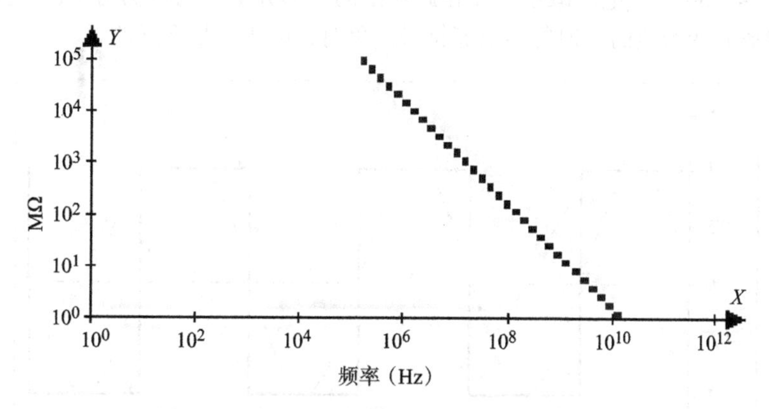

图 5-4　0.01μF 电容器的容抗与频率的关系图

在图 5-4 的坐标轴上，曲线是线性的。当频率较低时，电抗（阻抗或“对电流的阻力”）较大。当频率较高时，电抗较小。其他任何电容值将表现为平行于所示直线的一条直线，在其左侧（电容值 C 较大时）或在其右侧（C 较小时）。

在这个曲线中需要认识的一个重要观点是，阻抗曲线是向右下方倾斜的。这意味着当频率增加时，阻抗变小。这是电容器的基本特性。事实上，我们总能说，任何向右下方倾斜的阻抗曲线（至少在一部分频率范围内）是都呈电容性的（在那个范围内）。我们在图 4-1 中已经看到，任何平直的阻抗曲线（至少在其频率范围内的部分）是阻性的（在该范围内）。不久后我们就会看到，最后一种曲线（向右上倾斜）意味着阻抗在那个范围内是感性的。

5.8　电容的相移

式（5.4）表明，当电流加到电容器上时，电压以一种线性的方式变化。图 5-5 也说明了这一点。假定一恒定电流加到电容器上（图 5-5 中的方波），作为响应，电流线性上升（三角曲线）。当加上正电流（方波的上半部分）时，电压增大；当电流变负（方波曲线的底部）时，电压减小。这样，方波电流源在电容器上就产生了一个三角电压波。

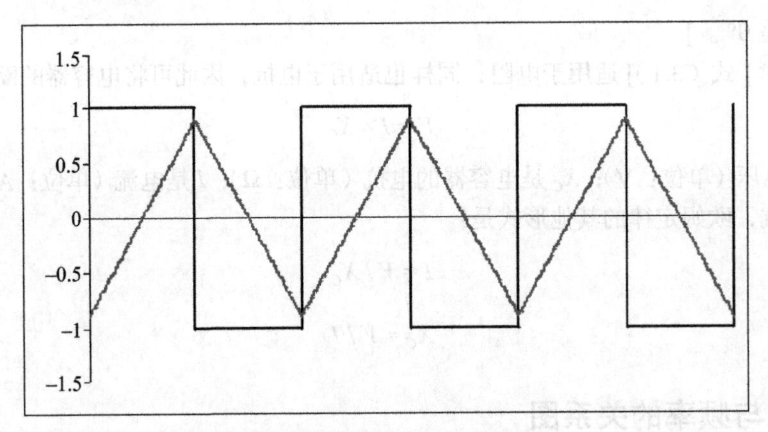

图 5-5　电容器上的电压和电流

如果用正弦波代替图 5-6 中的方波电流源（见图 5-6）[⊖]，就会揭示一个基本关系：每当通过电容器的电流沿正方向流动时，电容器极板上的电压就增大；电流一变成负向，电压就开始减小。在其周期的第一个 180° 里，电流是正的，因此在此 180° 期间，电压增大。当电流变负（180° ~ 360°），电压减小，而在此范围的一部分中，电压仍为正，因为还需要一点时间让电压泄放并变为负的。但每当电流符号为负时，电压总是下降的。

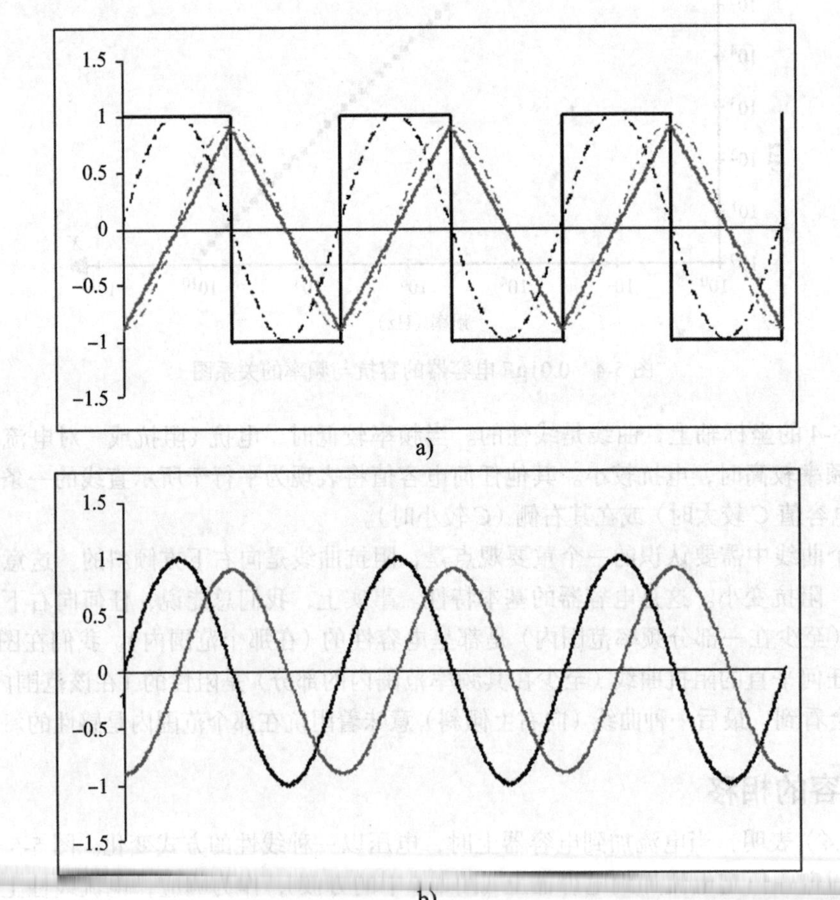

图 5-6　将图 5-5 中的方波“变换”为正弦波（电压滞后电流 90°）

⊖　参见 http://www.ultracad.com/animations/square2sin.htm 上的动画。

在图 5-6 中，电压曲线滞后电流曲线（或电流曲线超前电压曲线）90°，这是一个基本关系，且对于纯电容来说总是正确的。当电流改变方向时（180° 处），电压达到峰值；当电流达到负向峰值（270° 处）时，电压曲线穿过零线；当电流由负变回正时（360° 处），负电压达到峰值。图 5-7 画出了一个实际电路的示波器曲线，它说明了这种关系。

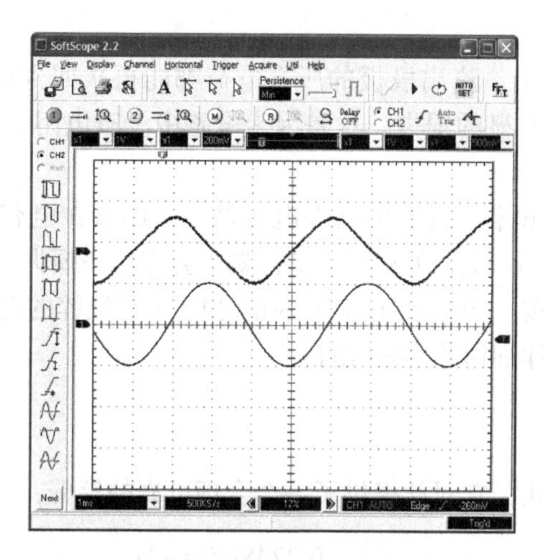

图 5-7　电容器上的电流（上曲线）超前电压（下曲线）90°

5.9　电容器的组合形式

电容的组合形式与电阻的完全相反。图 5-8 画出了串联（见图 5-8a）和并联（见图 5-8b）的电容器。

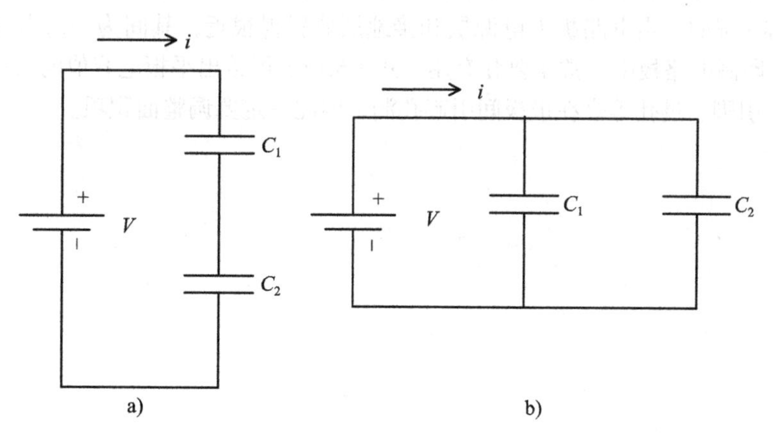

图 5-8　电容器组合

串联的电容值按式（5.12）计算：

$$C=\frac{1}{\dfrac{1}{C_1}+\dfrac{1}{C_2}} \tag{5.12}$$

式（5.13）是并联电容组合的方式，并联的电容简单相加，就像串联电阻一样，则可得到组合的电容值：

$$C = C_1 + C_2 \tag{5.13}$$

使用基尔霍夫电压、电流定律、电容电抗公式［式（5.8）］和电容欧姆定律［式（5.9）］，易于证明这些关系。

5.10　电容器功耗

在一个理想的电容器中，流出极板的所有电荷都能再次回到电源中。如图 5-6 和图 5-7 所示，任一个信号都没有明显的损失，这是因为电路中没有电阻。因而，能量完全被储存起来了。

如果能量完全被储存起来，没有消耗在电容器上，那么在电容器上就没有功率消耗（或损失）。功耗的一个表达式是 I^2R，如果没有 R，就不会有功率损失。

这一结果是个普遍事实。功率永远不会消耗（损失）在纯粹的电容器上。当然，也没有电容器是纯粹的。第 9 章将详细讨论实际元件。

5.11　电容公式

以下是电容的标准公式，它对此提供了一个合理可靠的解释：

$$C_{(\mathrm{pf})} = \frac{0.2248kA(n-1)}{d} \tag{5.14}$$

其中，k 是相对介电常数，空气为 1，FR4 约为 4；A 是极板面积，单位为 in^2；d 是极板间距离，单位为 in；n 是极板数目。

当使用不同来源的电容公式时，要明确该公式是以什么单位制表述的。不同单位制（例如，英制与公制）会导致相当不同的常数，否则在一开始时就可能被搞糊涂。

平板电容（例如，当电路板上电源层和接地层放置得很近，其间为一薄电介质时，所形成的电容）在印制电路板中非常重要和有用。式（5.14）可给出平板电容值的有用估算，但由于元件焊点、引脚、过孔等会在极板间引起孔洞，因此一定要调整面积项。

第6章 电抗电路：电感器和电感

6.1 电感的性质

电感不是个直观的概念。在电子学中，它通常是人们最难以理解的概念之一。但一旦你“理解了”，就会发现电感又非常简单，特别是在将它与电阻和电容进行对比时。

如果电流流过导线，导线周围将产生磁场（安培定律），这是电动机的基本原理。其效果能以多种方法演示，取一节电池，用导线短暂地将它的两端短路，导线紧靠指南针放置。当电流流动时，指南针将转动；当断开连接时，它又回到指北的方向。或者将指南针放置在你车里的蓄电池电缆线附近，当其他人发动汽车时观察指南针，同样，指南针会摆动。线路对指南针的影响对船员来说是众所周知的，它是在船上布放线路和放置指南针（船长必须依靠的一种非常重要的安全设备）时的一个重要依据。

d'Arsonval 仪表机构（见图 2-25）依赖于电流产生的磁场。通过仪表线圈的电流产生一个磁场（图 2-25 中指向北极），它被位于两边的固定磁铁的北极排斥（被其南极吸引）。磁场力正比于线圈电流，弹簧对指针施加了一个相反方向的拉力，指向磁场力（电流引起的）的磁针被弹簧的恢复力精确平衡，以此测量电流的大小。

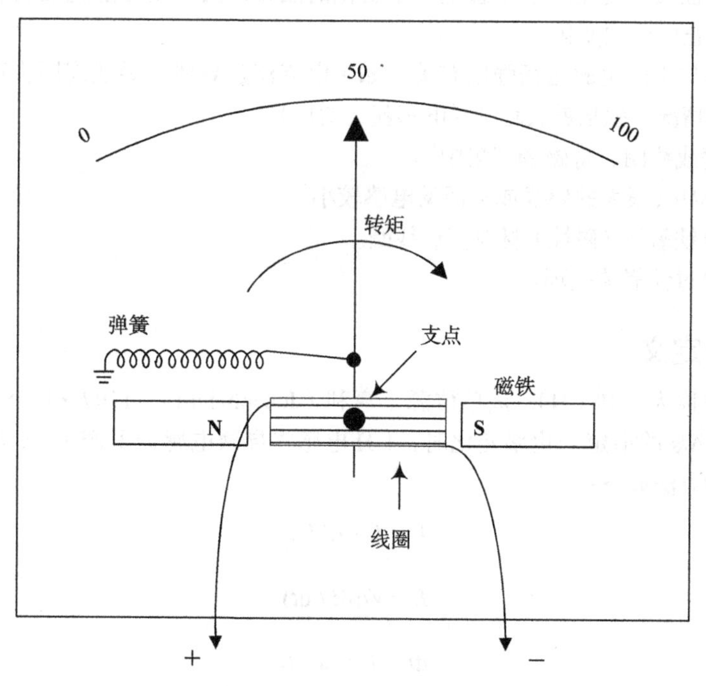

图 6-1　d'Arsonval 仪表机构

注意，通过线圈的电流产生了一个试图将磁针沿顺时针方向旋转的转矩。旋转转矩就是电动机的一切，因此，d'Arsonval 仪表机构就是一种电动机，并说明了流过导线的电流产生的磁场是电动机的基本工作原理。**如果说电流能产生磁场，那么也可以说变化的电流能产生变化的磁场。**

法拉第磁感应定律（Michael Faraday，1831 年）认为变化的磁场产生电场。这是变压器（参见第 11 章）和发电机的工作原理。在概念上，一个大功率发电机的工作原理非常简单，动力（诸如蒸气和水）推动位于非常强大的固定磁铁区域内的线圈转动。由于线圈在转动，则有一个变化的磁场（不是因为磁场在变化，而是由于线圈在穿过磁场），这导致在线圈中产生电流，最终通过配电网进入我们家里。这里有两个效应：变化的电流引起变化的磁场以及变化的磁场引起电流，从而产生电感。

具体过程是：设想将一个变化非常尖锐的电流加在导体上（例如，假设接通一个上升时间非常尖锐的信号），信号的尖锐变化引起电流的尖锐变化，反过来又引起导线周围磁场的尖锐变化，导线周围尖锐变化的磁场在同一导线上感生一个电流（根据法拉第定律），感生电流的方向与当初产生变化磁场的电流方向相反，因而，感生电流会抵抗产生它的电流或将它抵消。**在最初时刻，这两股电流势均力敌、相互抵消，因此没有电流流动。**

在下一时刻，感生电流慢慢变弱（变化磁场的变化率慢慢降低），且有很小的一部分电流沿正向流动。再接下去，更多的电流沿正向流动（参见 6.11 节关于**趋肤效应**和最初的增量实际流向了哪里的讨论）。经过一段时间后，磁场不再变化，则不再有试图向相反方向流动的感生电流，全部电流沿正向流动。

考虑当信号接通，接着让它稳定，然后关掉时，会发生什么。当信号稳定时，全部电流沿正向流动，导线周围有磁场。然后，当电流停止流动时，磁场开始坍塌（也就是说，它开始变化），坍塌的（变化的）磁场感生出正向的电流以阻止当初引起该磁场坍塌的电流变化。

这是电感的性质。变化的电流感生一个变化的磁场，其作用是阻止当初引起电流的那个变化。电感器阻止电流的变化。

电感的大小与所产生的磁场强度有关。如果电流流过导线，导线周围将存在磁场。如果发生下列任一种情况，磁场就会增强（电感就会增加）：

- 将导线绕成线圈，将磁场“集中”。
- 导线做小些（很大的导线或平面的电感较小）。
- 将导线绕铁氧体（磁性）材料绕成线圈。
- 让导线穿过铁氧体磁环。

6.2　电感的定义

电感的单位称为亨利（H），该单位源于亨利（JosephHenry，1797—1878 年）。当流经电感器的电流以 1A/s 的恒定变化率变化时，1 H 电感将导致电感器上产生 1V 电势差。表述这一关系的另一种方法如下：

$$V = L \times \mathrm{d}i / \mathrm{d}t \tag{6.1}$$

$$L = V/(\mathrm{d}i / \mathrm{d}t) \tag{6.2}$$

$$\mathrm{d}i = V \times \mathrm{d}t / L \tag{6.3}$$

因为符号“d”代表“Δ”或变化量，所以 $\mathrm{d}i/\mathrm{d}t$ 可解释为**电流变化量除以时间变化量**。在后面的章节中，我们将看到 $\mathrm{d}i/\mathrm{d}t$ 项（单位时间内电流的改变量）是非常重要的。我们可认为它与信号的**上升时间**有关，$\mathrm{d}t$ 项是上升时间：电流从一个逻辑状态改变到另一个状态所花的时间。

1H 电感真的很大。在收音机电路中，我们可使用的电感最大也就是毫亨（10^{-3}，mH）。通常，我们使用的电感都在微亨（10^{-6}，μH）范围。在电路板上，经常会使用到具有纳亨（10^{-9}，nH）量级的走线电感。尽管我们认为 1nH 电感是真的很小，但如果将 1nH 电感除以 1ns 上升时间 [在式（6.1）中] 则可得到一些比预期更大的电压。

6.3　DC 电流“通过”电感器

考虑如图 6-2 所示的电路，在开关合上的最初时刻，如 6.1 节表述的那样，没有电流流过电感器。下一时刻，一个很小的电流流过。但在几个时刻后，当磁场达到稳定并停止变化时，则没有试图沿相反方向流动、阻止接通电流这一动作的感生电流。因此，过了一段时间后，全部 DC 电流就能流动了。这样，我们说一个理想电感器对 DC 信号没有阻抗，DC 电流可自由地流过电感器。

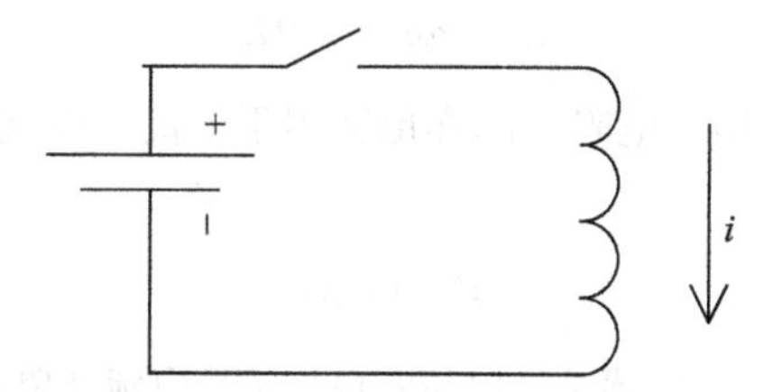

图 6-2　电流在电感电路中的流动

6.4　AC 电流“通过”电感器

另一方面，设想在电感周围的磁场完全建立起来前，我们改变驱动电压的极性。当反转电压极性时，磁场突然试图反转极性，这就引起磁场的快速变化。变化的磁场感生出相反方向的电流，以阻止驱动电流的变化。如果电流很快又变化，磁场则再次试图调转极性，依此类推。

如果驱动电压极性切换得非常快，电流几乎没有足够的时间去克服电感对于电流变化的阻抗，则相对较小的电流可以流过。于是，对于快速切换（高频）的信号而言，电感看上去就像一个很大的阻抗（或具有很高的电抗）。但如果信号反转得很慢（低频），那么由变化的磁场引起的反向电流被部分克服，相当多的电流沿驱动方向流动，也就是说，对电流的阻抗较少。

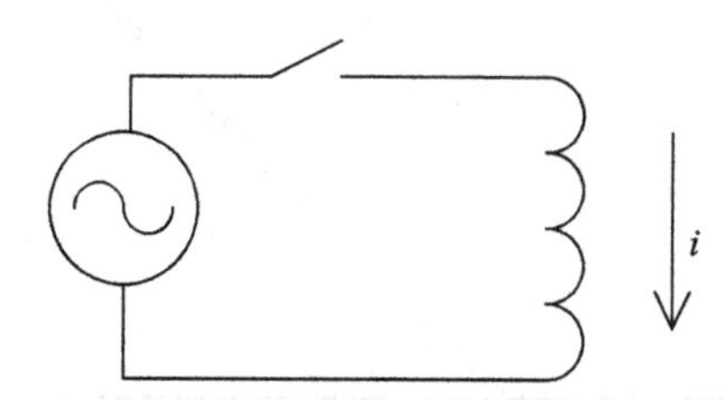

图 6-3　通过电感器的 AC 电流

因此，一般来说，如果信号频率较高或电感（L）较大，由电感引起的对信号的阻抗就更大。电感对高频信号的“阻止”作用比对低频信号的大得多，较大电感的这一作用强于较小电感的。

6.5 电感的欧姆定律

能够流过电感的电流量取决于电流的频率，也取决于电感周围变化磁场的大小，后者又取决于电感的尺寸。那么，从概念上说，电感对电流的阻抗与电感大小正相关，也与频率直接相关。注意：将这一点与电阻器对电流流动的阻抗进行对比，发现后者正相关于电阻大小，但与频率完全无关；关于电容器，其反比于频率与电容大小。

电感对电流施加的阻抗更恰当的称谓是**电抗**。电抗符号是 X，感抗的符号是 X_L，因此，X_L 的表达式一定正相关于 L 和频率。

前面提过频率的几个度量（见图 2-14），其中一个是角频率，由式（2.6）给出，在此复述如下：

$$\omega = 2\pi f$$

这是在电抗公式中采用的度量，纯电感的电抗由以下表达式给出：

$$X_L = \omega L = 2\pi f L \tag{6.4}$$

欧姆定律（见第 3 章）适用于电阻，同样也适用于电抗，因此我们可将电感的欧姆定律表示为：

$$V = I \times X_L \tag{6.5}$$

其中，V 是电压（单位：V）；X_L 是感抗（单位：Ω）；I 是电流（单位：A）。

感抗的欧姆定律的其他形式有：

$$I = V/X_L \tag{6.6}$$

$$X_L = V/I \tag{6.7}$$

6.6 感抗与频率的关系图

如果使用线性刻度坐标系，式（6.7）对应的曲线并不会展示很多有用信息。因为所感兴趣的区域覆盖了很宽的频率范围，所以我们几乎总是在双对数坐标系中绘制这个关系曲线。对一个 10nH 的理想电感器而言，这样的曲线如图 5-4 所示。

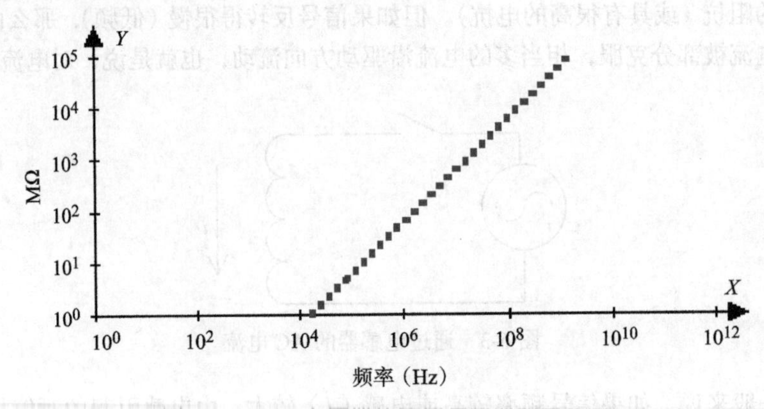

图 6-4 10nH 电感器的感抗与频率的关系图

在这些坐标轴上，曲线是线性的。当频率较低时，电抗（阻抗或对电流的阻力）较小；当频率较高时，电抗较大。其他任何电感值将表现为一条平行于图示直线的直线，在其左侧

（电感值 L 较大时）或在其右侧（L 较小时）。

在这个曲线中需要认识的一个重要观点是，阻抗曲线向右上方倾斜。这意味着当频率增加时，阻抗变大，这是电感器的基本特性。事实上，我们总能说，任何向右上方倾斜的阻抗曲线（至少在一部分频率范围内）都是呈感性的（在那个范围内）。我们在图 4-1 中已经看到，任何平直的阻抗曲线（至少在其频率范围内的部分）是阻性的（在该范围内），以及任何向右下方倾斜的阻抗曲线（至少在其频率范围内的部分）是容性的（在该范围内）。现在我们看到，阻抗曲线所有可能的倾斜模式正好被这三种元件覆盖。

6.7 电感相移

式（6.3）表明，当电流加到电感器上时，电流以一种线性的方式变化，图 6-5[⊖]表明了这一点。假设一恒定电压加在电容器上（图 6-5 所示方波），作为响应，电流线性上升（三角曲线）。当加上正电压（方波的上半部分）时，电流增大；当电压变负（方波曲线的底部）时，电流减小。这样，方波电压源在电感器上就产生了一个三角电流波。

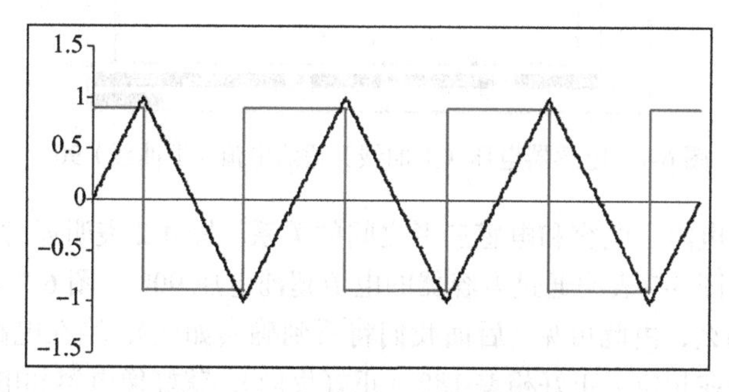

图 6-5　电感器上的电压和电流

如果用正弦波代替图 6-5 中的方波电压源（见图 6-6），将会揭示一个基本关系：每当加在电感器的电压沿正方向上升时，通过电感的电流就增大；一旦电压变成负的，电流就开始减小。在其周期的第一个 180° 里，电压是正的，因此在那 180° 期间，电流增大。当电压变负（180° ~ 360° ），电流减小，而在此范围的一部分中，电流仍为正，因为还需要一点时间让磁场取消并反转极性。但每当电压符号为负时，电流总是减小的。

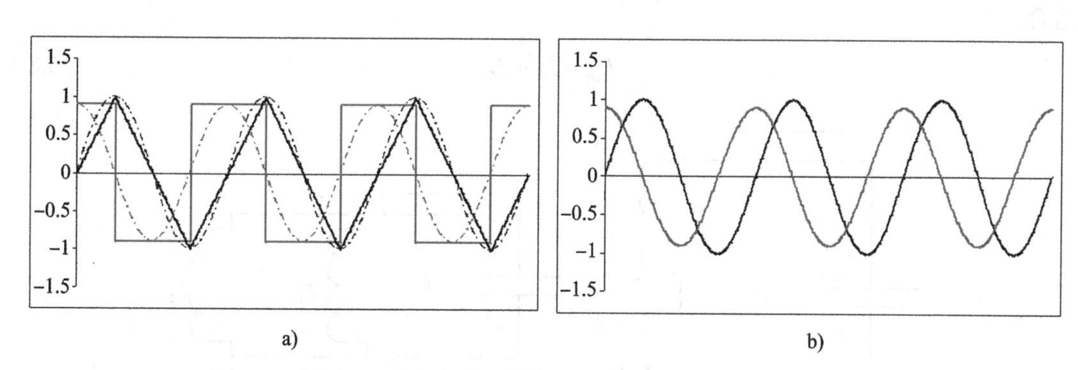

图 6-6　将图 6-5 中的方波“转换”为正弦波（电压超前电流 90° ）

在图 6-6 中，电压曲线超前电流曲线（或电流曲线滞后电压曲线）90° ，这是一个基本关

⊖　参见 www.ultracad.com/animations/square2sin.htm 上的动画演示。

系，且对于纯电感来说总是正确的。当电压改变方向时（180° 处）时，电流达到峰值；当电压达到负向峰值（270° 处）时，电流曲线穿过零线；当电压由负变回正时（360° 处），负电流达到峰值。图 6-7 画出的一个实际电路的示波器曲线，说明了这一关系。

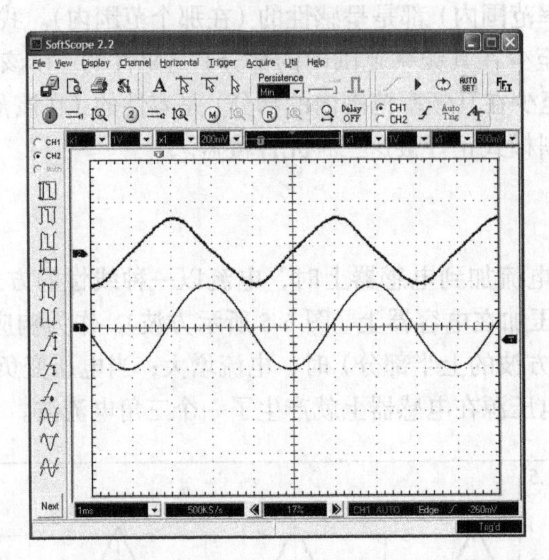

图 6-7 电感器电压（上曲线）超前电流（下曲线）90°

重复一下，注意电阻、电容和电感三者之间的关系。图 4-2 表明通过（理想）电阻器的电流与电压完全同相；图 5-7 表明通过电容器的电流超前电压 90°；图 6-7 表明通过电感器的电流滞后电压 90°。那么，由此可见（后面我们将看到确实如此），当在电路中组合纯电感和纯电容时，电压和电流在相位上正好相差 180°（正好反向），就好像电容和电感位于频谱的两端，而电阻则位于两者之间的特殊情形。事实上，这是一个观察正在发生什么的合理方式，这三种基本元件的相位关系总是 0°、+90°、−90° 或（当组合 L 和 C 时）180°。能获得在这些值之间的相位关系的唯一方法是将（非零）电阻与（非零）电抗相组合。

6.8 电感器的组合形式

电感的组合形式与电阻的完全相同。也就是说，串联的电感（见图 6-8a）按式（6.8）组合：

$$L_{eq} = L_1 + L_2 \tag{6.8}$$

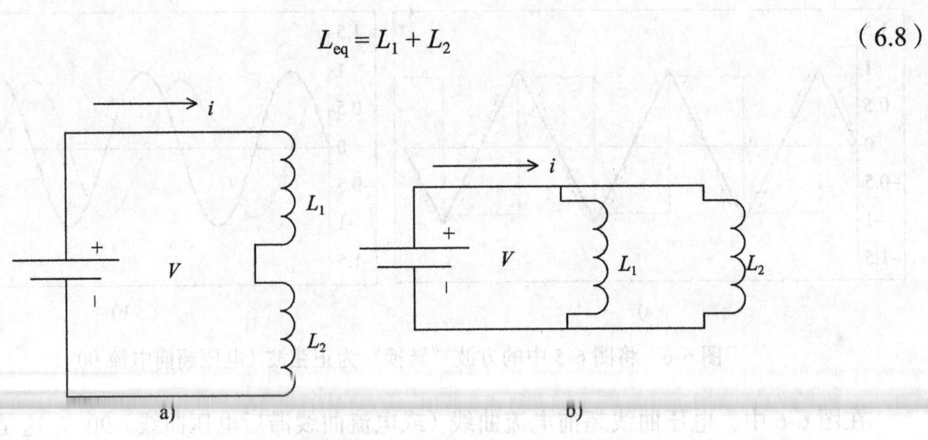

图 6-8 电感器组合

并联的电感按并联关系组合：

$$L_{eq}=\frac{1}{\frac{1}{L_1}+\frac{1}{L_2}} \tag{6.9}$$

使用基尔霍夫电压、电流定律、电感电抗公式 [式（6.4）] 和电感欧姆定律 [式（6.5）]，易于证明这些关系。

6.9　电感器功耗

在一个理想的电感器中，用于形成磁场的所有能量都能再次回到电源中。电压或电流都没有明显的损失，这是因为电路中没有电阻。因而，能量完全被存储起来。

如果能量完全被存储起来，没有消耗在电感器上，那么在电感器上就没有功率消耗（或损失）。功耗的一个表达式是 I^2R，没有 R，就不会有功率损失。

这一结果是个普遍事实。功率永远不会消耗（损失）在纯粹的电感器上。当然，也没有电感器是纯粹的。第 9 章将详细地讨论实际元件。

6.10　电感的一般公式

电感公式存在，并可在各种手册中查到，但它们仅仅是近似的，且必须小心使用。在空间中的一根导线的电感有时可以由下式给出：

$$L=0.005\,08\times b\times\left\{\left(\ln\left(\frac{2b}{a}\right)\right)-0.75\right\} \tag{6.10}$$

其中，L 是电感（单位：μH)；a 是半径（单位：in)；b = 长度（单位：in)；ln 是自然对数（底为 e)。

印制板上微带线的电感表达式有时可以写为：

$$L\approx 5\times\ln\left(\frac{2\times\pi\times h}{w}\right) \tag{6.11}$$

其中，L 是电感（单位：nH/in）；W 是走线宽度（单位：mil）；h 是基板上的走线高度（单位：mil)；ln 是自然对数（底为 e)。

6.11　趋肤效应

6.1 节描述过当电压加到电感（比如，导线或走线）上最初时刻的情况：没有电流流过。这是因为在刚开始驱动电流的变化产生变化的磁场，后者在相反方向上感生出了一个电流，以抵抗当初产生它的驱动电流。在接下去的时刻，变化的磁场慢慢变弱，则有很小的净电流沿正向流动。一个有趣的问题是：这一电流在哪里流动?

直觉上，我们可想象有三种可能性：净电流均匀地流过导体整个横截面，净电流沿导体中心线流动或净电流在导体外周上流动。其决定性的因素是变化磁场的强度。事实证明，电流沿导体中心线流动时的磁场最强，并且以与离中心线距离的平方呈反比关系而减弱。因此，导体周边的变化磁场最弱。

因此，当电流最初的增加量开始流动时，它在外周的一个薄层内流动。当更多净电流流动时，外周的这一薄层开始变厚。外周的电流密度最高，但当我们向导体内部看进去时，电流密度就变小了。仅当磁场停止变化（DC）时，电流才均匀地流过导体整个横截面。图 6-9 给出了这一关系。

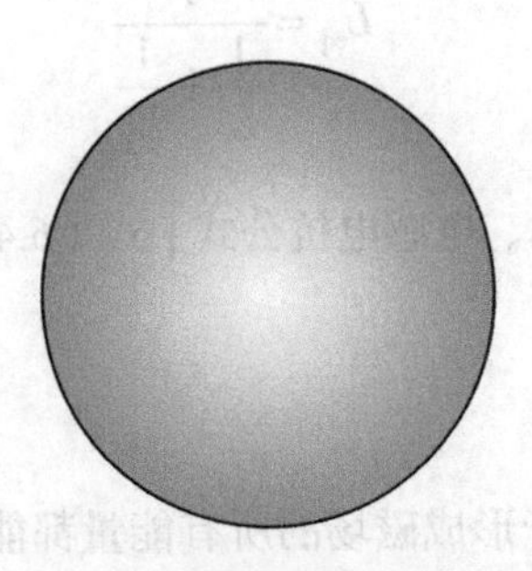

图 6-9　很高频率的电流主要在铜导体的外周流动，称为趋肤效应（阴影体现了电流密度）

电流最初的增量在外周流动的趋势称为趋肤效应。趋肤效应是一种高频现象。当驱动电流方向改变得非常快时（高频 AC），变化的磁场永远不会稳定，电流也永不会均匀地流过整个导体横截面。频率越高，该效应越强。

第 4 章说明了导体的电阻是如何反比于导体横截面积的。较小的导体具有较大的电阻。趋肤效应使得导体电阻好像随频率的增加而增加，这是由于电流路径的有效横截面积随频率的增加而减小。这是导体电阻变得与频率有关的少数几种情况之一。第 20 章将更详细地讨论趋肤效应。

第7章 电抗电路：谐振

7.1 串联谐振

当在电路中组合容抗和感抗时，会发生一些令人感兴趣的现象。串联的电抗可相加（见图 7-1），与串联电阻的计算方法一样。因此如果有一个容抗 X_C 和感抗 X_L，它们组合形成的总电抗 $X_{总}$如下：

$$X_{总} = X_C + X_L \tag{7.1}$$

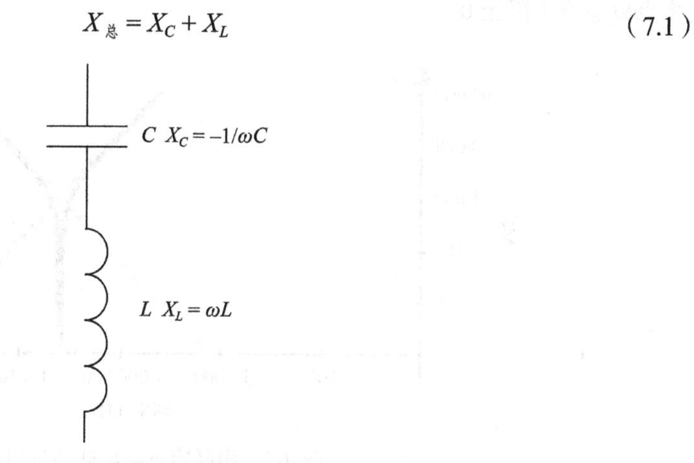

图 7-1 串联的电容器和电感器

回顾第 5 和第 6 章有：

$$X_C = -\frac{1}{\omega C} = -\frac{1}{2\pi fC}$$

$$X_L = \omega L = 2\pi fL$$

由此可得到：

$$X_{总} = -1/\omega C + \omega L \tag{7.2}$$

如果 $1/\omega_C$ 正好等于 ω_L，则式（7.2）正好为 0，即：

$$1/\omega C = \omega L \tag{7.3}$$

此时，

$$\omega = \frac{1}{\sqrt{LC}} = 2\pi f \tag{7.4}$$

例如，考虑 C 等于 0.01μF，L=10nH 时的情形，这与具有 10nH 引线电感的 0.01μF 旁路电容的情形有点儿像。如果将这些值代入式（7.4），则得到：

$$f=\frac{1}{2\pi\sqrt{LC}}=\frac{1}{2\pi\sqrt{0.01\times10^{-6}\times10\times10^{-9}}}=16\text{MHz} \tag{7.5}$$

对此的解读是，在16MHz时，对通过串联LC电路的电流而言，阻抗为0。并且要理解这里不是只意指对电流的阻抗很小，而是表示对电流的阻抗是绝对的0（针对没有电阻的理想电容器和电感器）。这是怎样发生的呢？

参考如图7-2所示的曲线：向右下方倾斜的直线是最初画在图5-4中的电容的电抗曲线；向右上方倾斜的曲线是最初画在图6-4中的电感的电抗曲线。在低频时，由于电容的原因，没有电流流过这一组合电路。频率较高时，由于电感的原因，也没有电流流过该组合电路。这些曲线（在此情形中）相交于16MHz。由于容性电抗和感性电抗的符号是相反的，也就是说，相移是相反的。这意味着在两条曲线相交处，它们的电抗正好相等且完全相反，则它们可完全抵消。图7-2的实线说明了两个电抗的组合效果，并反映出电抗在两个曲线相交的频率点处急剧下降至0。

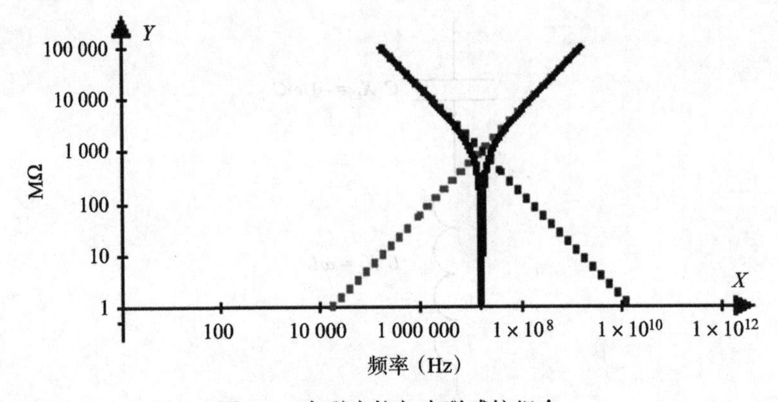

图7-2 串联容抗与串联感抗组合

这种情况的发生过程令人困惑。参考图7-3，它为一个电流源（而非电压源）驱动一个LC串联电路的示意图。电流源具有角频率ω，应用欧姆定律可将每个元件上的电压表示为：

$$V_C=i\times(-1/\omega C) \tag{7.6}$$

$$V_L=i\times\omega L \tag{7.7}$$

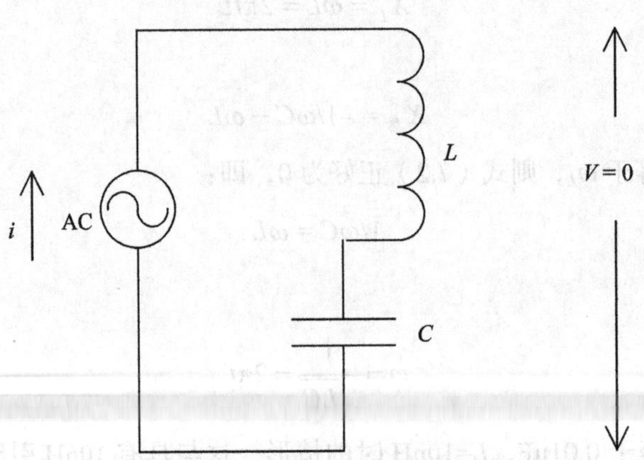

图7-3 在谐振点，串联LC电路上的压降为0

串联组合上的总电压为：

$$V_{总} = V_C + V_L \tag{7.8}$$

在 16MHz 处，电压 V_C 和 V_L 正好相等且相反。必须注意：每个元件上都有一个电压降，但由于这两个元件的电压相位正好相反，这些电压正好可抵消掉。因此无论什么加在这一对元件上，都不会有电压。不管有多少电流通过该电路，这个结论都是正确的（本例在 16MHz 处）。（这也是在图 7-3 中我们不使用电压源的原因，在此频率下，这个理想的 LC 串联电路上不会产生任何电压。）

这个现象发生时的频率点是电路中的一个重要频率点，称为**谐振点**。它是容抗与感抗正好相等时的频率点。对单一 L 和 C 而言，在整个频率范围内只有一个这样的点。（如果有不止两个元件，就会有多个谐振点。在实际电路中，谐振的考虑因素会非常复杂。）

7.2　并联谐振

图 7-4 画出了一个电容和一个电感的并联配置。并联电抗组合就像并联电阻组合一样，因此有效电抗 $X_{总}$ 表示为：

$$X_{总} = \frac{1}{\dfrac{1}{X_L} + \dfrac{1}{X_C}} = \frac{1}{\dfrac{1}{\omega L} - \omega C} \tag{7.9}$$

$$X_{总} = \frac{\omega L}{1 - \omega^2 LC} \tag{7.10}$$

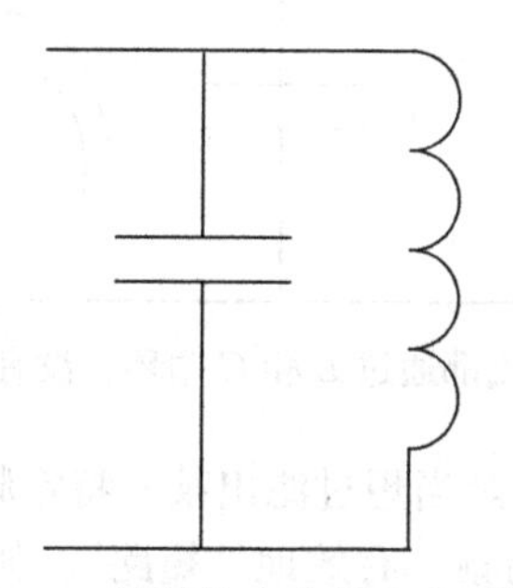

图 7-4　并联的电容器和电感器

这次注意如果 $\omega^2 LC$ 正好等于 1.0 时会发生什么，此时：

$$\omega = \frac{1}{\sqrt{LC}} = 2\pi f \tag{7.11}$$

注意，它与式（7.4）的串联电抗降至为 0 时的频率完全相同。在并联配置中，当此式成立时，式（7.10）的分母正好下降到 0。任何数被 0 除都是无穷大，则此时的有效总电抗变为了无穷大。

采用与前面同样的例子，一个 0.01μF 电容器和一个 10nH 电感器并联配置，我们发现这个重要的（谐振）点仍为 16MHz，但在该电路中，电抗趋于无穷大。不管施加多大的电压，都没有任何电流能流过这一并联组合（在 16MHz 处）。

图 7-5 给出了这一现象的一些启示。如以前一样，感抗向右上方倾斜，容抗向右下方倾

斜。低频电流经电感流过该组合，高频电流经电容流过该组合。但在交叉点，电抗相互作用，对电流显示出无穷大的电抗。

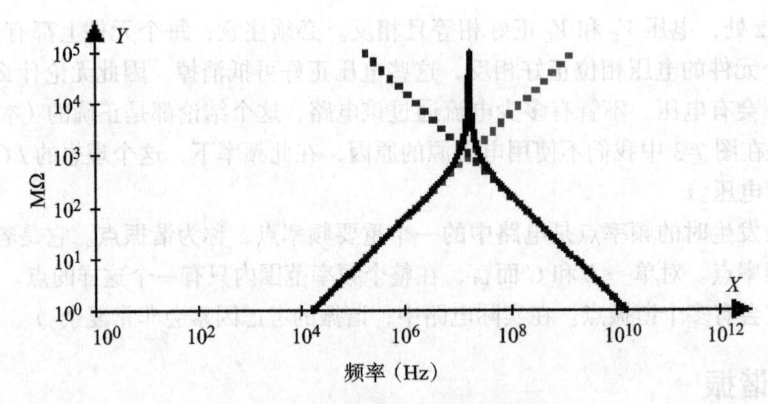

图 7-5　并联容抗与并联感抗组合

这是怎么发生的？结合图 7-6，它画出了由电压源驱动的并联组合，每个元件上都有电压通过（事实上，加在每个元件上的电压一定一直相等）。如果在每个元件上有电压，也必定有通过每个元件的电流。但当这两个电抗完全相等且相反时，流过每一元件的电流将正好相等，但这些电流相位将完全相反，其结果是电流从一个元件流到另一个，往复进行，从而永远不会流到电路的其他地方。

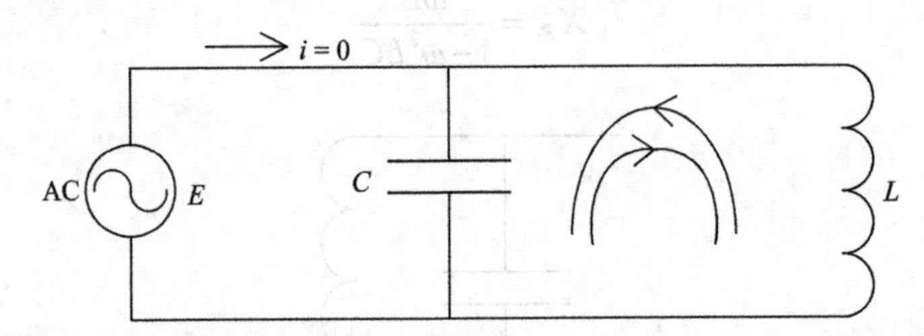

图 7-6　在谐振点，所有电流都通过 L 和 C 循环，没有电流延伸到电路的其余部分

谐振点在电子电路中非常重要。当想过滤出某一特定频率时，我们就可使用它们。例如，串联谐振点可用于将一个不想要的频率有效地“短路”，如果我们将一个串联 LC 组合放置在电路的两级之间，则只有谐振频率能通过并到达下一级，所有其他频率将被阻塞。如果我们将并联 LC 组合置于电路两级之间，只有谐振频率能通过且所有其他频率将被短路。这是调谐电路的基本原理，例如在收音机或电视机中。

应该指出，滤波设计是一个非常复杂的主题，已超出了本书的范围。如这里所讲，LC 组合不会产生很宽的谐振峰，那些**偏离峰值**的频率会被减弱，但常常不尽理想。因此，实际的调谐电路往往要比一个电容和一个电感的简单组合复杂得多。

谐振频率常常会偶然地出现在电路中，也就是说，我们并没有特意地设计它们。第 9 章会讨论那些存在于平常的元件和电路中的寄生元件，以及它们是如何产生不想要的谐振的。在高速电路设计中，信号完整性是个问题，并联谐振常常发生于配电系统中，这样，假定那些杂散频率已在电源和地之间被短路，而实际并不是这样的。那些频率可以在系统中传播，如果是这样，则可能导致严重的 EMI 或串扰问题。

第 8 章 阻 抗

8.1 阻抗的含义

阻抗是组合电阻和电抗时的结果。存在纯电阻器时，就有电阻。认为电阻是阻抗并没有错，但通常不这样做，以免将概念搞混。有纯电容器和电感器时，就有电抗。将电抗认为是阻抗也没有错，但基于同样的原因，我们也不这样做。但如果同时兼有电阻和电抗，就有了阻抗。

阻抗的一般表达式为：

$$Z = R + \mathrm{j}X \tag{8.1}$$

R 是表达式的电阻部分，它也称为实部，相关原因很明显。X 是表达式的电抗部分，它称为表达式的虚部。

X（电抗）项是与一个变量 j 相乘，j 是复数或虚数算符，等于 –1 的平方根：

$$\mathrm{j} = \sqrt{-1} \tag{8.2}$$

j 意味着该表达式的相关部分是画在与表达式实部不同的坐标轴上。图 8-1 所示为一个阻抗的示意图，其中电阻画在水平轴上，表示 0 相移（回顾第 4 章关于电阻有 0 相移的讨论），回顾，5.8 节和 6.7 节的内容，容抗有 –90° 的相移，感抗有 +90° 的相移，我们将电抗画在纵轴上。在图 8-1 中，由于电抗项 X 在 +90° 方向上，因此根据定义可知它是感抗。

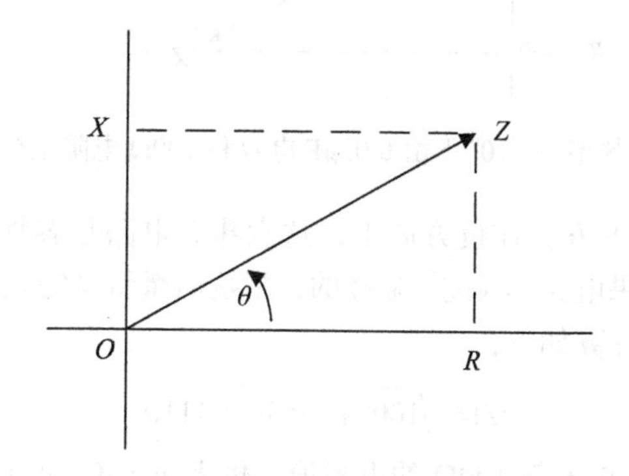

图 8-1 阻抗的一般图示

8.2 阻抗的大小

当组合电阻和电抗时，可得到阻抗。阻抗量用向量表示，从图的原点指向电阻与电抗的相交点。注意：如果仅有电阻，那么阻抗等于电阻；如果仅有电抗，那么阻抗等于电抗；当电阻和电抗两者兼有时，阻抗向量则离开这两个坐标轴。

阻抗向量是由原点、X 和 R 构成的直角三角形的斜边。你或许还记得在三角几何中，斜边的大小是两条边平方和的平方根，即

$$Z = \sqrt{R^2 + X^2} \tag{8.3}$$

如此，假设有如图 8-2 所示的电路，此处一个 100Ω 的电阻与一个 0.02μF 的电容串联。计算该阻抗的大小。R 的值是 100，X_C 的值是 $-1/\omega \times 0.02 \times 10^{-6}$。我们立刻看到，若不知道频率的话，则无法使用 X_C 的值，这是因为电抗是频率的函数。这也是第一次明确说明了阻抗与频率是相关的。因为在不同频率处阻抗是不同的，所以仅能在某一特定频率处确定它的大小。

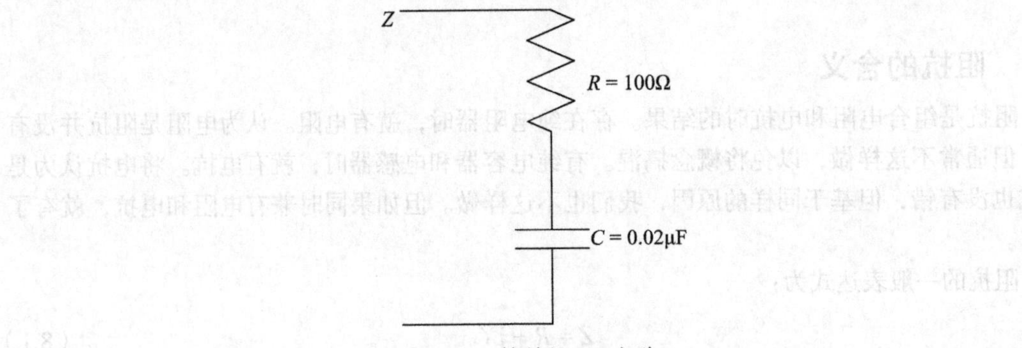

图 8-2　简单的 RC 电路

因此，令图 8-2 所示电路的 $\omega = 10^6$，现在则可算得 X_C 是：

$$X_C = -1/\omega C = -1/(10^6)(0.02)(10^{-6}) = -50\Omega \tag{8.4}$$

因为电压滞后电流，所以它是 −50Ω，我们将容抗画在纵轴的向下方向上（见图 8-3）。

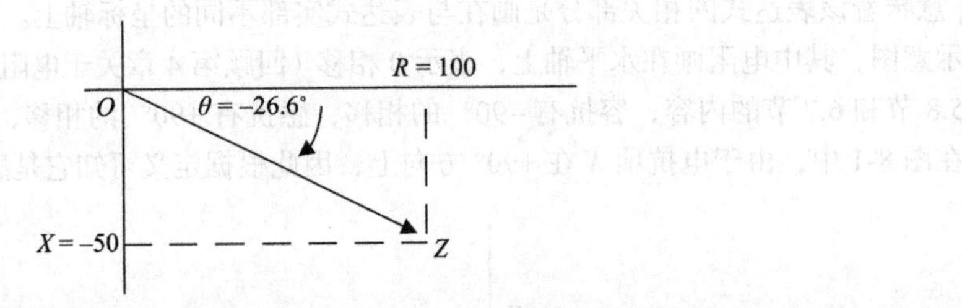

图 8-3　在频率 $\omega = 10^6$ 下由 0.02μF 电容和 100Ω 电阻生成的阻抗图

注意：阻抗向量指向下方，在负方向上，这意味着电路是容性的。如果电路是感性的，阻抗向量则指向上方。如果电路是（纯）阻性的，阻抗向量将是完全水平的。

现在阻抗向量大小的计算如下：

$$|Z| = \sqrt{100^2 + (-50)^2} = 111.8 \tag{8.5}$$

该阻抗略低于 112Ω，它大于 100Ω 的电阻值，也大于 50Ω 的电抗值，但它小于两者之和（150Ω）。

刚才说过阻抗是与频率密切相关的。如果在这个分析里，单独对频率做些变动，看看情况会怎样。现在假设频率取 $\omega=10^7$，式（8.4）就变为：

$$X_C = -1/\omega C = -1/(10^7)(0.02)(10^{-6}) = -5\Omega \tag{8.6}$$

在这个新频率下，X_C 现在等于 −5Ω（与之前的 −50Ω 对比），这会使阻抗大小变为 100.1Ω[见式（8.7）]。这一新的情形如图 8-4 所示。

$$|Z|=\sqrt{100^2+(-5)^2}=100.1 \tag{8.7}$$

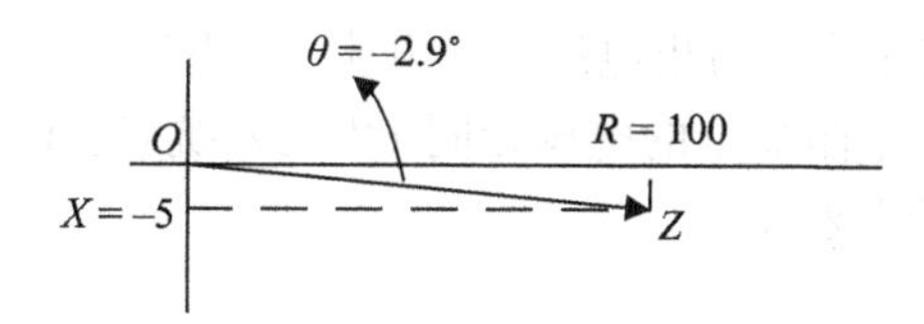

图 8-4 在频率 $\omega=10^7$ 下由 0.02μF 电容和 100Ω 电阻生成的阻抗图

该阻抗大小几乎与电阻大小相同。这是因为在此高频下几乎没有来自电容的电抗贡献，电容上也几乎没有阻抗。因此尽管电路是容性的（阻抗曲线的指向稍稍偏下），但它几乎是纯阻性的。

8.3 阻抗相位

阻抗函数的大小在阻抗分析中是一个重要的因素，另一个是阻抗的**相位**角。阻抗相位角是图 8-1 所示的 θ 角，它是阻抗向量与横轴间的夹角。如果这个角为负（阻抗向量指向下方），那么此电路是容性的；如果这个角为正（阻抗向量指向上方），那么此电路是感性的。

相位之所以重要有很多原因。一个当然是它直接与阻抗大小有关，但相位关系对信号完整性也很重要，特别是对模拟信号而言。例如，如果在信道间或在各种频率谐波间有相位差，音频和视频信号就会失真。在式（2.1）及相关正文中，我们指出过方波实际上包含一系列的谐波。如果电路对每一个谐波的阻抗不同，那么这些谐波通过电路时，它们的大小和相位就将发生改变。那在电路末端输出的将不是进入电路的纯方波，这是由于方波已由各个不同相位和大小的谐波重构。

关于相位角，有三种可能的特殊情形。如果相位角是 +90°，也就是说，阻抗向量直接向上指，那么电路是纯感性的。如果相位角是 –90°，也就是说，阻抗向量直接向下指，那么电路是纯容性的。如果相位角是 0，也就是说，阻抗向量正好位于横轴上，那么电路是纯阻性的。

结合几何学知识，角 θ 的正切是“相对边与相邻边”的比值，即

$$\tan(\theta)=X/R \tag{8.8}$$

因此，角 θ 是 X/R 的反正切，即

$$\theta=\tan^{-1}(X/R) \tag{8.9}$$

在上述例子中，当 $\omega=10^6$ 时，则

$$\theta=\tan^{-1}(-50/100)=\tan^{-1}(-0.5)=-26.6° \tag{8.10}$$

而当 $\omega=10^7$ 时，它为：

$$\theta=\tan^{-1}(-5/100)=\tan^{-1}(-0.05)=-2.9° \tag{8.11}$$

这些数字代表了通过电路的电压滞后电流的程度。（在图 8-3 和图 8-4 中，因为相位角为负，所以电压滞后于电流，从而阻抗曲线指向下方及电路是容性的。）当频率增加时，电压滞后得少些，这是因为在高频时电容的效应会下降。

图 8-5 和图 8-6 画出了相应的通过电路的电压波形，图 8-5 是 $\omega=10^6$ 时的情形，图 8-6 是 $\omega=10^7$ 时的情形。通过电阻器的电流必定（根据定义）与电阻器上的电压同相，电容器上的电

压必定（根据定义）滞后电阻器上电压和所通过的电流 90°。在这两个图中还可以看出：尽管如图 8-6 所示电容器上的电压随频率变高而变得很小，但总电压（加在两个元件上的电压）并没变化太多。在图 8-5 中可很容易看出电压滞后电流（该电流与电阻器上的电压同相）26.6°。在图 8-6 中，总电压几乎与电阻器上的电压相同（因为容抗对它的影响非常小），且仅滞后电流 2.9°（在图 8-6 中很难看出来）。

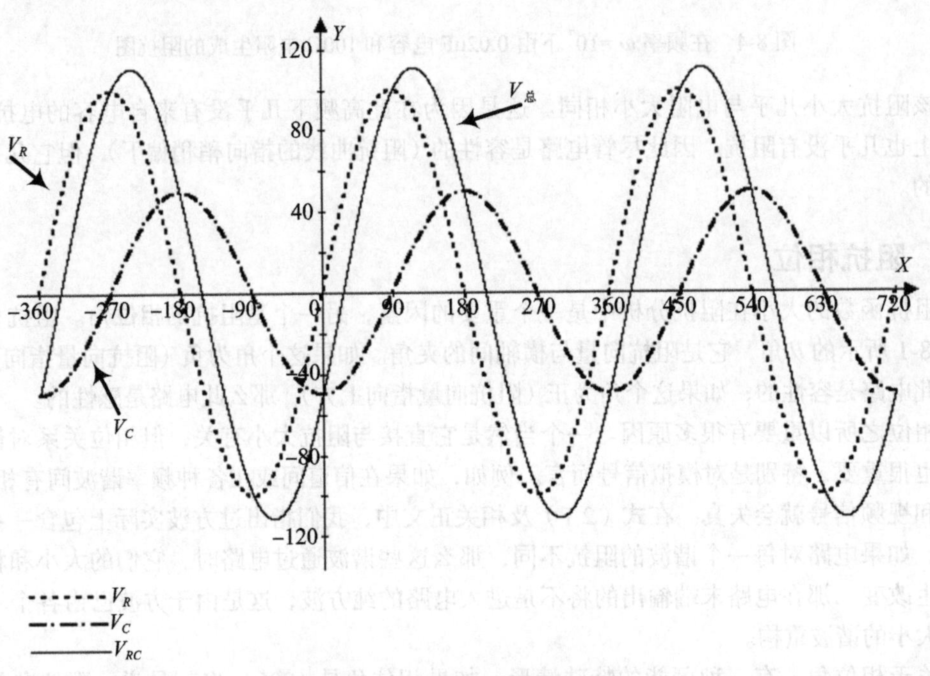

图 8-5 $\omega = 10^6$ 时电路的电压波形

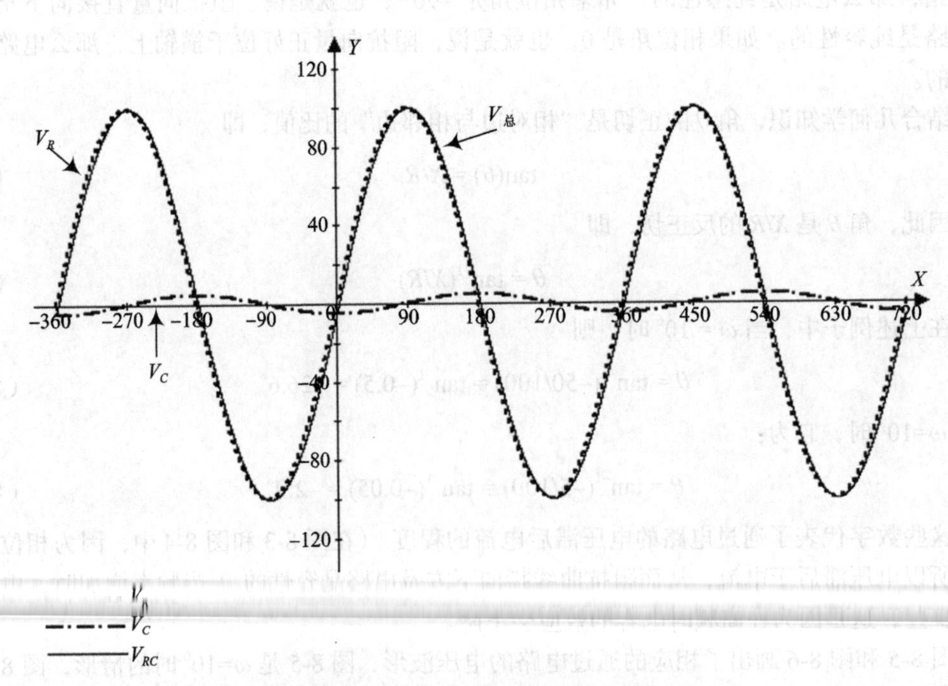

图 8-6 $\omega = 10^7$ 时电路的电压波形

当计算第 1 种情形的阻抗大小时，得到将近 112Ω 的值，而由于电阻和电抗不同相，因此该值并不是电阻和电抗的和。但可将每个图的电压曲线相加，从而获得总电压。在图 8-5 中可以很容易看到，总电压是 V_R 和 V_C 电压曲线的算术和。

将曲线相加和简单地将电阻和电抗相加的区别是点相加和**平均值**相加的不同。曲线波形（横轴）上的每个**点**相加，但是将电阻和电抗简单相加与曲线上的点相加并不相同。

8.4　串联 *RLC* 电路示例

如图 8-7 所示的简单 *RLC* 串联电路，要计算该电路的阻抗并不太困难。根据式（8.1）可得其等于 $R+\mathrm{j}X$，R 当然就是图中的电阻值，电抗 X 是电感和电容的电抗和。由于引入了虚数算符 j，则可看到容抗的负号是来自何处。

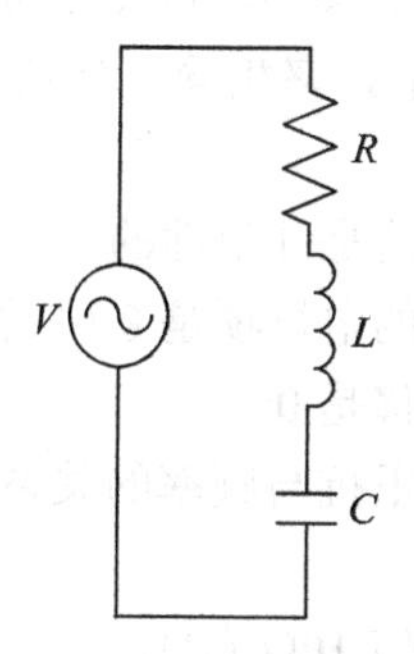

图 8-7　简单的串联 *RLC* 电路

感抗、容抗以及**两者**之和分别为：

$$X_L = \mathrm{j}\omega L \tag{8.12}$$

$$X_C = 1/\mathrm{j}\omega L \tag{8.13}$$

$$X_{总} = \mathrm{j}\omega L + 1/\mathrm{j}\omega C \tag{8.14}$$

为了更好地处理式（8.13），需要将分母中的 j 移除。因此，令分子和分母同乘以 j，得：

$$X_C = \mathrm{j}/(-1)\omega C = -\mathrm{j}/\omega C \tag{8.15}$$

注意在这样做的时候，分母中就出现了负号项，这是因为 −1 的平方根的平方就是 −1。现在，如果将式（8.12）与（8.15）相加则可得到总电抗：

$$X_{总} = \mathrm{j}\omega L - \mathrm{j}/\omega C = \mathrm{j}(\omega L - 1/\omega C) \tag{8.16}$$

式（8.16）是阻抗表达式电抗一侧（jX）的常规形式。现在则可看到容抗中的负号的具体来源，它是对分母中的虚数算符 j 求平方后所得。提醒一下，画在阻抗图纵轴上的负电抗值意味着 −90° 的相移。

最后，该 *RLC* 电路的阻抗可变为：

$$Z = R + \mathrm{j}(\omega L - 1/\omega C) \tag{8.17}$$

现在为这些变量赋值以作为示例：$R = 10\Omega$，$L = 10\mathrm{nH}$，$C = 0.01\mu\mathrm{F}$，$\omega = 10^7$。
则有：

$$Z = 10 + \mathrm{j}[10^7 \times 10(10^{-9}) - 1/(10^7(10^{-2})(10^{-6}))] \tag{8.18}$$

$$Z = 10 - j9.9 \tag{8.19}$$

使用式（8.5）和式（8.9），可算出：

$$Z = \sqrt{10^2 + 9.9^2} = 14.0716 \tag{8.20}$$

$$\theta = \tan^{-1}(-9.9/10) = \tan^{-1}(-0.99) = -44.712^\circ \tag{8.21}$$

如果对此例做一简单变形，让频率变为 $\omega=10^8$，就会发生一个非常有趣的情况。此时：

$$Z = 10 + j\{10^8 \times 10(10^{-9}) - 1/[10^8(10^{-2})(10^{-6})]\} = 10 \tag{8.22}$$

$$\theta = \tan^{-1}(0/10) = \tan^{-1}(-0.0) = 0^\circ \tag{8.23}$$

注意：按照式（7.4）$\omega=2\pi f$ 可知，如果 $\omega=10^8$，那么 $f=10^8/2\pi$=16MHz，这与式（7.5）使用的 *LC* 实例（元件值相同）的谐振频率相同。从这个阻抗实例中可以得到一些非常重要的关系：

- 在谐振频率处，通过电路的阻抗是纯阻性的。
- 在谐振频率处，阻抗表达式中的电抗项是 0（根据定义）。
- 在谐振频率处，通过电路的相移是 0°。

图 8-8 画出了该串联 *RLC* 电路的阻抗与频率的关系，图 8-9 画出了与该阻抗相关的相移。从这些图中可发现：

- 阻抗函数在谐振频率处有最小值 10Ω（*R*）。
- 阻抗函数总是正的，即使电抗是负的（容性的），其原因可从式（8.3）得到，对任何负的电抗求平方，结果是一个正数。
- 若频率低于谐振频率（电路为容性的），相移为负，若频率高于谐振频率（电路为感性的），相移为正，其取值范围为 –90° ~ +90°。
- 在谐振频率处相移正好为 0°。

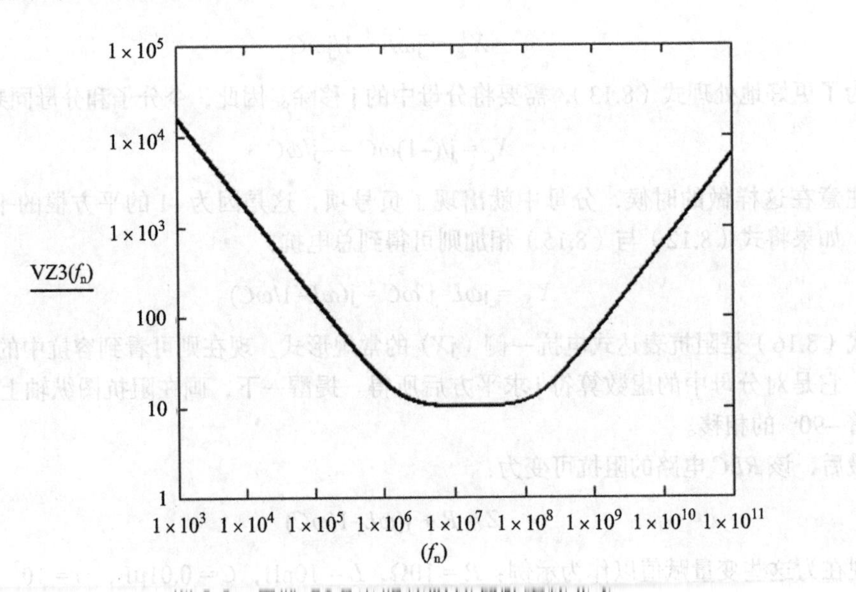

图 8-8　串联 *RLC* 电路的阻抗与频率的关系

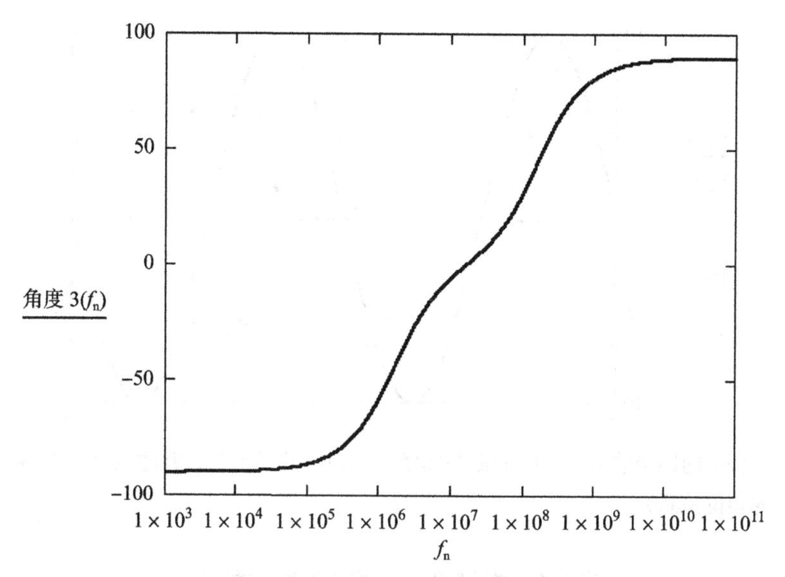

图 8-9 串联 *RLC* 电路的相移与频率的关系

串联 *RLC* 电路上的电压

在具有电阻和电抗的电路中分析电压和电流时，还有一些细节需要处理，其全都是因为涉及了相移。假设在如图 8-7 所示的电路中，其元件值和阻抗如式（8.20）和式（8.21）（ω=10^7）所示，假设从相移为 0° 的正弦波电压开始分析，如果令电压最大值为 10V，可得总电压为：

$$V_{总} = 10\sin(\theta) \tag{8.24}$$

当 ω=10^7 时，从式（8.20）、式（8.21）以及欧姆定律可知电流为：

$$I = V/Z = (10/14.0716)\sin(\theta+44.712) = 0.710\,65\sin(\theta + 44.712) \tag{8.25}$$

在这个**电流**表达式中，θ 的正弦函数为正，这是因为**电压**相移为负（由于在这个例子中，电路是容性的，所以电流超前于电压）。

三个单独元件上的电压分别等于电流乘以电阻或电抗。

当 ω=10^7 时：

$$V_R = IR = 0.7106(10)\sin(\theta + 44.712) = 7.1061\sin(\theta + 44.712) \tag{8.26}$$

$$\begin{aligned} V_L = I\times X_L &= 0.7106(0.1)(10)(10^{-9})(10^7)\{\sin(\theta + 44.712 + 90)\} \\ &= 0.071\,06\{\sin(\theta + 134.712)\} \end{aligned} \tag{8.27}$$

$$V_C = I/X_C = 0.7106\{\sin(\theta + 44.712–90)\}/(10^7)(10^{-2})(10^{-6}) = 7.1061\{\sin(\theta – 45.288)\} \tag{8.28}$$

式（8.27）中的 +90° 是由于电感上的电压超前电流 90° ；式（8.28）中的 –90° 是由于电容上的电压滞后电流 90° 。

图 8-10 画出了这四个波形在两个周期内与时间的关系。注意：电阻上的电压波形与电容上的正好错开 90° 。对于所给出的值而言，电感上的电压几乎可以忽略。

在任意指定的 θ 值处计算这三个单独元件上的电压，并将它们的和与总电压进行比较，可以验证这些计算是正确的。表 8-1 列出了 4 个指定值处的计算结果。

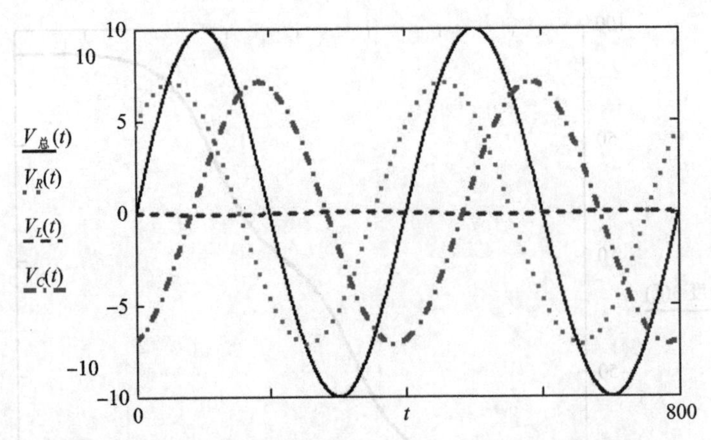

图 8-10　示例中的四个波形图（V_L 的振幅非常小，但它并不重要，并注意 V_R、V_C 和 $V_{总}$之间的相位关系）

表 8-1　式（8.24）~ 式（8.28）的验证

角 θ	0°	30°	60°	90°
$V_{总}$	0.000	5.000	8.660	10.000
V_R	5.000	6.855	6.874	5.050
V_L	0.051	0.019	−0.018	−0.050
V_C	−5.050	−1.874	1.805	5.000
电压和	0.000	5.000	8.660	10.000

8.5　并联 *RLC* 电路示例

如图 8-11 所示，它是一个简单的并联 *RLC* 电路。分析该电路并不像分析串联 *RLC* 电路那样简单，因为它不适用标准的阻抗公式模型 [式（8.1）]。首先需要将并联的感抗和容抗合并成一个单一的表达式，类似式（7.10）的处理过程（按现在所理解的，加上了“j”项）

$$jX = \frac{j\omega L}{1-\omega^2 LC}$$

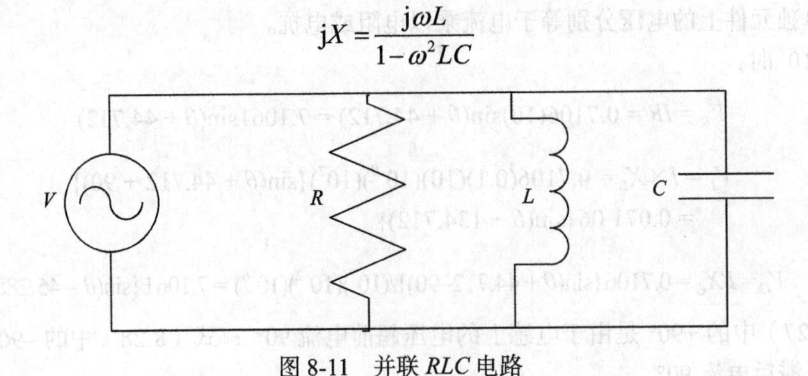

图 8-11　并联 *RLC* 电路

现在，一个电阻 *R* 与一个电抗 j*X* 并联，因此用并联组合构建总阻抗：

$$Z = \frac{1}{\frac{1}{R}+\frac{1}{X}} = \frac{RX}{R+X} \tag{8.29}$$

这个表达式的代数处理方法在理论上是简单的。但从实际的角度看，它是单调乏味的，在实际电路中更是如此。幸运的是，如今已有很多替代方案，所有的通用电子制表软件都可处理复杂的代数计算，像 Mathcad 软件就能很好地处理这类问题，专用工程工具（例如 SPICE）也能轻松地处理这类问题。可用一个实例来说明此类电路，元件值与在串联 *RLC* 例中的相同：

$R = 10\Omega$

$L = 10\text{nH}$

$C = 0.01\mu\text{F}$

图 8-12 画出了这些元件组合的阻抗与频率的函数关系（图中标记为 VZ3（f_n），利用 Mathcad 得到的结果）。注意：在低频（此处感抗较低）和高频（此处容抗较低）时阻抗较低，在谐振点 $\omega=10^8$ 处曲线达到峰值。该并联电路的相位角与频率的函数关系如图 8-13 所示。

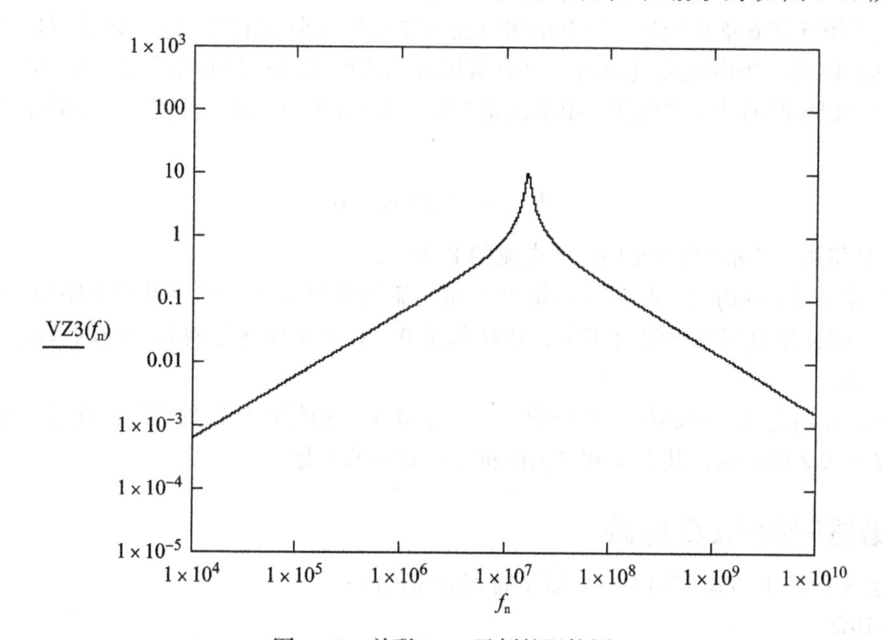

图 8-12　并联 *RLC* 示例的阻抗图

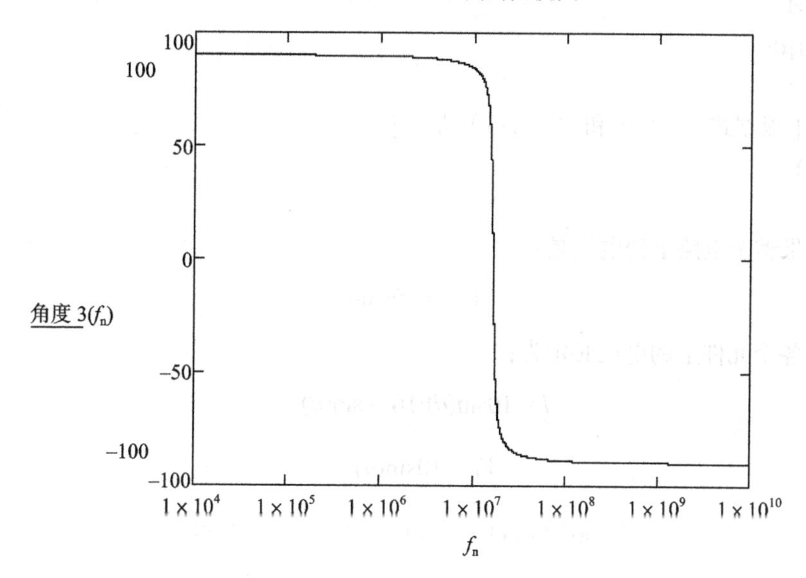

图 8-13　并联 *RLC* 示例的相位角图

从这些图中可发现：

- 在谐振频率处，阻抗函数达到最大值 10Ω（R）。
- 阻抗函数总是正的，即使电抗是负的（容性的），其原因可从式（8.3）得到，对任何负的电抗求平方，结果一个正数。
- 若频率低于谐振的频率（电路为感性的，即电容的高阻抗几乎可被忽略），相移是正的，而若频率高于谐振的频率（电路为容性的，即电感的高阻抗几乎可被忽略），相移则为负，取值范围为 –90° ~ +90° 。
- 在谐振频率处相移正好为 0° 。

8.6 功率因数

我们在第 5 和 6 章解释过，只有电阻电路而非电抗电路才消耗功率。现在可以对此表述做更精确的解释：当电流流过阻抗，只有阻抗表达式的实部产生功率消耗，而不是其虚部。如果在没有相移时的功率是电压与电流的乘积 [见式（4.4）]，那么任何复杂电路中的功耗可定义为：

$$\text{功耗} = V \times I \times \cos(\theta) \tag{8.30}$$

其中，θ 是相移；V 和 I 分别是电压和电流的 RMS 值。

零相移导致 $\cos(\theta)=1$，此时功率是电压和电流的简单相乘。在纯电抗电路中，$\theta=90°$ ，$\cos(\theta)=0$，则无论电压和电流有多大，功耗总是 0。对于相移在这两者之间的情况，可用式（8.30）计算。

将 $\cos(\theta)$ 项定义为电路的功率因数。由于余弦是“相邻边除以斜边”的比值，则功率因数可定义为 R/Z 的余弦，其中 R 和 Z 为阻抗表达式中的分量。

8.7 谐振时的 *RLC* 电路

结合图（8-7）和式（8.17），在以下特定的条件时：

$R = 10\Omega$

$L = 10\text{nH}$

$C = 0.01\mu\text{F}$

$\omega = 10^8$

证明有 [根据式（8.22）和式（8.23）所得]：

$Z = 10\Omega$

$\theta = 0°$

这意味着如果整个电路上的电压是：

$$V_{\text{总}} = 10\sin(\theta) \tag{8.31}$$

那么电流及各个元件上的电压必定为：

$$I = 10\sin(\theta)/10 = \sin(\theta) \tag{8.32}$$

$$V_R = 10\sin(\theta) \tag{8.33}$$

$$V_C = \sin(\theta - 90)/(10^8 \times 0.01 \times 10^{-6}) = \sin(\theta - 90) \tag{8.34}$$

$$V_L = 10^8 \times 10 \times 10^{-9} \times \sin(\theta + 90) = \sin(\theta + 90) \tag{8.35}$$

注意：$V_R = V_{总}$，因此总电压中必定没有来自 V_L 和 V_C 的值。这怎么可能呢？事实上当然有电压产生在 V_L 和 V_C 上，但当我们观察整个串联 *RLC* 电路时，为什么它们不见了呢？

这是串联电路谐振时的特殊情形。回答是 V_L 和 V_C 上的电压的大小**正好相等**而相位**正好相反**，因此它们**完全抵消掉了**。这就是串联 *RLC* 电路在谐振点处看上去像一个阻值为 *R* 的简单电阻的原因。并不是没有来自电感和电容的电压 V_L 和 V_C，而是这些电压正好抵消，从而不会在电路的其他部分看到⊖。

类似的情况也发生在如图 8-11 所示的并联 *RLC* 电路中。在谐振频率处，如果一个电压加到该电路上，阻抗似乎可简为 *R*，可见的电流将是 *V*/*R*，并没有相移。但产生在 *R* 上的电压显然也会产生于 *C* 和 *L* 上，因此，必定有电流流过 *C* 和 *L*，那么这该如何解释呢？并不是这些电流不存在，它们确实存在，但是以一种类似于串联 *RLC* 电路的方式，通过 *L* 和 *C* 的电流正好相等（谐振时）且相位正好相反。这些电流虽存在，但从电路其他部分的角度来看，它们将简单地沿此回路循环流动，如图 8-14 所示，而不会在其他地方被看到。

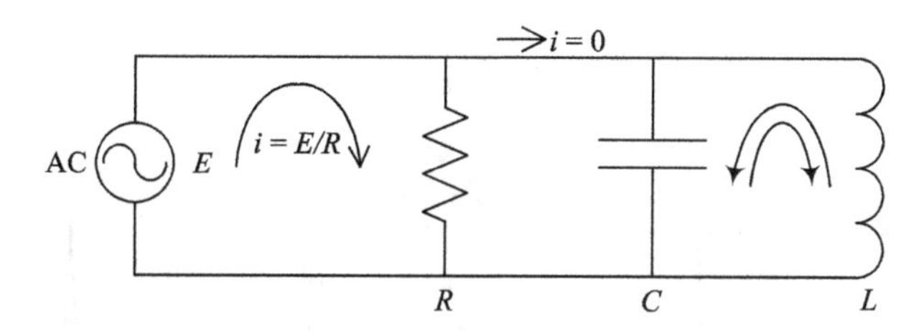

图 8-14 谐振点处的并联 *RLC* 电路的电流

这些电流与基尔霍夫定律（见第 3 章）是一致的：电流在闭合回路中流动，在此回路中电流处处相等，电抗回路中的电抗电流不消耗任何功率或损失（见 5.10 节和 6.9 节）。

8.8 谐振点附近 *R* 的影响

串联或并联 *RLC* 电路中的电阻值对谐振附近的区域有重要的影响。图 8-15a 和图 8-15b 画出了具有三个不同电阻值的串联 *RLC* 电路的这种影响。

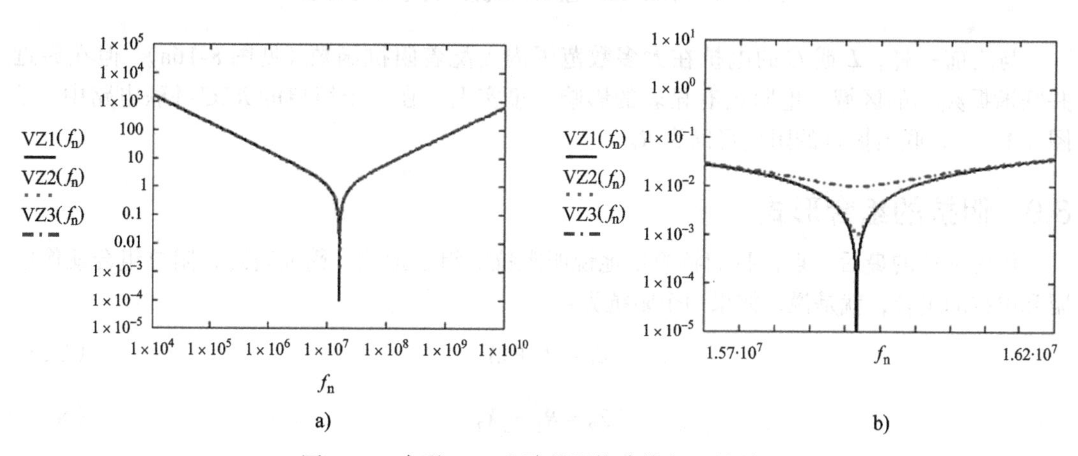

图 8-15 串联 *RLC* 电路的阻抗曲线与 *R* 的关系

⊖ 这一优点被用于一些电路。例如，可将另一电路仅连接在 *L* 上，并使用 V_L 上产生的电压，只要另一电路对第一个电路不产生显著的影响则可。某些类型的电源就使用了这种方式，达到了很好的效果。

$R_1 = 0.00001\Omega$

$R_2 = 0.001\Omega$

$R_3 = 0.01\Omega$

$L = 10\text{nH}$

$C = 0.01\mu\text{F}$

这些值与第9章中提到的旁路电容的值没有什么不同。图8-15a给出了在一个很宽频率范围内的三条曲线，在这个图中，它们之间没有明显的区别，L或C的电抗在几乎所有的频率内支配着电路。但图8-15b画出了在谐振点附近的狭窄区域，电阻值对阻抗的显著影响。事实上，阻抗曲线在谐振点处的**最小值**正好是串联电阻的值。

图8-16a和图8-16b给出了并联RLC电路的同样情况。在此电路中，令元件值为：

$R_1 = 1\,000\Omega$

$R_2 = 100\Omega$

$R_3 = 10\Omega$

$L = 10\text{nH}$

$C = 0.01\mu\text{F}$

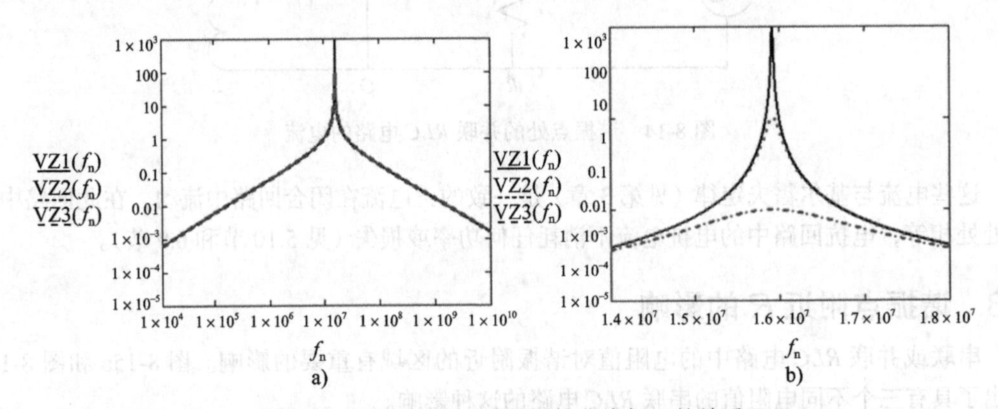

图8-16 并联RLC电路的阻抗曲线与R的关系

与之前一样，L或C的电抗在大多数范围内支配着阻抗函数（见图8-16a），但在靠近并联谐振频率的区域，电阻值有显著的影响。事实上，在一个简单的RLC并联电路中（见图8-11），并联谐振点的阻抗可简为R。

8.9 阻抗的组合形式

作为本章的最后一点，我们将简要地说明阻抗的组合形式。简而言之，阻抗组合就像电阻和电抗的组合，就是说，如果两个阻抗为：

$$Z_1 = R_1 + \text{j}X_1 \tag{8.36}$$

$$Z_2 = R_2 + \text{j}X_2 \tag{8.37}$$

它们串联组合后的值为：

$$Z_{\text{串联}} = Z_1 + Z_2 = (R_1 + R_2) + \text{j}(X_1 + X_2) \tag{8.38}$$

诀窍是将阻抗变换为适当的加法形式。

并联组合更难些。从理论上来说，组合后的值很简单：

$$Z_{并联}=\frac{1}{\frac{1}{Z_1}+\frac{1}{Z_2}}=\frac{Z_1\times Z_2}{Z_1+Z_2} \tag{8.39}$$

但由于这些项中每一个都是复数，其数学计算过程会变得复杂（至少对大部分人）。这是为什么通用电子制表软件、专用软件（诸如Mathcad）和专业编程语言（如Spice）的复数数学计算能力对工程师那么有用的原因。在实践中，电气工程师会使用微积分和高阶变换来进行计算，而不是用基本代数计算的方法。

第9章

实际元件和寄生效应

本书到目前为止，我们一直将元件（电阻、电容和电感）当作理想化的来处理。也就是说，我们将它们当作纯电阻、纯电容或纯电感来处理。当然，实际情况并不是这样的。图 9-1 画出了一些寄生阻抗，当我们处理这些基本元件时，需要予以关注。

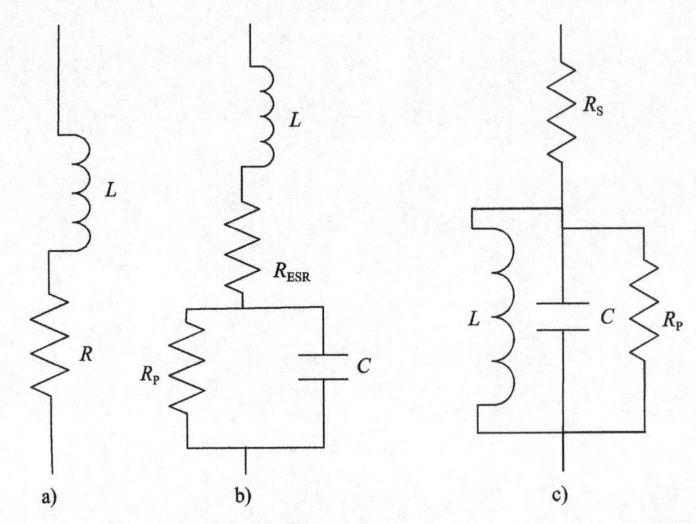

图 9-1　基本元件和它们的寄生效应：a）电阻，b）电容器，c）电感器

9.1　电阻器

电阻器是最简单的元件。基本的电阻器（见图 9-1a），特别是很小的表面贴装的那些，其寄生效应很小。它们会有与引线有关的电感，但相比于其自身电阻值通常很小并可以忽略。对于引线器件而言，与电阻有关的引线电感为 5 ~ 10nH 的量级，而对表面贴装器件则为 1 ~ 2nH 或更小，这取决于它们的结构。电阻器在高频时可表现出趋肤效应（见第 6 章），与导线和走线相关的电阻更是如此。

由于大多数电阻器依赖于所用材料的电阻率性质（见第 4 章），并且由于电阻率随温度改变，电阻可表现出对温度变化的敏感性。某些电路实际上也利用了这一性质，它们采用电阻器作为温度测量器件，并根据电阻率的变化确定温度的变化。

线绕电阻器主要使用在具有很高容忍度或很高功率的场合，它的线圈间存在相当大的电容以及由导线引起的相当大的电感。由于在线绕电阻器中有如此大的寄生电容和电感，以致于绕线电阻几乎不能用于高频电路中。

9.2　电感器

电感器（见图 9-1c）有很多寄生单元。如果电感为线绕线圈（或许像变压器），则每一匝线圈间都有相当大的电容，使得它们难以用于高频应用（除非设计者为了特定意图而设计了特殊的电容)。其上也有与引线或导体贴装焊盘有关的串联电阻。

当需要小电感时，例如在甚高频滤波器中，导线上的铁氧体磁环很管用。大电感，如在电源滤波器中，在高频时将受制于寄生电容。因而，电源通常在较小的频率时使用大电感，在甚高频时则使用补充滤波。

电感常常用（与电容一起）在 RF 调谐电路中。在这些应用中，寄生串联电阻对调谐电路的带宽有主要影响。我们将在本章后面和第 10 章更详细地讨论这一问题。当然，电感也有与它们的贴装引线或焊盘有关的寄生电感，但与电感器自身的电感相比，这个电感可以忽略不计。

9.3 电容器

电容器（见图 9-1b）具有最为麻烦的寄生效应。首先，电容器有与引线或贴装焊盘相关的串联电感。引线电感为 5nH 量级，焊盘和过孔电感为 1 ~ 2nH 的量级。它们虽然很小，但在甚高频，由引线电感引起的电抗能高于电容器自身引起的电抗。也就是说，存在一个频率（称为**自谐振频率**，即 SRF），在高于该频率时电容看起来像电感器而非电容器。这对电路板电源分布系统设计人员来说是一个真正的值得考虑的问题。

电容具有与其相关的串联电阻，这主要是由焊盘或引线以及电容自身的物理结构和材料所引起。这一电阻称为等效串联电阻（Equivalent Series Resistance，ESR），它非常重要，一般要在电容器数据手册中明确说明。

当大电流流过电容器，例如在高输出的电源中，此时电流流过 ESR，这会在寄生电阻上引起电压降。但更重要的是，它在电容内引起功耗，该功耗为 I^2R，其中 I 为电流，R 是电容器的 ESR 阻值。功耗会导致电容器发热，由于电阻随温度增加，有时会造成失控状态的出现。我就曾看到过，当电流及温度达到失控状态开始的那一点时，电容器突然爆炸。温度一旦达到临界点，失控状态几乎是猝发的且无法停下。

电容器具有并联电阻，其体现在电容器的极板上，这对高速设计通常没有什么影响，但它提供了电容随时间推移而泄漏储存电荷的有效路径。

9.4 元件间的耦合

元件与邻近的元件有可能发生容性或感性的耦合。电路和系统设计人员在设计系统时需要意识到这种可能性。但在大多数系统中，这样的耦合通常不是现实问题。与元件间的耦合相比，导线、走线或导线与走线间的耦合（见 18.4 节）通常更为麻烦。

9.5 自谐振

从实际角度来看，电阻器不可能有自谐振频率。电感器有可能具有自谐振频率，但通常不考虑。然而电容器具有自谐振频率的现象却非常常见，这有时也是一个棘手的问题。

结合一个现实的电容器考虑，如图 9-1b 所示，它具有以下数值：

$$C = 0.10\mu\text{F} = 10^{-8} \tag{9.1}$$

$$L = 2\text{nH} = 2 \times 10^{-9} \tag{9.2}$$

$$R_{\text{ESR}} = 0.0001\Omega \tag{9.3}$$

R_{P} 太大不起什么作用。

电容的 2nH 电感值代表了贴装焊盘、焊锡和过孔，或许还有电容器内部结构的综合效应。电感与电容相结合，形成了一个串联谐振电路。它的谐振频率［参考式（7.4）］为：

$$\omega_r = \frac{1}{\sqrt{LC}} = \frac{1}{\sqrt{10^{-8} \times 2 \times 10^{-9}}} = 223.6\ \text{M} \tag{9.4}$$

$$f_r = \frac{1}{2 \times \pi \times \sqrt{10^{-8} \times 2 \times 10^{-9}}} = 35.588\text{MHz} \tag{9.5}$$

这个电容器的阻抗曲线如图 9-2 所示。关于这一曲线，有几点需要注意：

第一，在自谐振频率以下，它向右下倾斜，而在自谐振频率以上，向右上倾斜。因此，在自谐振频率以下，该电容器看上去就像一个电容器，但在自谐振频率以上，它看上去就像电感器了。这是因为在自谐振频率之上的频率处，寄生电感的电抗开始起支配作用。

第二，对于纯 *LC* 电路而言，阻抗在谐振频率处正好下降到 0。对于像这个电容一样的自谐振元件来说，阻抗在自谐振频率处变为 ESR（0.0001Ω），因此，很多人认为小的 ESR 比中等的 ESR 好。许多工程师会在设计中选择所能选择的最低 ESR 限值，在第 19 章将了解到，这未必是最佳策略，因为较低的 ESR 不一定在所有应用中都比中等的 ESR 好。

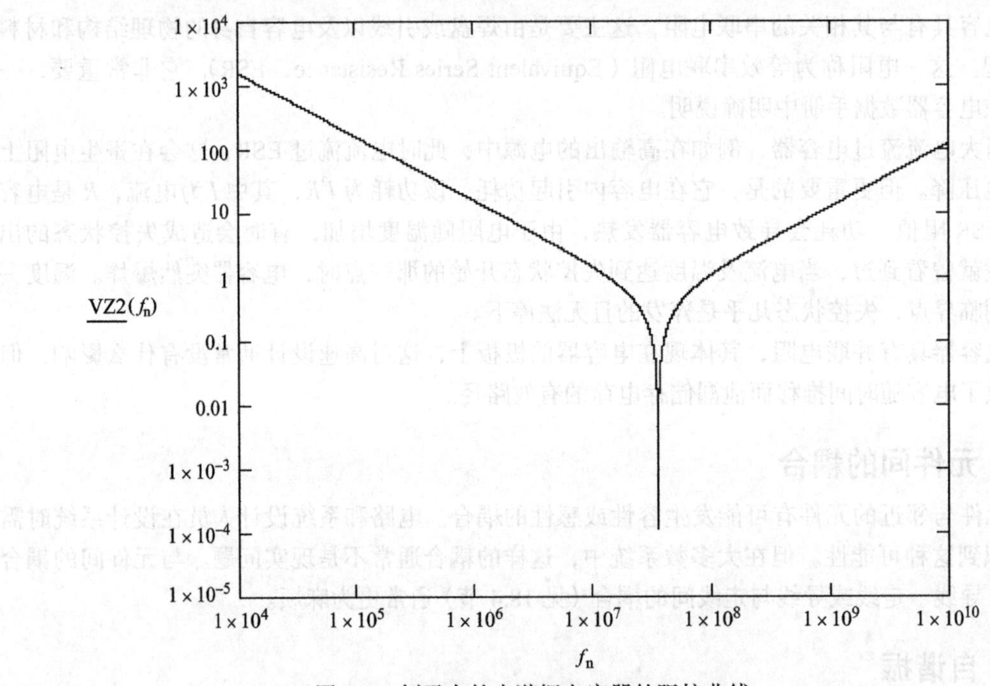

图 9-2　例子中的自谐振电容器的阻抗曲线

如果分别对三个不同的 ESR 值（例如，0.000 01Ω、0.0001Ω 和 0.001Ω）画出电容器的阻抗曲线，所有的曲线看上去都与图 9-2 所示的非常像。然而，如果我们看得更仔细些，在谐振频率处，它们之间有较大的差别。图 9-3 画出了这三个 ESR 值在自谐振频率附近狭窄区域内对应的阻抗函数。

当并联两个实际的电容器时，可能会产生一个特别微妙并可能是破坏性的问题。对功率调节电路而言，需要在整个电路板上放置旁路电容（一直都这样做）。如图 9-4 所示，令 C_1、L_1 和 R_1 取前述数值［式（9.1）～式（9.3）］，并让 L_2 和 R_2 取与 L_1 和 R_1 相同的值，除了令 C_2 等于 0.001μF 之外。

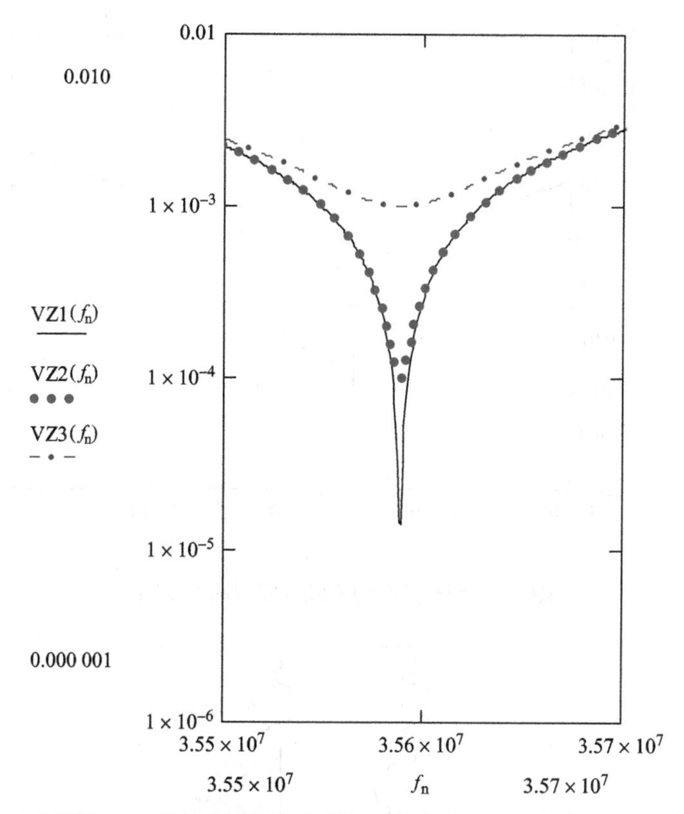

图 9-3 具有三个不同 ESR 值的自谐振电容器的阻抗曲线，对于较高的 ESR 值而言，曲线趋向于“平”些

当我们绘制这一对实际电容的阻抗函数时，会得到如图 9-5 所示的图形（我已使用过 Mathcad 软件生成过这个图），分别在两个谐振频率 35.6MHz 和 112.5MHz 处出现了所期望的自谐振点，但在它们之间还有一个（或许不是期望的）阻抗峰。它是从哪里来的呢？

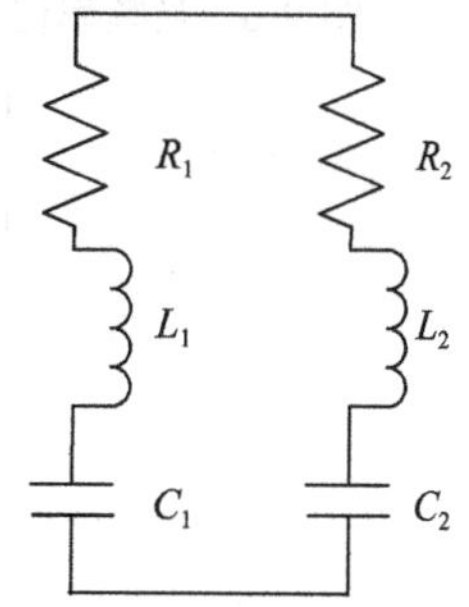

图 9-4 两个并联的实际电容器

在其（系列）自谐振点之上，第 1 个电容（C_1）看上去像一个电感；在其（系列）自谐振点之下，第二个电容（C_2）看上去仍然像是一个电容。因此在这两个谐振点之间的区域，并联的元件对看上去像图 9-6 所示的并联电路，电容 C_1 被电感 L_1 支配，就好似电容已不在那儿了。类似地，与第二个电容器（C_2）有关的电感（L_2）的电抗也尚未发挥作用，就好像 L_2 不在那里。净效果是一个具有并联谐振点（有时称为**反谐振点**）的电路，该谐振点处于两个单独谐振点之间。在第 19 章我们将会看到，它有时会在功率调节电路中产生重要作用。

图 9-7 画出了不同的 ESR 值能够对并联组合的影响。假设图中 L 和 C 的值与上面的相同，但为 ESR 假设了三个不同的值：分别为 0.0001Ω、0.05Ω 和 0.1Ω。如图 9-7 所示，较小的 ESR 值比中等的 ESR 值产生的谷更深、峰更高。较深的谷可能被认为是有益的，即使它们仅发生于很窄的一段频率范围内。但较高的峰对电源分布系统的频率来说，几乎可以肯定是没有益处的。我们将在第 19 章对此做详细讨论。

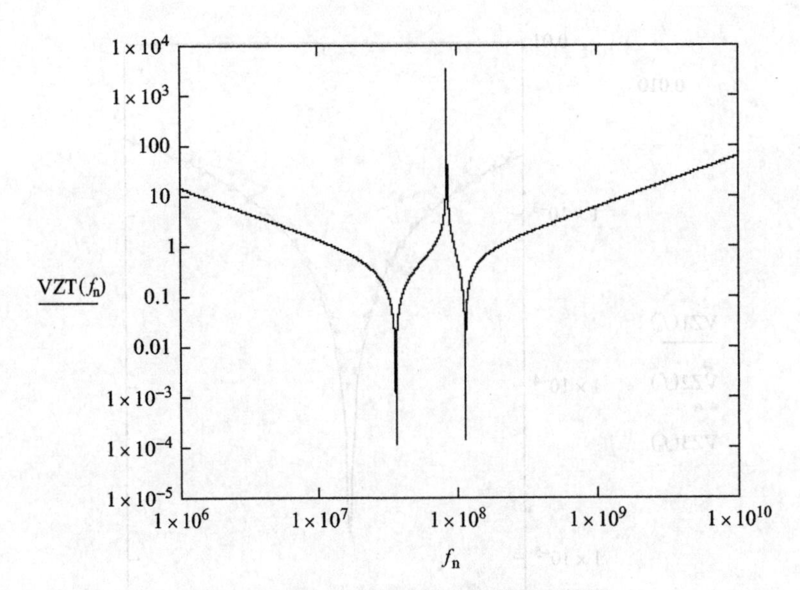

图 9-5　两个并联的实际电容器的阻抗图

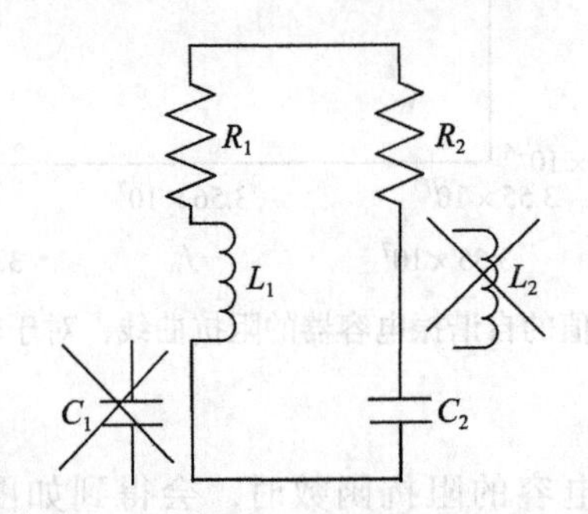

图 9-6　当频率位于两个单独的自谐振频率之间时，两个实际电容器发生的现象

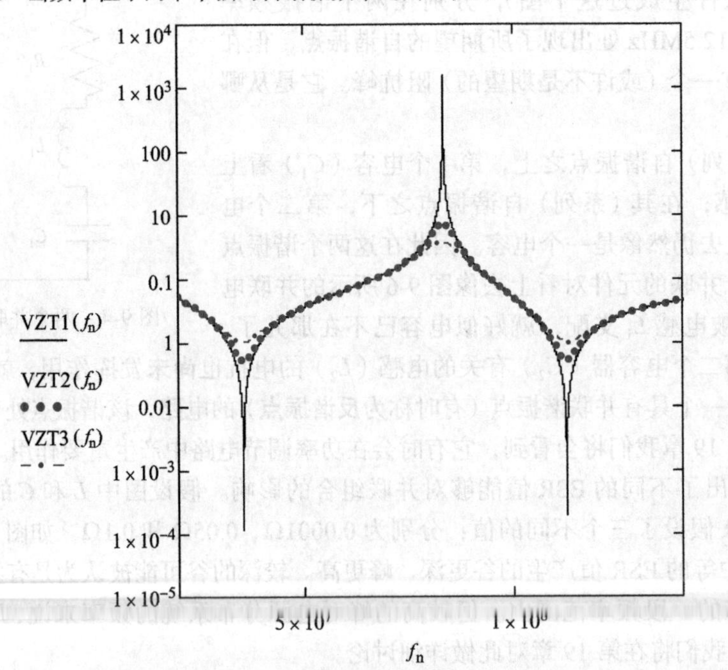

图 9-7　ESR 对并联电容器阻抗的影响

第10章 时间常数和滤波器

10.1 *RC* 时间常数

一个简单 *RC*（电阻—电容）电路有一些非常有用的性质，它能提供相当精确及可重复的定时功能，并能很好地执行基本的滤波功能。

如图 10-1 所示的简单 *RC* 电路，它有一个电阻，为简单起见，其值取为 1Ω，一个电容器，它的值此时并不重要。假设用 1V 电池驱动这一对元件。最后，注意这有一个开关，它可切换电池进入和离开该电路。

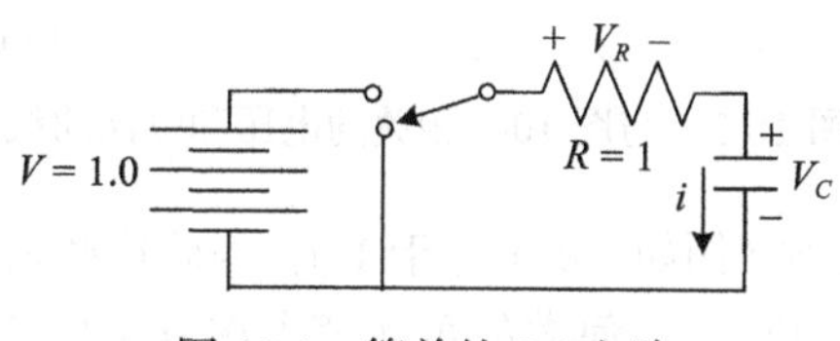

图 10-1 简单的 *RC* 电路

假设开关暂时处于图示位置，然后快速将其切换到另一位置，以对电路施加 1V 的电压。在最初时刻，电容器上没有电荷，因而 V_C 为 0，这意味着 V_R 必定为 1V，因此由基尔霍夫第二定律（见第 3 章）：回路的电压和为 0。那意味着流过回路的电流（在此例中）必定是 V/R=1A（根据欧姆定律）。

在下一时刻，电容开始充电，其极板上出现电压 V_C。由于 V_C 和 V_R 总和一定是 1V，这意味着 V_R 略有降低，又因此说明电流必定略有下降（由于 R 不变）。在这个过程随时间继续的同时，V_C 继续增加，V_R 继续降低，从而电流继续减小。经过充分长的时间后，V_C=1V，V_R=0，以及电流 =0。

在电压和电流稳定后，再将开关推回其初始位置，电容器储存的电荷导致电流沿相反方向通过电阻器。在最初的瞬间，V_R 是 1V（因为已在电容器上储备了 1V）。但是现在，由于电流沿相反方向流动，V_R 和电流都为负。在下一时刻，流出电容器的电荷稍微增加了一些，其上电压 V_C 因而稍许降低，因此 V_R 也稍许降低，通过 R 的电流也稍许下降。经过充分长的时间后，所有电荷流出电容器，V_C 降至 0，V_R 降至 0，电流降至 0。

图 10-2 展示了此过程：V_C 从 0 开始增加，最终到 1V；电流从 1A 开始下降，最终到 0。每条曲线的**变化率**起初都相对较高，然后平稳减小，随着系统稳定而降至 0。当开关打向相反位置，电容器上的电压流失，电流在相反（负）方向流动（起初相对较大），并与电容器电压成比例地下降，两者最终都归于 0。

现在重要的是要明白，这些曲线遵循一个很重要和一致的模式。它们是指数函数，意味着它们是以自然对数 e 为底的函数。e 为常数，其值等于 2.718 28…。在第一部分循环期间，电容器在充电，这两条曲线的公式为：

$$V_C(t)=V\left(1-e^{\frac{-t}{RC}}\right) \tag{10.1}$$

$$I(t)=\frac{V}{R}\left(e^{\frac{-t}{RC}}\right) \tag{10.2}$$

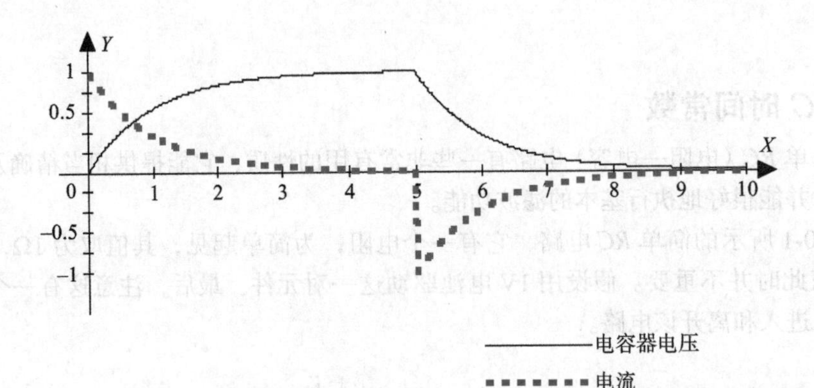

图 10-2　与图 10-1 相关的电压和电流曲线

任何数（包括 e）的 0 次方（例如，e^0）等于 1.0，因此这些表达式的值在最初时刻（t=0）分别为 V_C（0）=0 和 I（0）=V/R。任何数的负无穷大次方（例如，$e^{-\infty}$）为 0，因此经过很长时间（∞）后，V_C（∞）=1V 以及 I（∞）=0。这些分别是图 10-2 所示循环的第一部分的起始和结束点。

循环后半段（此时电容在放电）的方程为：

$$V_C(t)=V\left(e^{\frac{-t}{RC}}\right) \tag{10.3}$$

$$I(t)=\frac{-V}{R}\left(e^{\frac{-t}{RC}}\right) \tag{10.4}$$

如果现在设定开关打回初始位置时的最初时刻为 0，那么电压初始条件为 V_C=1V，电流初始条件为 $-V/R$=–1A。结果在经过充分长的时间后，这些表达式的稳定值都是 0。

但不仅曲线的类型是指数型的，而且它们对常数 e 总有相同的指数，该指数是 $-t/RC$，具有一个特殊含义。我们可用一个 $-t/t_c$ 来置换指数 $-t/RC$，然后再次画出式（10.1）和式（10.2）的相关图形，如图 10-3 所示。

当 t 等于时间常数，电容器充满 63% 的电荷，电流到达初始值的 37%。当 t 二倍于时间常数，充电曲线到达其值的 86%，电流到达初始值的 14%。若三倍于时间常数，电压和电流值分别为 95% 和 5%。若四倍于时间常数，这些值分别为 99% 和 1%。**这对任何 RC 电路总是正确的**。且任何 RC 电路的时间常数值可简化为电阻乘以电容的积：

$$RC\text{ 时间常数} = t_c = RC$$

假设一个电路跨接在图 10-1 的电容器上，在 V_C 达到 0.95V（驱动电压的 95%）时接通。假设我想在施加驱动电压 5s 后接通这个电路，那该如何设计这个电路呢？首先，它将在三个时间常数后接通，即 5s=3t_c。则 1t_c=1.67s=RC，因此我们需要选择一个 RC 组合，其乘积等于

1.67，该答案并不唯一，任何乘积为 1.67 的 R 和 C 都可满足要求。以下是一些可能的选择：

R	C
17MΩ	0.1μF
1.7MΩ	1μF
300kΩ	5.6μF
167kΩ	10μF

$t = n \times t_c$	e^{-t/t_c}	$1-e^{-t/t_c}$
$n = 0$	1.00	0.00
1.00	0.37	0.63
2.00	0.14	0.86
3.00	0.05	0.95
4.00	0.02	0.98
5.00	0.01	0.99
6.00	0.00	1.00

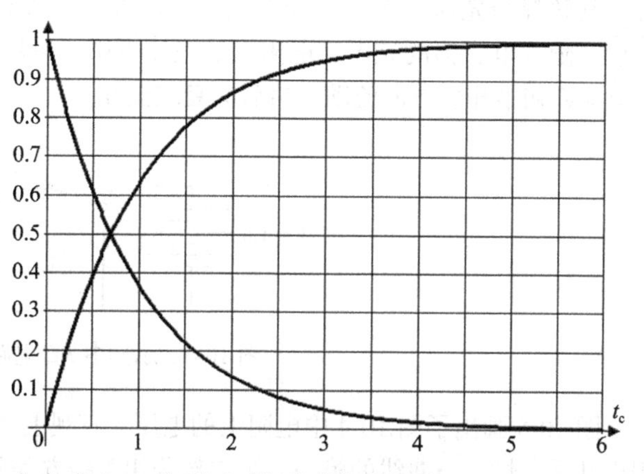

图 10-3 结合式（10.1）和式（10.2）对“时间常数”作图

这一结果的含义非常给力。简单地了解我们需要什么时间常数，然后挑选一个满足该时间常数的 RC 组合，就可使用 RC 时间常数制作非常可靠、可信和可重复的定时电路。这样的定时电路经常用在电子产品中，诸如手表、照相机、充电器、时钟电路、家用电器和航天器。

另一方面，它的影响也可能有害。假设我们通过一个 50Ω 的传输线驱动具有三个 IC 负载的一个节点，再假设每个 IC 的输入电容是 3pF，传输线和并联输入电容构成了一个 RC 电路，时间常数等于 $[50 \times (3+3+3) \times 10^{-12}]$，即 450ps，那即使信号从一个逻辑状态跳变成另一个，做这样一次可靠转变仅需两个时间常数的时间，它依然接近 1ns，这可能会比电路要求所能允许的长。因此时间常数能提供非常有效的定时能力，但它们也能导致不幸的信号延迟。

电阻和电容乘积的单位是时间，这有时令人惊讶。这里来看看是怎么回事，因为电阻和容抗两者的单位都是 Ω，所以，从单位的角度来看，结合式（5.8）：

$$X_C = -1/\omega C = -1/2\pi fC$$

因此，

$$\text{R} \sim 1/2\pi fC \text{（即单位同为 Ω）} \qquad (10.5)$$

或

$$f \sim 1/RC \text{（单位同为 1/ 时间）}$$

f 的单位是 1/ 时间（通常将 f 指定为每秒的周期数，即 Hz），因此 R 和 C 的乘积单位是时间。还可从式（5.4）和欧姆定律推导出同样的答案：

$$\Delta V/\Delta \text{ 时间} = i/C$$

$$V/\text{ 时间} \sim i/C \text{（单位）}$$

$$i \sim V/R \text{（单位）}$$

所以，

$$V/\text{时间} \sim V/RC\ (\text{单位})$$

即：

$$\text{时间} \sim RC\ (\text{单位})$$

作为本节最后一部分，查看图 10-4，它与图 10-1 基本相同，只是将 R 与 C 调换了个位置。其解释与先前的例子完全类似。开始时，全部电流流过电容器，全部电压加在电阻上。然后，随着电容器的充电，电阻上的电压下降，最终到达 0。当开关切换至相反方向时，全部电流起初沿相反方向流动，然后又衰减至 0。

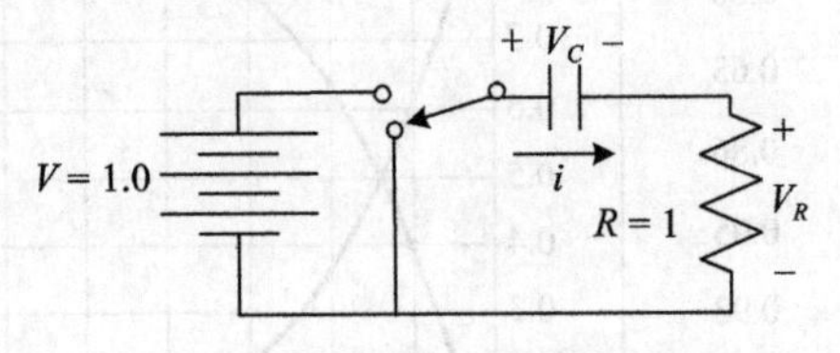

图 10-4　示例中 RC 电路的变化

图 10-5 画出了图 10-4 中电阻上的电压。直观上，曲线的形状与以前完全相同，事实上方程也几乎一样。与曲线的第一、第二部分相关的方程分别为：

$$V_R(t) = V\left(e^{\frac{-t}{RC}}\right) \tag{10.6}$$

$$V_R(t) = -V\left(e^{\frac{-t}{RC}}\right) \tag{10.7}$$

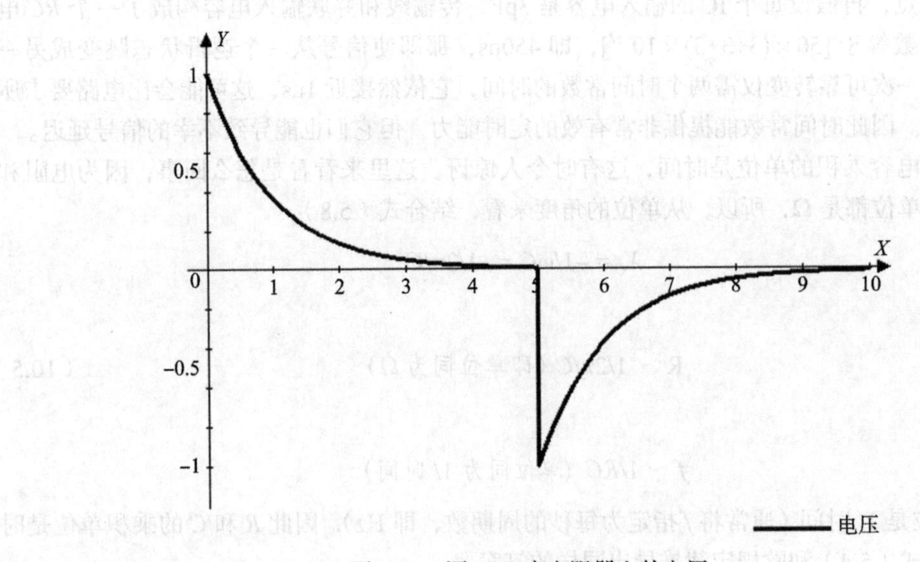

图 10-5　图 10-4 中电阻器上的电压

10.2　*L/R* 时间常数

图 10-6 所示的电路就像图 10-1 所示的电路一样，除了现在用了一个电感器而不是电容器

外。假设开关暂时位于所示位置，然后切换开关将电路与电池相连。在最初时刻，电路上没有电流流过（因为电感器阻碍了电流的变化）。因此，所有电压都加在电感器上而电阻器上则没有。

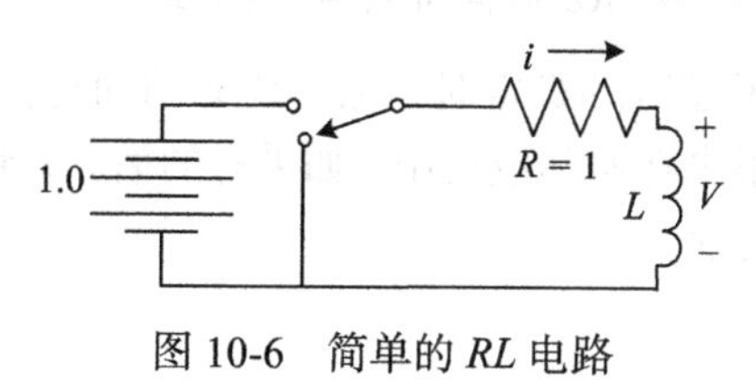

图 10-6 简单的 RL 电路

在下一时刻，少量电流开始流动。这导致在电阻上出现一个小电压，电感器上电压稍许降低。经过充分长的时间后，电感器周围的磁场稳定下来，全部电流则可流过电感器。此时所有的电压加在电阻器上，电感器上则没有。

现在将开关切换回初始位置，电感器周围的磁场开始坍塌，“试图”维持在相同方向流动的电流。这至少在初始时刻，保持住了电阻器上的电压。但为了这样做，电感器上的电压反转，以致正电压现在在电感器的底部。最终，随着磁场完全坍塌，所有电流停止，电压降为 0。图 10-7 画出了电感器上的电流和电压的波形。

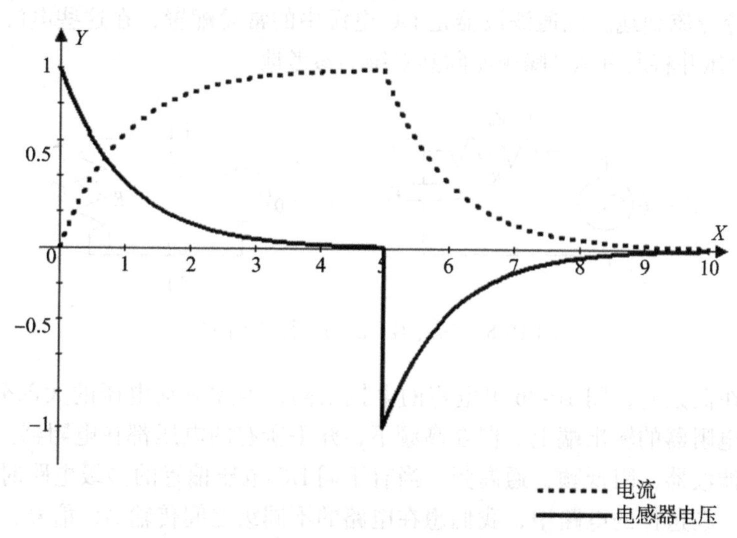

图 10-7 与图 10-6 相关的电压和电流曲线

在该循环第一部分内的曲线方程为：

$$I(t)=\frac{V}{R}\left(1-e^{\frac{-tR}{L}}\right) \tag{10.8}$$

$$V_L(t)=V\left(e^{\frac{-tR}{L}}\right) \tag{10.9}$$

在该循环第二部分内的曲线方程为：

$$I(t)=\frac{V}{R}\left(e^{\frac{-tR}{L}}\right) \tag{10.10}$$

$$V_L(t)=-V\left(e^{\frac{-tR}{L}}\right) \tag{10.11}$$

有关 *RC* 电路用作定时的一切说法对 *RL* 电路也同样正确。*RL* 电路的时间常数是：

$$RL\text{ 时间常数} = t_c = L/R \tag{10.12}$$

从理论上来说，*RL* 定时电路与 *RC* 定时电路一样有用和有价值，但由于制作小而精且可靠的电感器比较困难，我们很少在实际应用中（如果有的话）见到 *RL* 定时电路，但其原因在于实际制造问题，而非理论问题。

10.3　*RC* 滤波器

应该明白，滤波器极为复杂，可能要用整本书的篇幅来进行讲解。滤波器的设计，特别是那些严格规范的滤波器，可能极其困难，它几乎既涉及艺术又涉及工程。虽无法在本书详细讨论滤波器，但可以说明滤波器的一些基本原理，并对此电路在系统中的重要性有一个初步了解。

可由图 10-1 和图 10-4 所示的电路构成优秀的定时电路，但当它们被 AC 电压源驱动时，就像图 10-8a 和图 10-8b 所示，它们也能成为很有效的滤波器。图 10-8a 画出了一个低通滤波器。如果频率很低，电压 V_C 几乎与驱动电压相同，但在较高的频率下，电容器的电抗会变得很低，高频成分分流到地。低通滤波器是 DC 电源中的常规配置，在这些电源中，我们想提供干净的 DC 电压并将所有 AC 噪声滤除到系统的参考地。

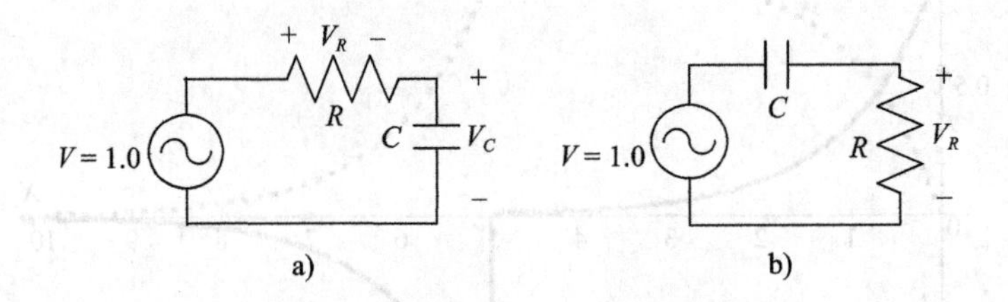

图 10-8　滤波器：a）低通，b）高通

类似地，在低频时，图 10-8b 中电容的电抗很高，因此驱动电压的大部分在电容器上，很小的部分在电阻器的输出端上。但在高频下，几乎所有的电压都在电阻器上。图 10-8b 因此表现为高通滤波器，阻低频，通高频。当有不同 DC 电压偏置的多级电路时，高通滤波器是其常规配置。在这样的电路中，我们想在电路的不同级之间传输 AC 信号，但要隔离不同的 DC 电源系统，或者是想滤除低频噪声（例如，60Hz 电源噪声）。

10.3.1　低通滤波器

求解这类电路的一个简单方法是将它们看成分压电路（参考 4.6 节）。回想表示为输入电压函数的电阻分压器输出，其为：

$$E_{out} / E = R_2 / (R_1 + R_2)$$

相似的普通表达式为：

$$E_{out} / E_{in} = Z_{out} / (Z_{总}) \tag{10.13}$$

在图 10-8a 中，各个阻抗为：

$$Z_{out} = 1 / j\omega C \tag{10.14}$$

$$Z_{总} = R + 1/ j\omega C \tag{10.15}$$

经简单的代数运算，可得到：

$$E_{out}=E_{in}\frac{1/\omega C}{\sqrt{R^2+(1/\omega C)^2}}=E_{in}\frac{1}{\sqrt{1+(\omega RC)^2}} \tag{10.16}$$

式（10.16）有时称为**转移函数**。设定图 10-8a 中 R 和 C 的值分别为 10Ω 和 10μF。在此假设下，图 10-9 画出了滤波器的输出。

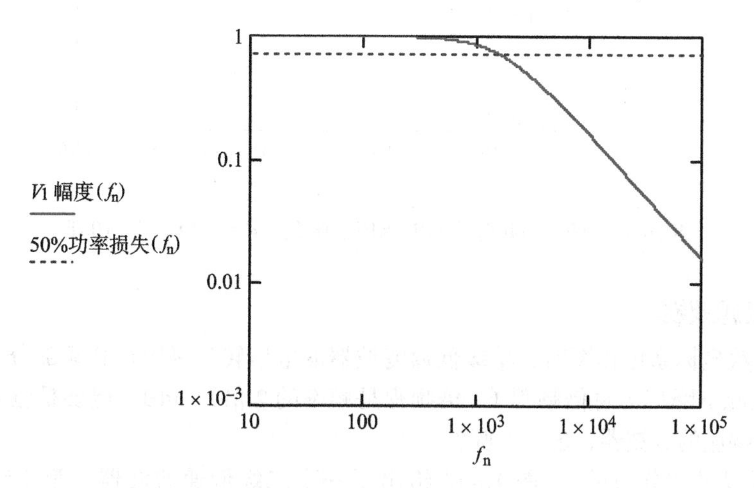

图 10-9　图 10-8a 的电压传输函数，此时 R = 10Ω 及 C = 10μF（点划线表示 50% 功率损失）

这个元件组合的 RC 时间常数为：

$$RC=10\times10\times10^{-6}=0.1\text{ms} \tag{10.17}$$

如果式（10.16）中的 $\omega=1/RC$，则转移函数可求解为 $E_{out}=0.707\times E_{in}$。在该示例中，此时的频率为：

$$f=\frac{\omega}{2\pi}=\frac{1}{2\times\pi\times10\times10\times10^{-6}}=1.59\times10^3 \tag{10.18}$$

通过滤波器转移的**功率**比通常是电压比的平方，因此在此频率下，通过滤波器转移的功率将为 0.5。我们称这个点为滤波器的**截止**频率点，在此频率处，功率转移比下降到 1/2，即 –3dB（见 2.4.12 节）。因此：

$$f_{截止}=1/(2\times\pi\times RC) \tag{10.19}$$

10.3.2　高通滤波器

如果对图 10-8b 所示的高通滤波器架构进行类似的分析，将推导出一个如下转移函数：

$$E_{out}=E_{in}\frac{R}{\sqrt{R^2+(1/\omega C)^2}}=E_{in}\frac{\omega RC}{\sqrt{1+(\omega RC)^2})} \tag{10.20}$$

图 10-10 所示为该转移函数的对应曲线图。事实上，它几乎是与低通转移函数完全对称的，大概也如我们期望的那样。由于高通和低通函数中的分母相同，因此适用相同的截止频率。

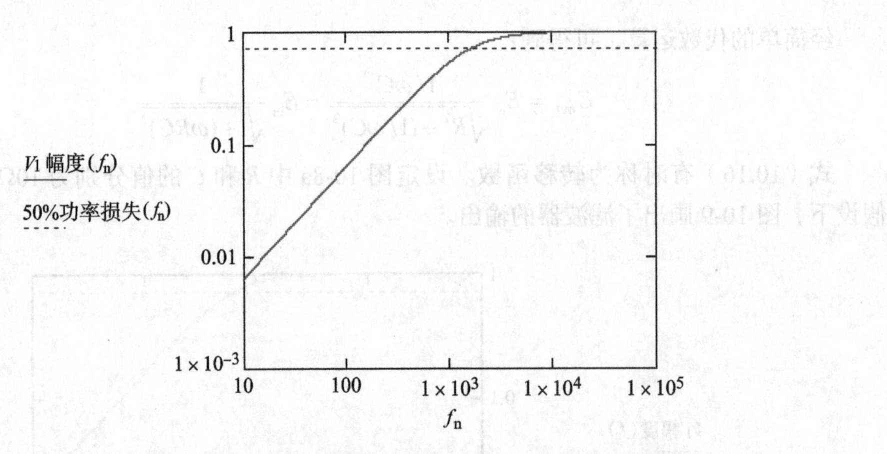

图 10-10 图 10-8b 有关的电压传输函数，$R = 10\Omega$，$C = 10\mu F$

10.3.3 多级滤波器

当在双对数坐标系中作图时，单级低通滤波器的电压转移函数在高频部分线性下降。工程师们都知道此下降率为每倍频程（1 倍频程是频率的 2 倍）–6dB，但要是觉得还不够快又或你需要更快响应的滤波器，怎么办呢?

滤波器可以是“分级的”，图 10-11 给出了一个二级低通滤波器。第 1 级看上去就和图 10-8a 中的一样，但图 10-8a 的输出可以输入另一个滤波器中，也许正是如此，才能获得尖锐的截止。图 10-11 仅画出了实现它的很多种可能方法中的一个。

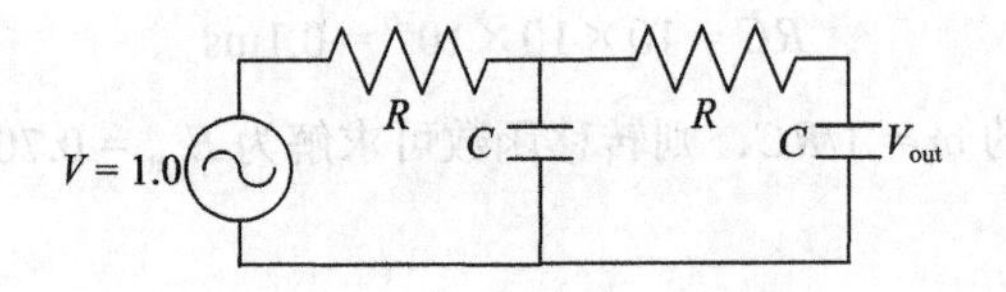

图 10-11 二级低通 RC 滤波器

令 R 和 C 的值和前面一样，分别为 10Ω 和 $10\mu F$。转移函数的响应曲线和图 10-12 所示。注意：它下降得更剧烈（–12dB/ 倍频程)，但它是以两倍数量的串联电阻为代价而实现的（此情形为 $2 \times R$，而非单级时的 $1 \times R$）。

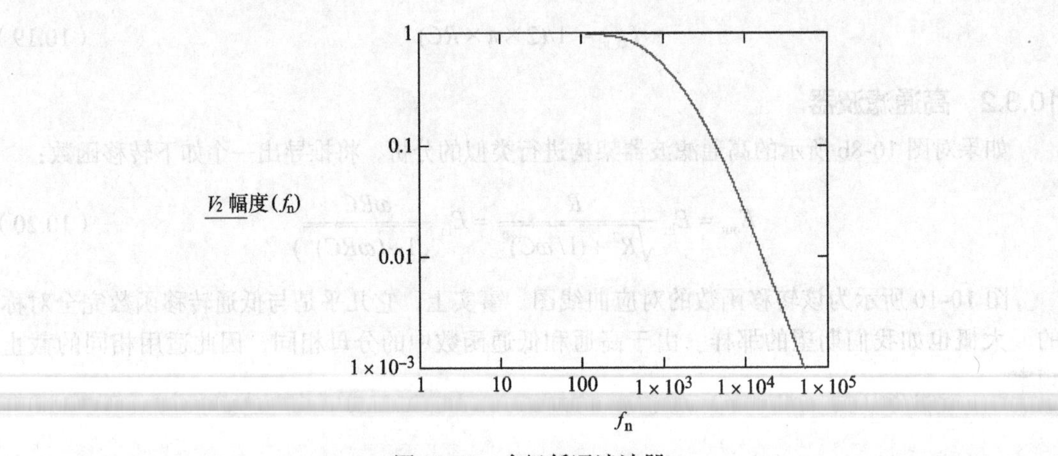

图 10-12 多级低通滤波器

电感器在滤波器设计中也是有用的。例如，图 10-11 所示的第 2 级 *RC* 电路可以用一个串联电感替换。选择适当的电感值，可精确地复现图 10-12 所示曲线。

10.3.4 带通滤波器

作为最后一个滤波器示例，设想在电路中将一个低通滤波器和一个高通滤波器放在一起，如图 10-13 所示。R_1 和 C_1 的组合允许低频通过以进入下一级，但阻塞高频；R_2 和 C_2 允许高频通过但阻塞低频。如果元件值选取得不适当，可能就会发生没有任何频率能通过此滤波器。但选取适当的元件值，某一频带将能通过该滤波器，而所有在其上和在其下的频率都被阻塞。

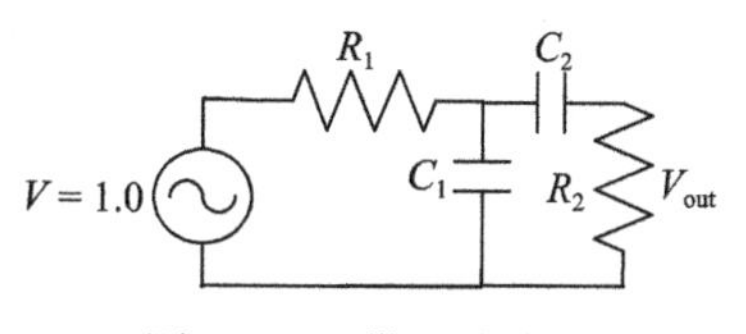

图 10-13 带通滤波器

对这样的一个电路计算转移函数是简单的，但也具有挑战性。首先要认识到，在由 C_1、C_2 和 R_2 形成的节点处，R_2 和 C_2 对于电压来说构成了一个分压器。在此节点处的电压由 R_1 与 C_1 和 R_2+C_2 对的并联组合之间的分压所确定。计算过程可能是乏味的，但将该电路置于类似 Mathcad 的专用软件中就简单多了。

为了进行说明，令元件值分别为：

$R_1 = 10\Omega$

$R_2 = 100\Omega$

$C_1 = 0.1\mu F$

$C_2 = 10\mu F$

$R_1C_1 = 10^{-6}$

$R_2C_2 = 10^{-3}$

图 10-14 画出了该滤波器的转移函数，这一组元件的截止频率为：

低频截止频率（R_2C_2）= 159Hz

高频截止频率（R_1C_1）= 159 000Hz

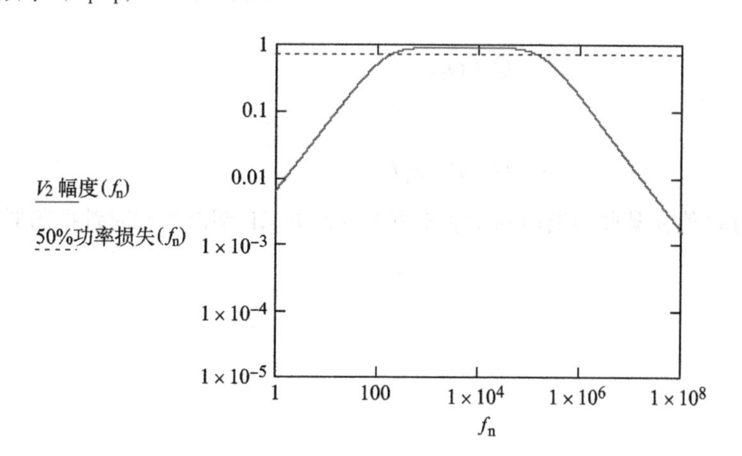

图 10-14 带通滤波器的传输函数（点线是 50% 功率损失线）

10.4 品质因数 *Q*

在谐振频率处的 *LC* 谐振电路实际上是滤波器。它的独特之处是：它们为点滤波器（而非带通滤波器），换句话说，它们可在某个特定频率处达到最大或最小值。图 8-15a 和 8-15b 画出了电阻对简单 *LC* 滤波器的影响，电阻趋向于扩展滤波器的带宽，即谐振频率附近的区域[⊖]。描述这些曲线间差别的一种方法是：较高的电阻使得曲线较平缓些，较低的电阻会导致尖锐的峰或峡谷，而较高的电阻将导致较宽的峰或峡谷。

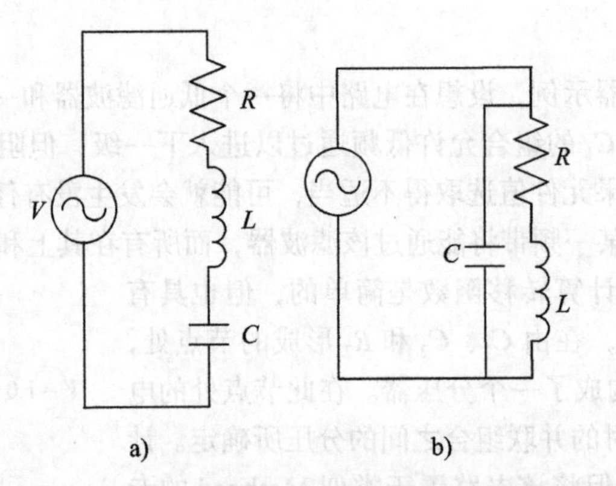

图 10-15 具有串联电阻的串联和并联滤波器

第 9 章讨论了所有的电抗性（容性和感性）器件都有一些残余电阻，这些电阻的来源很多，包括 ESR、引线电阻、线圈电阻、贴片电阻、焊锡电阻等。因此，从现实角度来看，要产生具有无限尖锐峰或谷的滤波器是不可能的。

LC 滤波器的尖锐程度有时由其**品质因数**（即 Q）来描述。图 10-15 画出了在串联和并联 *LC* 谐振电路中介入 Q 因素表达式的等效电阻。Q 值首先取决于谐振频率 ω_r 自身。回顾式（7.4），*LC* 电路的谐振频率为：

$$\omega_r = \frac{1}{\sqrt{LC}} = 2\pi f$$

因此，电路的 Q 因数计算如下：

串联时：

$$Q = \omega_r L / R \tag{10.21}$$

并联时：

$$Q = R / \omega_r L \tag{10.22}$$

LC 电路的 Q 值在某些调谐电路中非常重要，诸如 RF 调谐器和时钟振荡器。

⊖ 带宽通常被定义为曲线上在 –3dB 点之间的频率范围，也就是说，它定义了谐振频率附近的区域，从响应曲线最大或最小点处开始的滤波器转移函数值为 3dB 的频率范围。

第11章 变压器

11.1 磁场回顾

在第 1 章，我引入了围绕导体的磁场概念。当电流沿导体流动时，会在导体周围产生磁场，磁场产生力，其大小反比于与导线距离的平方，方向可由**右手定则**确定，如图 11-1 所示。

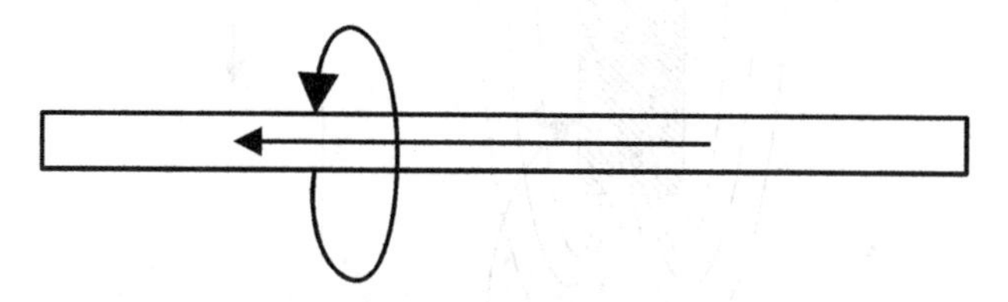

图 11-1 磁场存在于电流方向的周围，如果将右手大拇指指向电流方向，右手手指沿着磁场方向弯曲

现在设想将载有电流的导线绕成线圈，如图 11-2 所示。再次应用右手定则，可以看到，如果电流是从图的底部向顶部流动，磁场则向上通过线圈中心，然后再从外部回来。在这种情形下，有一种比右手定则更好使用的变化形式：顺着电流方向弯曲右手手指，右手拇指将指向磁场方向。

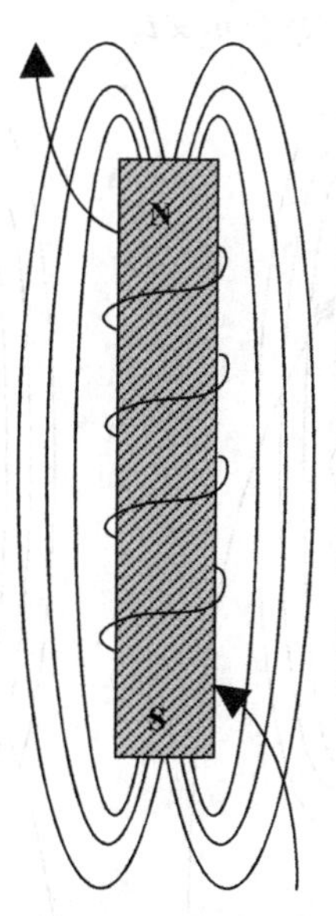

图 11-2 将有电流流过的导线绕成线圈能增强磁场强度，它与匝数成正比

更重要的，磁场强度随线圈匝数增加而增加，也就是说，如果只有 1 匝线圈时磁场强度是 H，当有 n_1 匝时，强度则为 $n_1 \times H$。

如果改变流过导线的电流，磁场将发生改变。一种改变导线中电流的简易方法是采用 AC 电流源驱动导线，然后磁场将随 AC 电流直接发生相关地变化。根据法拉第定律（见 1.6.2

节)：变化的磁场产生变化的电场，因此它将在邻近导线中产生感应电流，如图 11-3 所示。

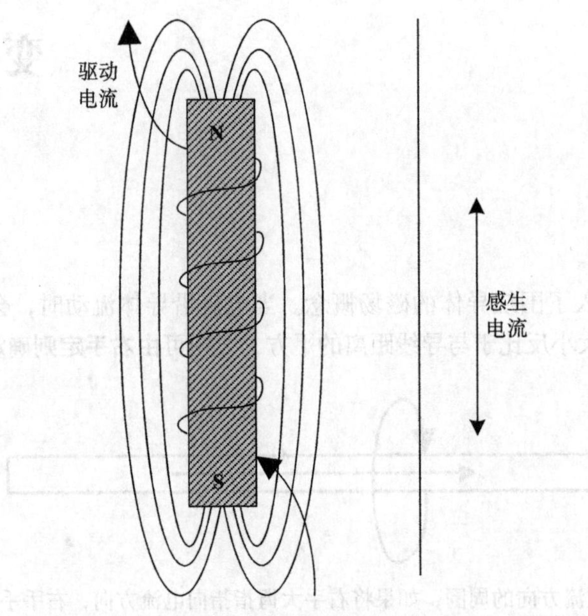

图 11-3 变化的电流产生变化的磁场，从而在邻近导体中产生变化的电场（感生电流）

如果用一个线圈替换邻近的导线，如图 11-4 所示，就可得到一个简略的变压器。流过左边线圈的变化电流将引起线圈周围的一个变化的磁场，这个变化的磁场在右边线圈中感生出电流，线圈中的感生电流与线圈匝数直接相关。如果线圈有 n_2 匝，并且如果导线中的感生电流为 i，那么这个线圈中的感生电流将等于 $n_2 \times i$。

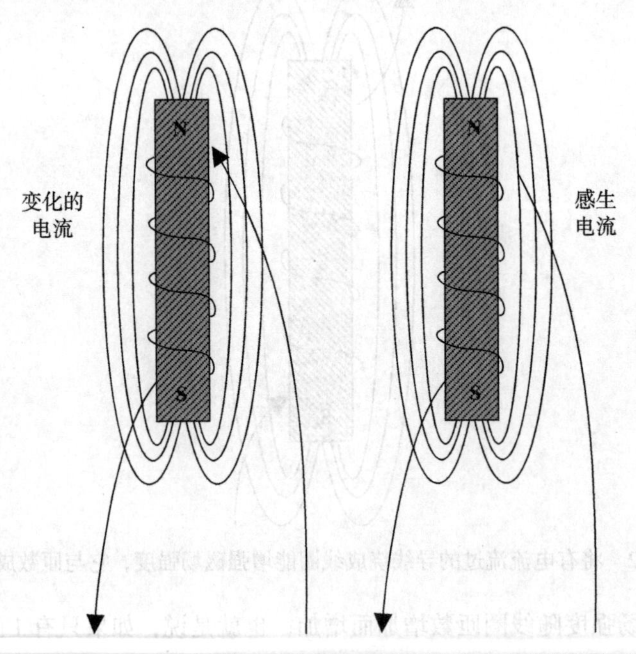

图 11-4 变化的电流产生变化的磁场，这将在邻近线圈中产生变化的电场（感生电流）

按变压器的术语，则驱动线圈（位于左边）是**初级**线圈或绕组，右边线圈是**次级**线圈或绕组。如果真想在次级线圈中得到一个强大、可控的耦合电流，则需要关心耦合效率。例如，如果次级线圈离得很远，耦合将会很小（事实上，它与距离平方成反比关系），线圈越近，耦合越强。与耦合效率无关的是相关磁场和电场的强度。这两个主题将在其后两节内容中涉及。

11.2 耦合效率——铁心

在电子学中，常常希望在两个导线或走线间有最强的耦合或者在它们之间没有任何耦合。不太会发生希望最佳情形仅仅是某种程度的耦合。例如，对于变压器而言，我们通常想要最强耦合。对EMI和串扰而言，我们通常希望零耦合。虽然在现实中，我们是处于这两个极端间，但理想的通常是这两个极端中的一个。

对于变压器而言，我们希望100%的耦合。这意味着，由变化电流产生的变化磁场100%地贯穿次级绕组。由于初级绕组的磁场从线圈处向所有方向上辐射，仅当次级绕组无限接近初级绕组（显然是不现实的）时，才能得到100%的耦合。这里可以利用铁的特殊磁性质。

如果将初级绕组缠绕在铁心上，如图11-5所示，所有（几乎所有）磁场（图中称为磁通量）通过铁心，铁心将磁场陷在其中。（注意它与6.1节讨论过的电感性质间的直接关系，将线圈缠绕在铁氧体芯上会增加电感。）现在，如果将次级绕组缠绕在同一铁心上，那么由初级绕组产生的所有磁场都通过次级线圈。特别重要的是，由初级绕组产生的变化磁场将全部通过次级绕组。

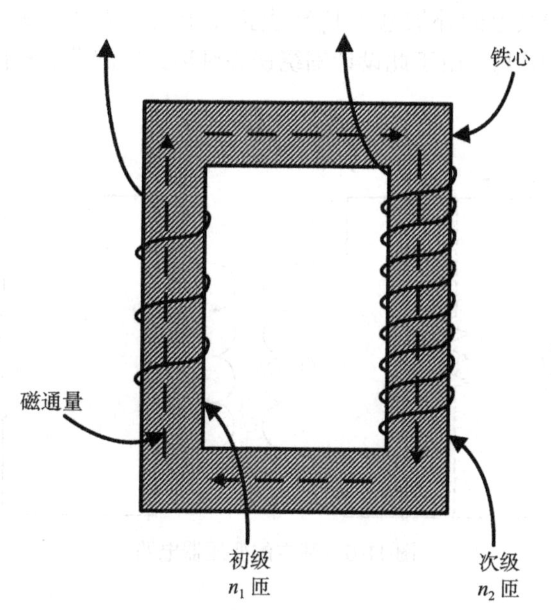

图11-5 缠绕在铁心上的初级和次级绕组将（变化的）磁场陷在铁心中

当然，即使是这种情形也不可能在初级绕组和次级绕组间获得完美的耦合，但精心设计的变压器可以实现98% ~ 99%的耦合效率。

11.3 耦合效率——频率限制

在6.1节中，讲述了电感是如何起作用的。当一个阶跃电压加到电感器上，在最初瞬间，会产生一个磁场，感生出沿相反方向的电流（与最初产生它的电流相反）。在变压器中，正是这个磁场束缚在铁心中。如果电压不再变化了，磁场就开始变弱，电流开始流过导体。

同样的情况也发生在变压器中。在最初瞬间，没有电流流过，产生的磁场在相反方向上引起了一个相等的感应电流，该电流趋向于与引起该磁场的电流相抵消，但如果电压不变化了，那么磁场开始变弱，电流开始流过初级绕组。当这发生时，我们说磁场已经饱和，对次级的耦合开始变弱。这会带来许多不受欢迎的效应（见 11.6 节）。因此，对每个变压器而言，存在某一频率，低于此频率时效率开始急剧下降。良好的变压器要求初级频率在这个最小值之上。在这些频率处，**如果次级电路开路**，将没有（有效的）电流流过初级绕组。

但如果初级绕组频率过高，那么初级绕组间的容性耦合开始起作用。如果作用很有效，在各个线圈间的电容将短路初级绕组，因此，存在一个变压器可有效工作的频率范围。在此范围之下的频率处，磁场将饱和、耦合将严重降低。在此范围之上的频率处，初级绕组将会容性短路。

11.4　耦合效应——匝数比

通过初级绕组的变化电流将在变压器铁心中产生变化的磁场，该变化的磁场贯穿次级绕组。你或许认为需要知道此磁场的强度以便了解到底发生了什么，但不需要，原因在于，由于铁心的缘故，我们认为由初级绕组产生的磁场全部贯穿次级绕组（即效率为 100%），因此，如果 1 匝初级线圈产生强度为 H 的磁场，那么 n_1 匝初级线圈就产生强度为 $n_1 \times H$ 磁场。如果次级有 n_2 匝，那么耦合进次级的总磁场将为 $n_2 \times H$。

如图 11-6 所示，初级上的外加电压 V_1 产生正比于 $n_1 \times H$ 的磁场，这导致在次级绕组上产生正比于 $n_2 \times H$ 的电压 V_2。由于此设计围绕铁心对称，比例常数相同，因此，我们可以进行以下推导。

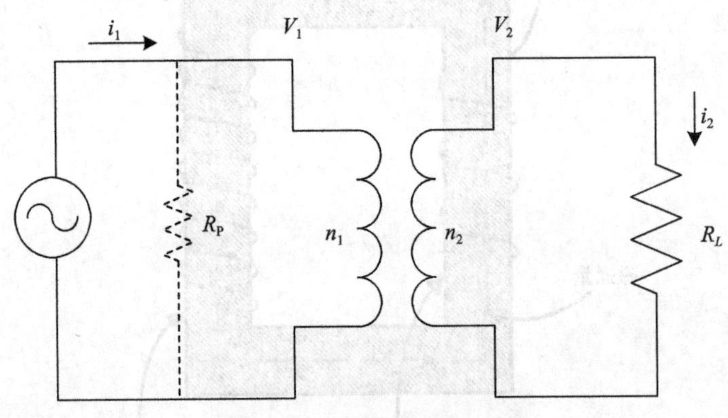

图 11-6　基本的变压器电路

由于

$$V_1 = k \times n_1 \times H$$

又

$$V_2 = k \times n_2 \times H$$

其中，V_1 是加在初级绕组上的电压；V_2 是次级绕组上的电压；n_1 是初级匝数；n_2 是次级匝数；H 是单匝线圈的磁场强度；k 是未知的比例常数。

所以，

$$V_1 / n_1 = V_2 / n_2 \tag{11.1}$$

和

$$V_2 = n_2 / n_1 \times V_1 \tag{11.2}$$

则：

$$V_2 / V_1 = n_2 / n_1 \tag{11.3}$$

精心设计的变压器次级电压和初级电压与次级匝数和初级匝数的匝数比相关。例如，假设用120V交流电驱动变压器，并且想在次级得到12V，则次级电压与初级电压的比值为0.1，因而我们希望初级绕组的匝数是次级绕组匝数的10倍。有很多种可能的设计能满足这一点，初级绕组660匝以及次级绕组66匝就是其中一种。

另一个例子，设想想要一个2400V的电源用于一种新的激光打印机，如果输入电压是120V，次级和初级的匝数比值将是20，因此，选初级100匝以及次级2000匝的设计可能是实现这一要求的一种方法。

几乎所有的汽车仍然具有**点火线圈**，以将12V电池电压转换为火花塞所需要的数千伏电压。一个汽车点火线圈就是一种简单的变压器，高压火花由开关电路（在线圈初级产生变化的12V信号）和一个很高的次级匝数比产生。

11.5 电流和阻抗比

在如图11-6所示的电路中，电流 i_2 流过负载电阻 R_L。电流 i_2 可由欧姆定律得到：

$$i_2 = V_2 / R_L \tag{11.4}$$

因此，按照式（4.5），消耗于次级电路的功率在此处可改写为：

$$\text{功率} = V_2 \times i_2 \tag{11.5}$$

该能量（功率）必定来自初级电路，因此下式必定成立（假定为理想变压器）：

$$V_1 \times i_1 = V_2 \times i_2 \tag{11.6}$$

然后，将式（11.2）代入式（11.6），推导通过变压器的电流的匝数比关系：

$$V_1 \times i_1 = (n_2 / n_1) \times V_1 \times i_2 \tag{11.7}$$

即：

$$i_2 / i_1 = n_1 / n_2 \tag{11.8}$$

既然功率在次级电路消耗，该功率必定是通过初级电路传送过来的，因此，必定有流过变压器初级绕组的电流。变压器的驱动器对变压器来说**似乎是一个电阻负载**（即使实际电阻是在次级侧），这相当于驱动器看到的虚电阻 R_P。虚电阻的值根据欧姆定律可表示为 V_1/i_1，因此可推导初级和次级电阻的匝数比关系如下：

$$R_P = V_1 / i_1 \tag{11.9}$$

$$V_1 = V_2 \times (n_1 / n_2) \tag{11.10}$$

$$i_1 = i_2 \times (n_2 / n_1) \tag{11.11}$$

因此，

$$R_P = V_2 \times (n_1 / n_2) / i_2 \times (n_2 / n_1) = R_L \times (n_1 / n_2)^2 \tag{11.12}$$

最终，

$$R_P / R_L = (n_1 / n_2)^2 \quad (11.13)$$

或

$$n_1 / n_2 = (R_P / R_L)^{0.5} \quad (11.14)$$

最后的这些关系可推广用于任意负载阻抗 Z_L：

$$Z_P / Z_L = (n_1 / n_2)^2 \quad (11.15)$$

即：

$$Z_P = (n_1 / n_2)^2 \times Z_L \quad (11.16)$$

因此如果负载阻抗为复数（兼有电阻和电抗，并因而有相移），视在初级阻抗也将是复数，且相移相同、大小正比于匝数比的平方。

总的来说，对任意变压器而言，初级和次级的电压比正比于匝数比，电流比反比于匝数比，阻抗比正比于匝数比的平方。

列举一些利用了这些关系的常见例子。例如，设想高保真系统的功率放大器，当它的负载为 150Ω 时是最优的，假设它驱动具有 4Ω 阻抗的一套扬声器，我们可用一个匹配变压器对这两个条件进行匹配，其匝数比按照式（11.15）计算是 150/4 的平方根，即 6.2，则使初级绕组匝数是次级绕组 6.2 倍可实现这两个条件。

如果从一个发电源（比如一个水电站坝）将电能送往几百英里之外的城市，在它们间的传输线上将有电阻，传输线上功率损失将为 i^2R，此处 i 是送到传输线上的电流，R 是线的电阻。典型的家用电压为 110V 或 220V，如果我们用匝数比为 1000 : 1 的变压器转换这个配电，那么最终传输的电压将为 110 000V，而电流仅为原来的 0.001 倍，从而功率线损将缩小为原来的百万分之一（1000^2）。这就是为什么大多数国家已将 AC 电力系统而不是 DC 系统标准化的原因。DC 电流由于没有变化的磁场不能被变换。AC 系统可变换成很高的传输线电压，以减小由传输线电阻引起的配电损失。

11.6 变压器损失和效率

前面所有内容都假设了一个理想变压器，它没有任何损失，但变压器当然是有损失的。然而，由于这不是关于变压器设计的书，我在这里将简单总结一些重要的损失类型。

在实际变压器中，一些电流需要用来产生磁场，即使在次级开路的情况下，它常被称为**励磁电流**。在大多数应用中，励磁电流很小，可以忽略，但在某些情况下它可能是重要的。

在一个典型的循环中，电流流过初级绕组，使铁心磁化，然后电流反转，试图将铁心磁化为相反极性。在铁心在反方向上被磁化前，需要少量能量使其非磁化，这导致次级电流稍微滞后于初级电流。这一现象称为**磁滞**。

变压器采用铁氧体心的原因在于使初级绕组产生的全部磁场耦合进次级绕组，铁氧体心在这方面是非常有效的，但它们并不完美，磁通的少部分确实能泄漏出铁心，且不能耦合到次级，这称为**磁漏**，会导致电路的**泄漏电抗**增加。流过泄漏电抗的电流代表了初级电路的能量损失。

变化的磁场会在次级绕组产生一个电场，也会在铁心中产生一个电场，这可在铁心中引起电流，这被称为**涡流**的现象。控制涡流的普通方法是不使用连续的铁心，取而代之的是用很多很薄的（极薄的）铁氧体片构建其芯，且通常是采用层层紧密相叠的形状。这些薄片是电气绝缘的或许涂有虫漆或清漆，这样的话，电流就不能在片间流通，但片间磁场的连贯性很好。

最后，就像先前提过的变压器有一个最优频率范围。如果频率太低，铁心可能饱和，进而严重地减弱到次级的耦合。如果频率太高，初级绕组间的容性耦合会严重地降低初级绕组能产生的磁场大小。

所有这些因素都对变压器的损失以及初级和次级间的耦合产生作用。其结果是初级电源所要求的功率比耗散在次级的功率要更大一些，其差值与变压器效率有关。效率关系定义如下：

$$P_O = n \times P_i \tag{11.17}$$

其中，P_O 是输出电压；P_i 是输入电压；n 是变压器效率因子（n<1.0）。

11.7　绕组极性：楞次定律

我们通常不认为 AC 信号具有极性。然而，在某种意义上，变压器绕组具有极性，缠绕在铁心上（顺时针或逆时针）的线圈方向决定了在任何时刻下次级电流相对于初级电流流动方向的流动方向。

如图 11-5 所示，如果电流按图示方向流过初级绕组，磁场方向（用右手定则）将向上（如图中所示），也就是说，线圈顶部为北极。初级电流在次级绕组感生出电流，该电流沿哪个方向流动？

答案由楞次定律[⊖]给出。简而言之，楞次定律是：任何感生电流会沿与最初引起它的电流相反的方向流动。图 11-7 中的初级绕组产生了方向向上的磁场，此磁场通过次级绕组（位于铁心的相对侧）时方向向下。次级绕组中的电流必须沿这样的方向流动，以使它们也能产生方向向上的磁场，与此处初级磁场相反。运用右手定则可看到，为了得到方向向上的次级磁场，电流 c 必须向下流过线圈（从顶部到底部），电流 a 必须如图中所示的向上流动（从底部到顶部）。

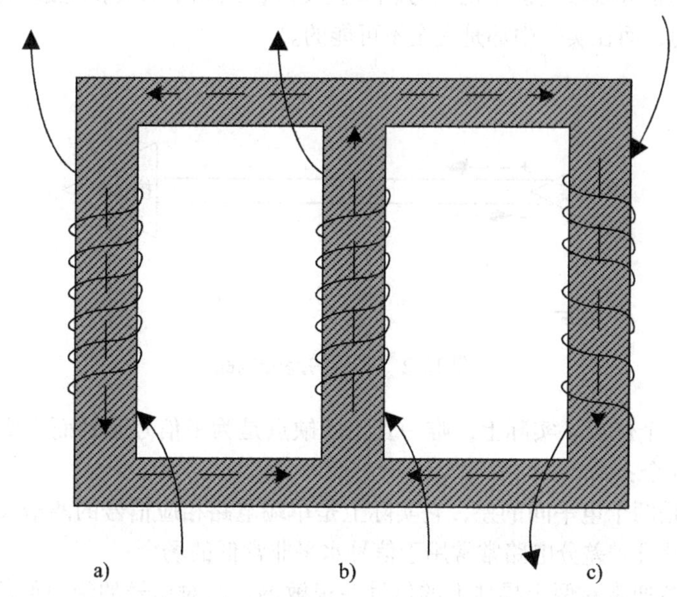

图 11-7　当电流向上流过初级线圈 b，会在线圈 a 和 c 中感生电流，方向取决于它们绕组的方向

⊖ 楞次（Heinrich Friedrich Emil Lenz）出生于 1804 年，他在 1833 年建立了楞次定律。

第12章

差分电流

12.1 概念

在一个典型电路（见图 12-1）中，信号沿驱动器和接收器之间的单个导体传输，且所有这样的信号都有返回信号，返回信号典型的是在第二“地”线（或电路）上或在一个参考平面层上，我们称这样的电路为**单端电路**。

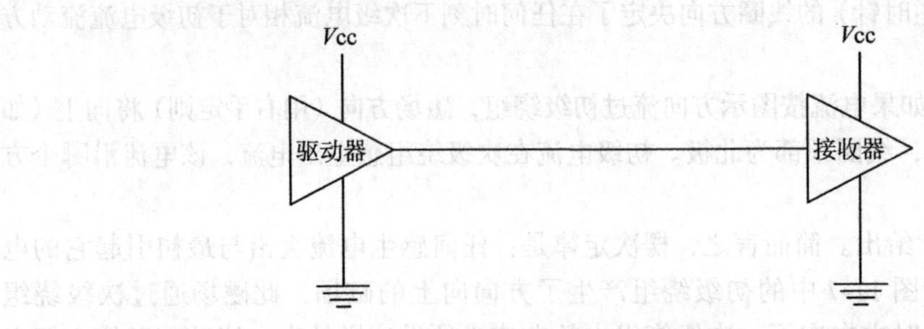

图 12-1　典型的单端电路

另一方面，差分电路的特点是在驱动器和接收器之间有载有互补信号（即大小相等、方向相反的信号）的一对导线（见图 12-2）。差分电路名称的由来：感兴趣的信号是这两个互补信号的**差**。由于两根导线或走线上的信号相等且反向，因此不需要担忧返回信号。（最后一句话在理论上是对的，而在实际中那是完全不可能的。）

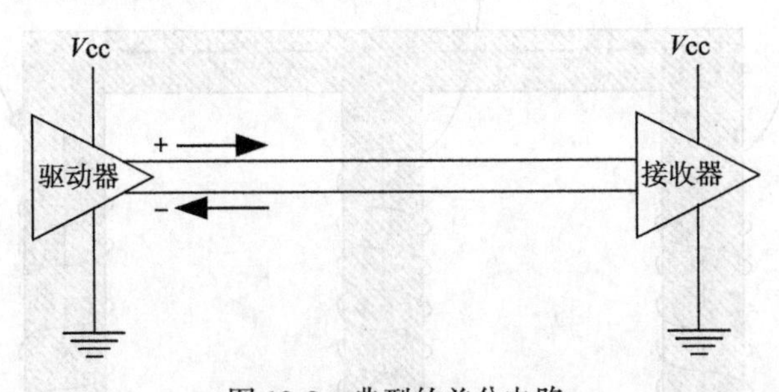

图 12-2　典型的差分电路

差分电路有几个优点。实际上，唯一真正的缺点是为了信号互补而需要额外的导体。这些优点包括以下几个：

- 由于信号是两个电平间的差，它实际上是单端电路相应信号的两倍大，这促进了电路信噪比的提升。差分电路常常用于信号水平非常低的场合。
- 差分接收器通常对两个导体上的信号差很敏感，而对信号的绝对值却不敏感（至少在合理的范围内）。因此，如果电路处于噪声环境中，接收器趋向于对噪声（同等地影响这两条导线或走线）不敏感，但对实际的信号自身（即两个互补信号之差）敏感。差分电路常常用于外部噪声可能是个问题的情况下。

- 在数字应用中，从数字0变到数字1的信号时序在差分电路中非常精确。正是在此处，互补信号的差改变了符号。传统的开关噪声容限在单端电路中是个潜在问题，但在差分电路中通常并不是问题。
- 由于两条导线或走线上的信号相等但相反，有些人就认为没有电流通过“地”返回，因此认为不再需要考虑接地电路和平面层。在实践中这通常并不正确，将在下节证明这个理论。

12.2 一些说明

图12-3画出了可能为差分对的一对波形，它们大小相等、符号相反，中心（差）线代表了它们的代数和。如果这些信号是差分对，则一个导体上的信号正好等于另一导体上的信号，也不会有其他的返回（地）电流需要担忧。中心（差）线代表了额外的返回电流（如果有的话）。

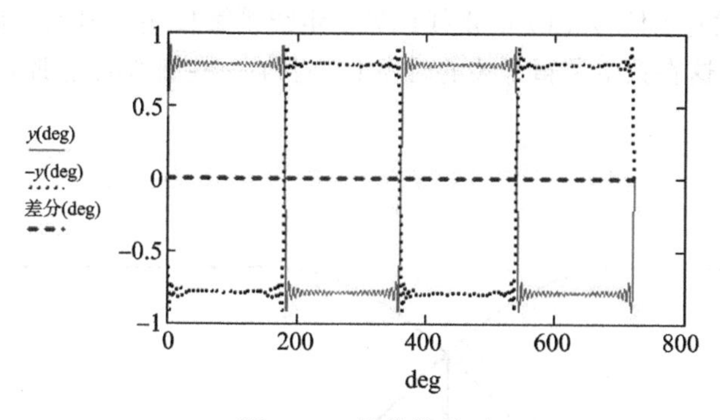

图12-3 差分信号对

注意：这些信号有几乎相同的开关模式，也就是说，当一个信号从逻辑1跳变到0时，另一个信号以相同模式从0跳变到1。

图12-4说明了这个过程，两个信号的交点（a）是它们的差改变符号的那一点，由此它也是（b）逻辑状态转换点的限界，这是一个精确的点，也不取决于任何不确定区域[⊖]。

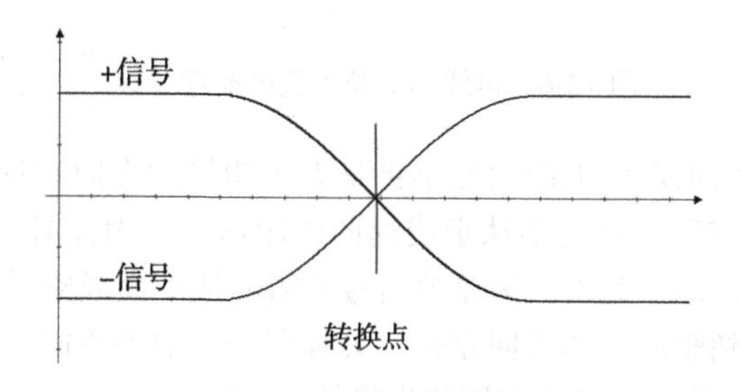

图12-4 差分信号转换点

但如果两个互补信号不是完全相等和相反会怎样？如果驱动器有偏移（即时序不是完全相同）、两个导体的长度不是完全相等或两个导体传播时间有些不同（或许因为它们在不同的环境中），那么，一个导体上信号到达接收端的时间和另一导体上互补信号的会有点不同，如图12-5所示。

⊖ 然而，应该明白转换不确定的区域在单端电路中通常也不是大问题，因此在许多应用中，可以说这并不是差分信号的一大优势。

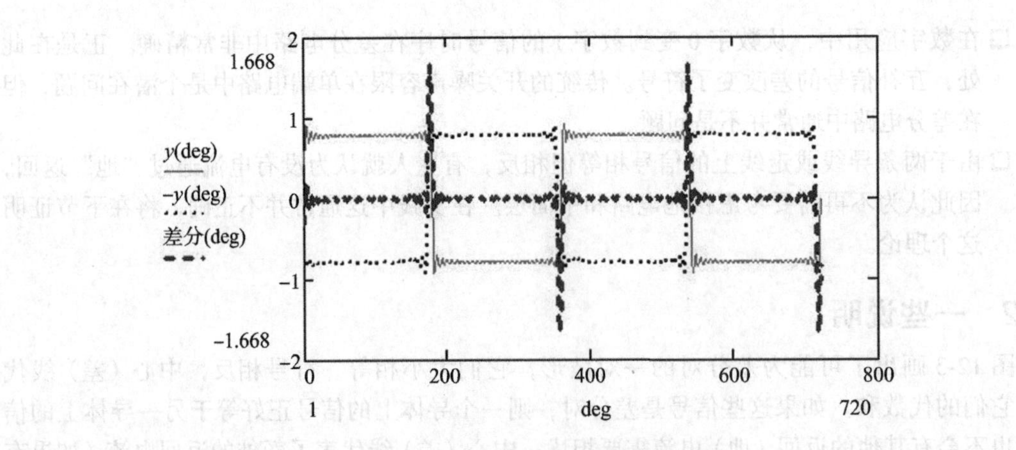

图 12-5　差分波形在时间上的偏移

在图 12-5 中，载有正信号（y）的走线比另一走线稍微长些，因此 y 波形到达接收器要比负（−）波形稍晚些。这在数字逻辑开关的时序上产生了一些细微的差别（见图 12-6）。

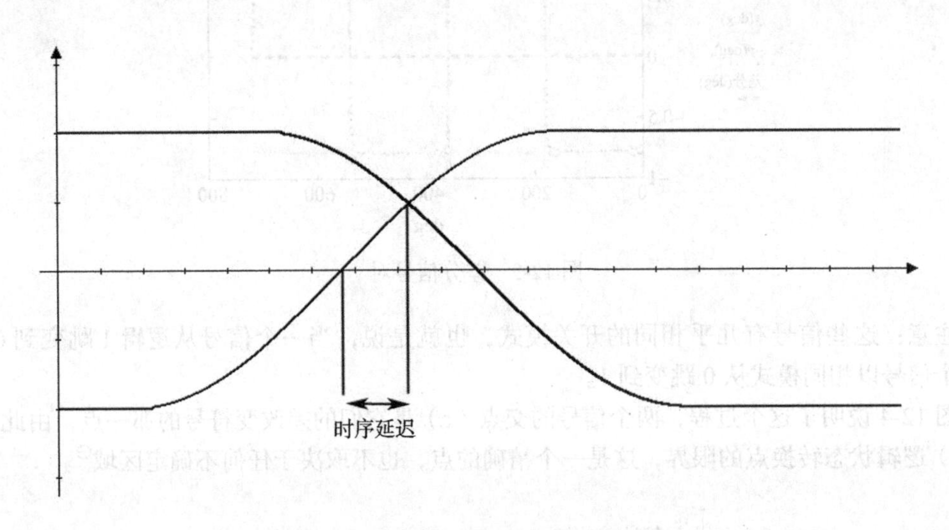

图 12-6　走线不等长引起的时序延迟

或许更重要的是，两条走线上的信号不再是大小相等和方向相反了。图 12-5 中的“差”线给出了另外两个波形的和。它是不从走线返回的净信号，因此必须找到另一个返回路径。这对上述最后一个优点，即一些人认为差分信号不需要地平面或路径是一个例外。这个净信号将在某处找到一个回到驱动端的返回路径。关键在于，如果我们不提供这样的路径，那么它将不知道从何处返回，因此可能会破坏某些路径（将在第 18 章讨论这一问题）。

12.3　差模和共模（奇模和偶模）

如果你问某人，差模和共模（在差分走线对上）的不同之处是什么，你可能得到这样的回答：

> 差模是电流沿一条走线流出而在另一条上返回来；共模是两条走线上的电流沿相同方向流动。

这一回答在**某种程度上**是对的，但这里传递了一个危险的谬见。记住电流是在回路中流动的，而上述共模定义对返回电流只字未提。但必定有一个返回电流（它们总存在），它正往某处流去。对很多共模电流而言，问题是我们不知道它们在往哪里流，并且如果它们在一个足够大的回路中流动，将可能会带来一个 EMI 问题。

在此，我将给出另一个粗略定义（半开玩笑的），如下：

> 差分信号是我们设计进电路的信号。它们是原理图上的信号和在设计时希望是在走线上的信号。共模信号是所有其他在电路板上到处流动的信号，我们并没有将其设计进电路中。

如图 12-7 所示，可定义在走线上的两种信号模式[⊖]。i_d 代表差模信号，信号流出一条走线并在另一条走线上返回来；信号 i_c 代表共模信号，信号在两条走线上传播出去并在某些尚不明确的路径上返回来。

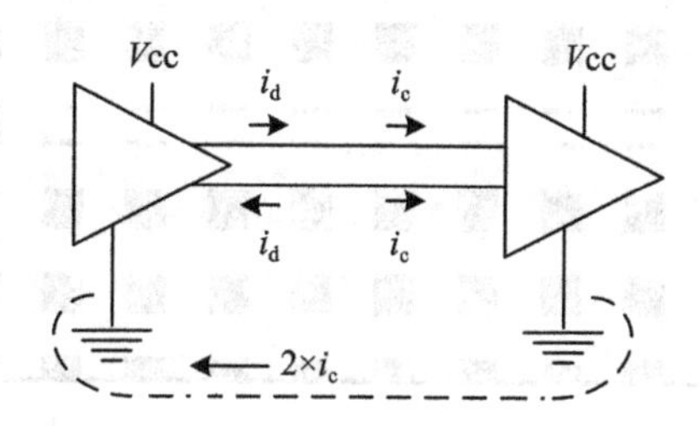

图 12-7　走线上的差模和共模信号

现在，在差分走线对上的任何电流组合可分解为差模和共模成分。两个成分的和（i_d+i_c）是上方走线上的电流，（i_c-i_d）代表在下方走线上的电流。共模成分的返回电流用 $2\times i_c$ 表示，它流经一个尚不明确的路径。假定以下值：

上方走线电流 = 20mA

下方走线电流 = –20mA

这样可得到 i_d = 20mA 和 i_c = 0.0mA。这是两条走线上电流正好相等且反向的情形。差模成分是 20mA（每一走线上），共模成分是 0（每个走线上）。

现在令走线上的电流不相等，如下：

上方走线电流 = 20mA

下方走线电流 = –19mA

在这种情形下，差模成分 i_d 变为 19.5mA，共模成分 i_c 变为 0.5mA，共模返回电流是 2×0.5=1.0mA，它在其他一些（很可能未明确的）路径上流动，正是这一返回电流回路导致了 EMI 风险。

12.4　模式转移或转换

我们已评述过，共模电流可能对电路具有破坏性。因此我们几乎从不将共模信号设计进电路中。那么共模电流是如何形成的？有几种可能性：

第一，即使最好的差分驱动器在其正的和负的输出之间也有一个小的偏移量。如果时序上有一点点差异，那在信号的每个切换时间内，一系列的共模脉冲就将产生。如果信号幅度

⊖ 使用术语差模和共模不算错。尽管如此，正统主义者会指出，其正确的术语分别为奇模和偶模。

有一些差异，也将产生一个较小的类似于某一个方波的波形的共模成分。

第二，即使驱动器没有偏移，走线长度的差异也可以引起偏移的形成。如果差分对转过拐角，那内侧走线走过的路径比外侧走线的要短，结果，时序改变，每个转弯点处会产生一系列的共模脉冲，这一情形称为**模式转移**（有时称为**模式转换**）。当两个走线上的信号关系改变时就会发生模式转移，并引起信号组分（共模组分）代数和的改变。因此通常需要对内侧走线增加一点长度，以平衡内侧和外侧走线的路径长度。

第三，如果走线间的传播速度有变化，一个波形将相对于另一个变慢。传播速度差异的一个例子是所谓的编织效应（见图 12-8）。由于传播速度反比于走线周围材料的相对介电常数的平方根（见第 2 章），在图 12-8 中，只要走线下有不同的玻璃和树脂组合，两条走线就是布在不同的环境中，因此，它们的传播速度将会不同。这也将导致模式转移以及共模成分的改变。

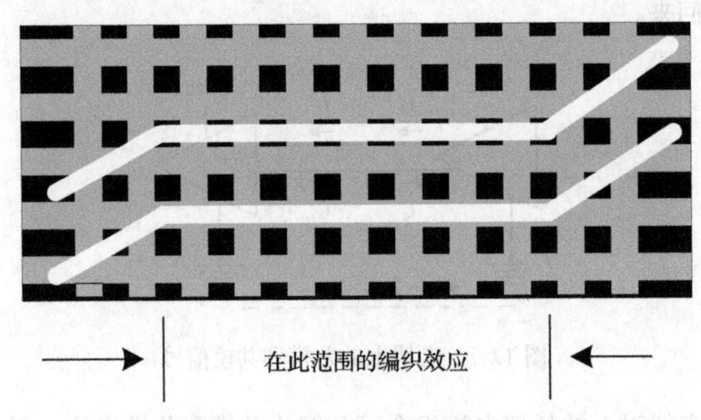

图 12-8　编织效应能在两个信号时序间引起轻微的差别，从而导致模式转换

电路中引入共模电流的情况（通过模式转移）是很常见的。它们在本质上并不总是具有破坏性的，但也可能会这样。如果设计工程师认为共模电流的形成将对电路或系统性能有害的话，那他们有义务意识到这种可能性并采取适当的措施。

第13章 半 导 体

13.1 电子壳层回顾

在第 1 章中，我们介绍了原子核外电子壳层的思想。像铜、银和金的原子结构在其外面的壳层（价带）上有单一电子，它们是电的良导体。硫等原子结构的外壳层是满的，因此它是电的绝缘体[⊖]。如图 13-1 所示为铜和硅的原子结构的比较，硅的外壳层有 4 个电子。

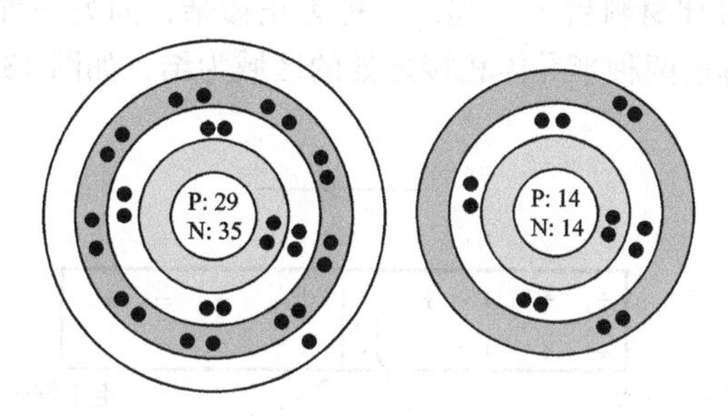

图 13-1 铜（左）与硅（右）的比较

硅不是电的良导体，但也不是好的绝缘体，它是我们称为“半导体”的一种元素。锗是另一个具有类似结构的元素，因而也是一种半导体[⊜]。

13.2 半导体掺杂

硅自身在电路中并不是特别有用，但如果对它做稍微改变，它就会突然变得非常有用。观察图 13-2，它与图 1-6 相同并重画于此。

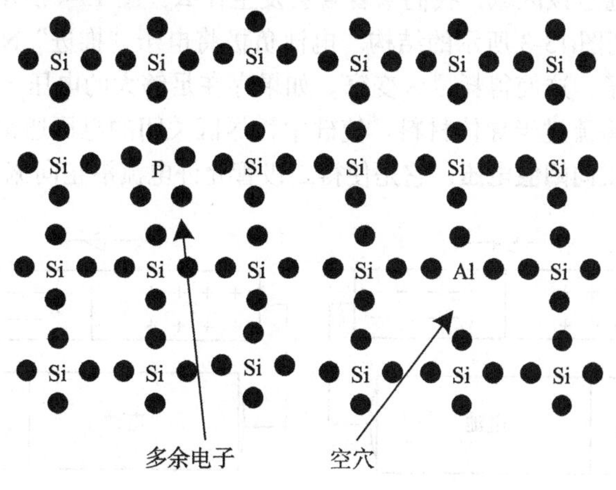

图 13-2 掺杂的硅

⊖ 这有点简化了导体和绝缘体之间的区别，但不太大。关于这种区别的一篇很好的讨论文章可参见 http://en.wikibooks.org/wiki/Semiconductor_Electronics/Types_of_Materials。

⊜ 有时使用本征半导体这一术语，参看 http://hyperphysics.phy-astr.gsu.edu/hbase/solids/intrin.html#c1。

硅的晶体结构非常对称，图 13-2 画出了该原子结构的核（Si）及 4 个外层电子，每个电子将自己与相邻原子中的类似电子联合在一起，以形成该结构。但在这个图中，我们注入了（恰好）两个“外来”原子：一个磷（P）原子和一个铝（Al）原子。磷有 5 个价电子，因此我们得到一个“多余”的电子，它不受任何束缚，这个电子可非常自由地在该结构中迁移，并因而它是电流可能流过的载体。铝仅有 3 个价电子，留下 1 个空位（空穴），它是电子很“想”去的地方，原子结构中任何可能经过该点的电子可很容易地被此空穴俘获并停止移动。

将一种外来元素注入半导体晶体结构中称为**掺杂**。此处磷的使用是电子或负性掺杂的例子（用 – 标记）；铝是正的或空穴掺杂的例子（用 + 标记）。负性掺杂半导体称为 N 型，而正性掺杂半导体称为 P 型。

13.3 半导体二极管结

当将两种掺杂的半导体材料置于一起，一种为正掺杂，而另一种为负掺杂，那就会发生一些有趣的事情。我们称这两种半导体相接之处的区域为**结**，如图 13-3 所示。

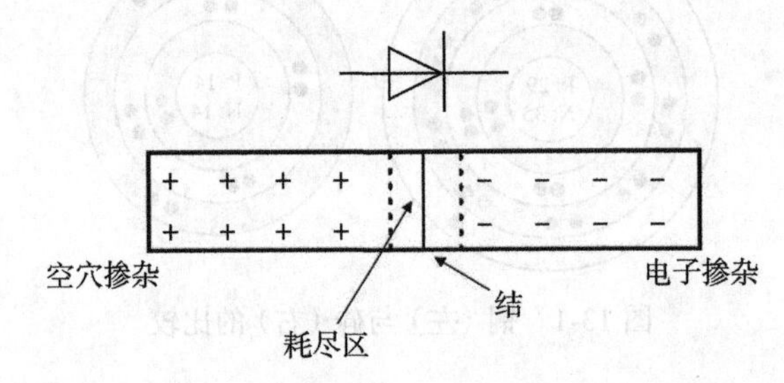

图 13-3 将两种掺杂的半导体区域放在一起形成二极管

一旦当这两种半导体相互紧邻放置，N 型材料中的过剩电子就会想迁移到 P 型材料中的空穴处。这一现象会发生到某一程度。但当足够多的电子迁移过去时，电荷将变为中性，并不再有足够强的电性吸引更多的电子，这样就在结处形成了一个有点狭窄的区域，我们称之为**耗尽区**。之所以这样称呼它，是因为在此区域内掺杂（负的或正的）已变成耗尽的。

现在让一个电荷通过该区域，我们来看看会发生什么？图 13-4 所示为一个电池在所谓正的方向（左）上连接到图 13-3 所示的结构。电池负极将电子“推进”N 型区，而正极从 P 型区“拉出”更多的电子，这使得耗尽区变窄。如果存在足够大的电压（电荷差），则耗尽区将完全关闭，从而电流将流过半导体材料。使硅中耗尽区关闭的电压通常是 0.6V（锗中或许是 0.2 或 0.3V），这称为**正向阈值电压**，它是使得二极管允许电流沿正向流动所需的电压⊖。

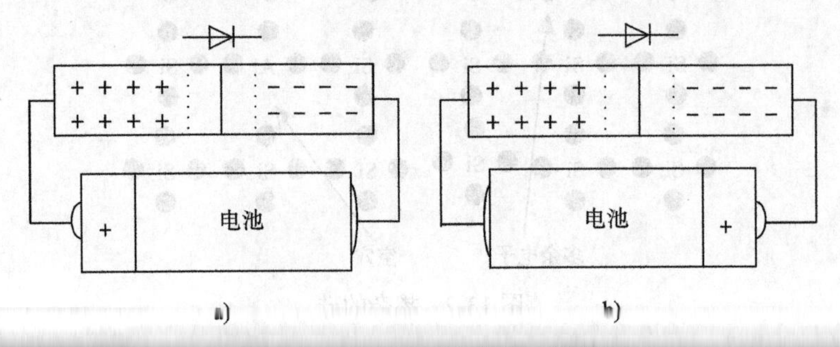

图 13-4 正向和反向偏置二极管

⊖ 回想关于电流方向的讨论（见 1.8 和 1.9 节），这是电子流的方向之所以重要的一种情形（半导体中的电流）。

图 13-4 的右侧画出了反向偏置的二极管，也就是说，电池加在反方向上。在这里电子是从 N 掺杂区被拉出，空穴是从 P 掺杂区被拉出，从而起到展宽耗尽区的效果。因此，当二极管处在反向偏置时，没有电流能流过。

如果我们施加的反向电压过大，耗尽区将在此负荷下被击穿，电流将开始沿反向流动，这一电压被称为反向击穿电压。它的大小非常依赖于半导体器件的制造过程。电路设计者可以根据电路需要，选择具有很低或很高击穿电压的二极管。图 13-5 画出了一个二极管的典型电压 – 电流曲线。

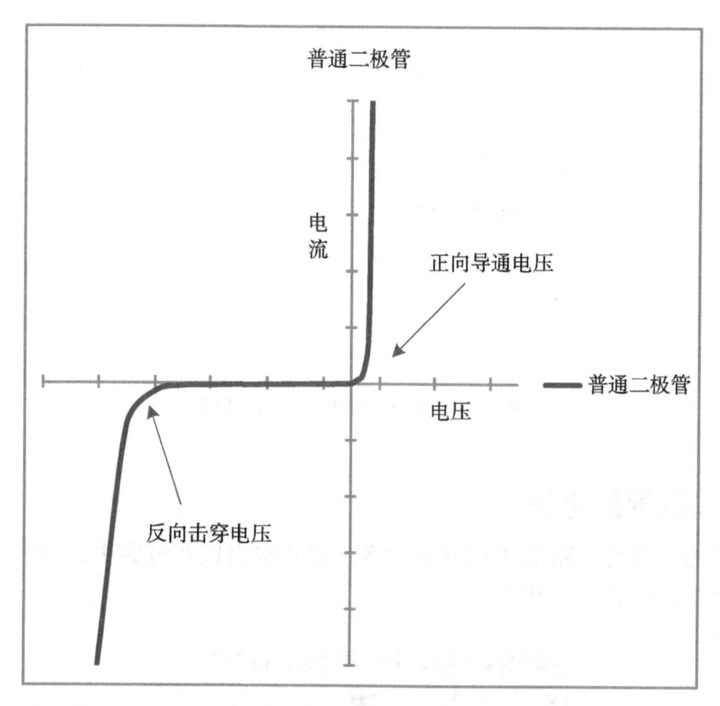

图 13-5 典型的二极管电压和电流曲线

在反向电流下会发生什么取决于让多大的电流流过（比方说，流过一只限流电阻器或其他电路元件），少量电流可以容忍，当反向电压降低时，半导体器件将恢复正常。较大的电流可以烧毁耗尽区（结）的导电通道，毁坏二极管结，之后二极管在两个方向上看起来就像短路电路。更大的电流将真正熔化耗尽区（同样毁坏二极管）并导致半导体器件的永久性开路。

13.4 齐纳二极管

齐纳二极管是一种经专门设计和制造的二极管，它具有非常尖锐和可预测的反向击穿电压。图 13-6 所示为一个典型的齐纳二极管曲线。

如此尖锐和可预测的击穿电压点的优点是，它们在电路中可成为非常稳定和精确的基准电压，其基准电压在一个很宽反向电流的范围内相当稳定。齐纳二极管能提供非常便宜、稳定、可靠的电路基准点。

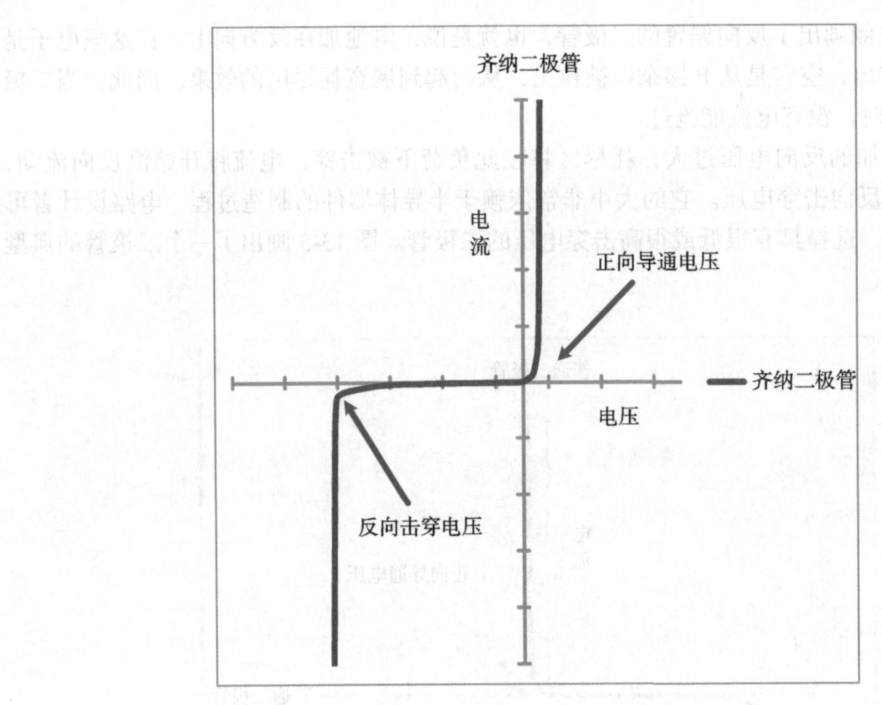

图 13-6 典型的齐纳二极管曲线

13.5 通过二极管的电流

一种更常见的二极管电路形式是整流电路，它通常出现在电源中，可将 AC 波形转换为 DC 波形。图 13-7 给出了两个例子。

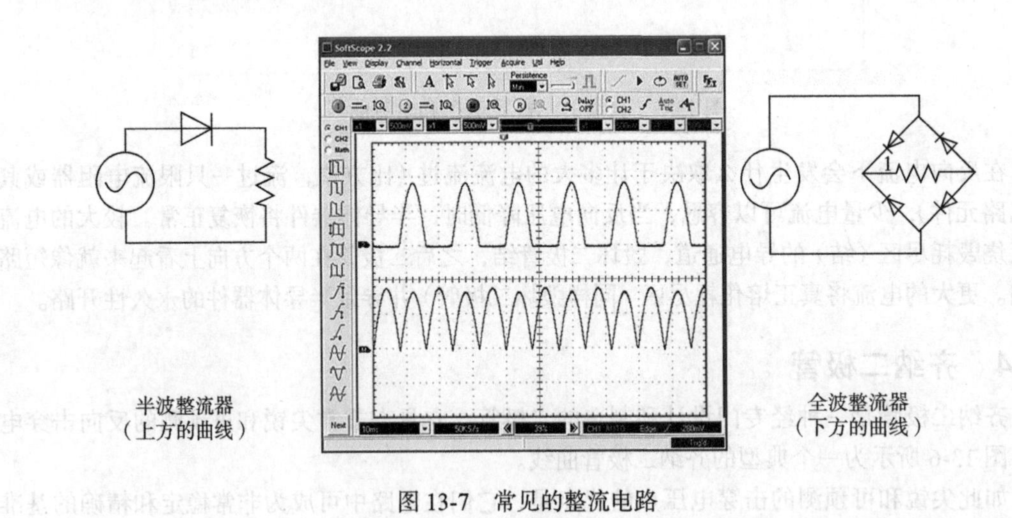

图 13-7 常见的整流电路

左侧电路称为半波整流器，电流沿一个方向流过二极管，但在另一方向上不能流过，这产生了图 13-7 中上方的电阻两端的波形。当我们在前面讨论电压和电流的测量时（见第 2 章），这一波形出现过。右侧电路是一个全波整流器，4 只二极管用导线连在一起，称为全波电桥。不管电桥顶部电压是正是负，电流总是从左往右流过电阻器，这就产生图 13-7 中下方的电阻两端的波形。

如果将一个大电容与电阻器并联，电容器将充电至波形的峰值。只要从电容器中抽取的电流不是太大（也就是说，电容器充分大以致于能储存比电路其他部分所需要的多得多的电荷），电容器电压将保持合理的常数。这是我们将 AC 信号转换为 DC 电压的方法，以及大部分电源电路的根本基础。

13.6 双极晶体管

双极晶体管包含三个掺杂半导体区域（见图 13-8）。通常顶部和底部区域的（分别为集电极和发射极）的掺杂方式相同，中间区域（基极）掺杂方式相反。在图 13-8 中，集电极和发射极是 N 型而基极是 P 型。因此，图 13-8 所示器件为一个 NPN 晶体管，NPN 双极晶体管的符号如图 13-8 右侧所示。

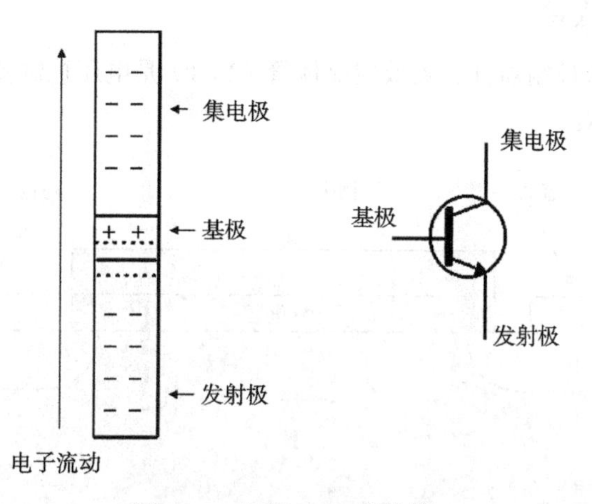

图 13-8　双极 NPN 晶体管

在典型的晶体管中，基极非常窄，基极的每一端都有耗尽区。当发射极 / 基极结适当偏置，电子流入发射极并从基极流出。如果基极足够窄（这是问题的关键），过剩的电子流进集电极。这使得基极 / 集电极结的耗尽区坍塌，从而提供了从发射极到集电极的电流（电子）路径。如图 13-9 所示为一个典型电路。

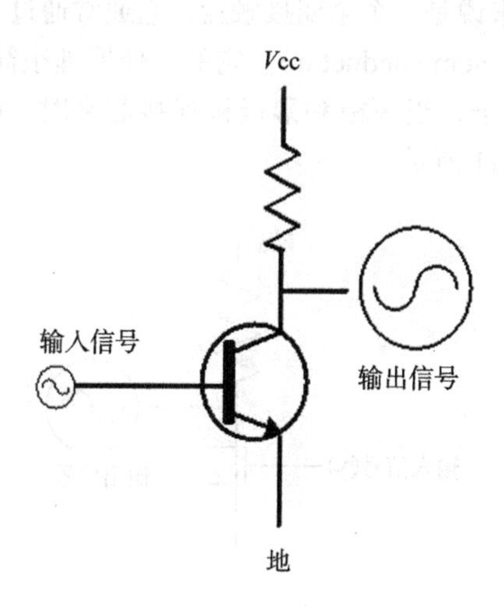

图 13-9　典型的 NPN 放大器电路

通过基极 / 发射极结的少量电流促使更大的电流通过集电极 / 基极 / 发射极电路，这一电流流经集电极的电阻，通过较大电阻的较大电流可适当放大在晶体管集电极的信号（应该指出，集电极的信号将大于基极的信号并与它反相。）这是晶体管放大器背后的基础。

我们可令这样的电路作为逻辑开关而不是放大器。设想基极的信号引起电流流过基极 / 发射极结，这使电流从集电极流向发射极。如果集电极的电阻足够大，电路上部的所有电压都降在该电阻上，且集电极和发射极间没有电压[⊖]，这可定义为逻辑 0。如果基极信号变到 0，那么没有电流流过基极 / 发射极结，也没有电流从集电极流向发射极，同时没有电流流过集电极处的电阻，集电极处的电压因而走高，这是逻辑 1 的定义。因此一个简单的双极晶体管可在 0 和 1 之间切换逻辑位。

13.7 场效应晶体管

双极晶体管是电流控制器件，场效应晶体管（FET）是电压控制器件。一个典型的场效应晶体管如图 13-10 所示。

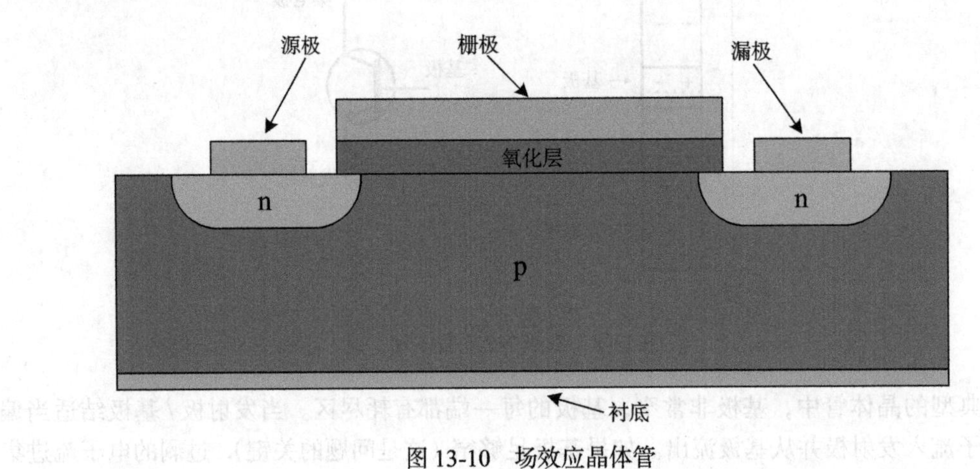

图 13-10 场效应晶体管

FET 包括以一种方式掺杂的衬底（图 13-10 中的为 P 掺杂），源极和漏极以相反方式掺杂（图中为 N 掺杂）。栅极简单来说是一个金属接触盘，它通常通过一层二氧化硅而与衬底隔离，从而得名 MOS（Metal-Oxide Semiconductor）。它的工作原理很简单，在图 13-10 中，栅极上的正电荷吸引 N 掺杂区的电子，当源极和漏极被连接起来时，电流就在源极和漏极之间流动。一个典型的电路如图 13-11 所示。

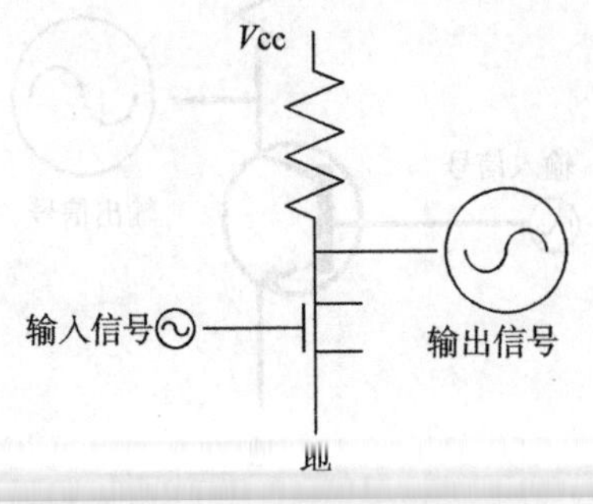

图 13-11 典型的 MOSFET 电路

⊖ 实际上有一个很小的“饱和”电压，零点几伏。

当电压加到图13-11的栅极上，电流就被允许在源极和漏极之间流动，相关电流量正比于栅极电压，且从源极到漏极的电流流经电阻器，这使得栅极信号放大。如同图13-8所示的双极电路，该电路也是一个反相放大器。同样如同双极情形，该电路可用作逻辑开关。在这个意义上，双极和MOSFET电路非常类似。

然而，它们之间有一个非常大和重要的区别，在MOSFET电路中，**栅极上没有电流流过**。它是一个电压驱动器件。那意味着栅极端电阻可以非常大且流过的电流可能极其小。这对基于微处理器的电路和电池供电器件来说具有明显的好处。然而，其付出的代价是MOSFET电路作为容性耦合器件（在栅极处），它慢于它们的双极同行。

第三部分

电压源和电流源

第14章
电压源和电流源

14.1 基本电压源和电流源

如第1章所述，对大多数人来说，有两种基本的电压和电流来源：家里墙上的电气插座和一个化学过程（电池）。当然，在这一表述中，我们还可做些细化。例如，可以讨论一个本地发电机，它在某种意义上就是墙体插座的替代物，但它或许还包括像在汽车或自行车中可见到的发电机。至少在汽车中，发电机（交流发电机）就是简单用于给电池充电，我们使用的基本源还是电池自身。我们还可讨论太阳能，它可以说是“化学过程”范畴中的。但很多时候，电路中的电能是通过处理墙体上的电能（通过购买或设计的电源以满足我们的需要）或者从电池中获取的。

14.2 理想电压源和电流源

按照理想源来思考通常是很有用的，一个理想源通常是一个**恒压或恒流源**。恒压源是电压不依赖于负载的电源，也就是说，不管从其中引出多少电流（或甚至没有电流），其电压都维持常数。恒流源则是不管如何改变负载，电流都不变。

当然，理想的源在现实世界中并不存在。理想电压源是指短路时电流无穷大，恒流源是指当面临开路时电压无穷大。在日常生活中，我们家里或办公室里的电气插座就接近于理想电压源，不管负载多大，其插座电压都不变化，它能提供危险的电流量。为安全起见，我们通过熔丝和电路断路器来限制电流，但尽管如此，在美国每年依然有数百人死于触电。汽车电池能提供很大的电流量而不用大幅改变电压，例如很多家庭修理工可以用那些由于偶然短路而燃烧及熔化的工具来证实这一点。

> **注意**：有些情形是电池和墙体插座不能满足的。例如，位于瑞士的大型强子对撞机就需要超乎想象的能量。不过，我们大多数人永远不会为电路或系统而要求比能在墙体插座上得到的更大的能量。

14.3 等效电路

在电路分析中极其重要的一个理论是“**戴维南定理**”[⊖]。该定理表明，任何具有两个端口的线性电路，不管有多复杂，都可以用一个理想电压源和一个串联电阻来替代。这一定理在1926年发展为**诺顿定理**，其表述为，任何具有两个端口的线性电路，不管有多复杂，都可以用一个理想电流源和一个并联电阻来替代。

根据这些定理，任何电路，如图14-1所示电路能被图14-2所示电路中的任一个替换。在图14-2中，图14-2a所示电路是戴维南等效电路，图14-2b所示电路为诺顿等效电路。

⊖ 这一定理首先由德国科学家Hermann von Helmholtz在1853年发现，但后来被法国电信工程师Léon Charles Thévenin（戴维南，1857—1926年）于1883年再次发现。

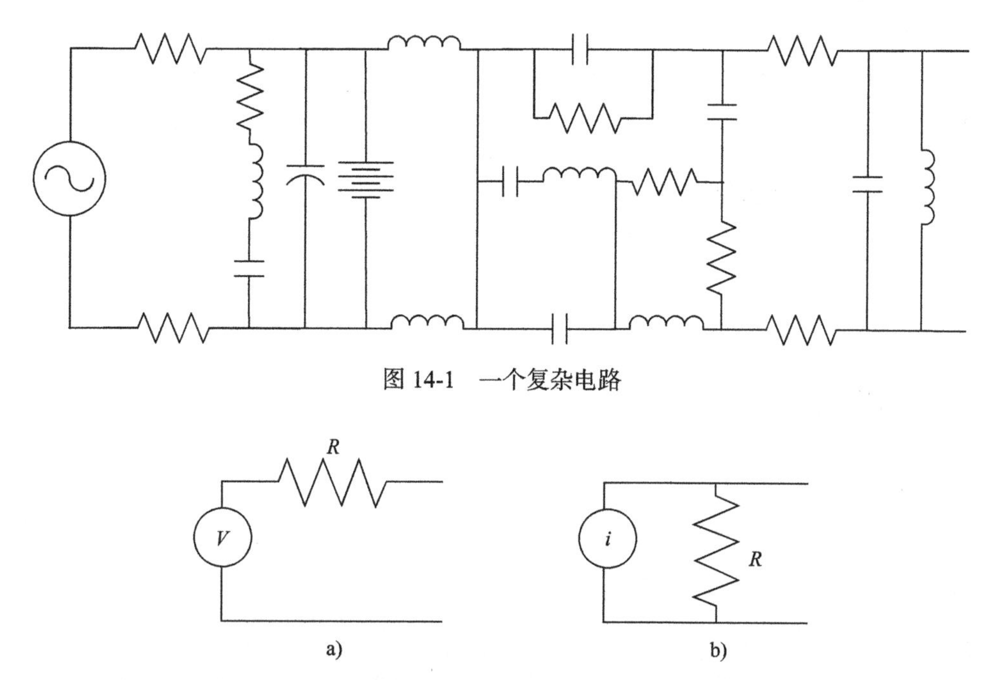

图 14-1　一个复杂电路

图 14-2　图 14-1 对应的等效电路：a）戴维南等效电路，b）诺顿等效电路

图 14-1 所示电路可用传统方法分析，也就是说，我们将电路分解为单个电流回路，并使用基尔霍夫定律（回顾第 3 章）在每个回路中对电流求解。这种方法复杂、单调，且可能错过重点。即可能是我们完全不关心电流内部发生了什么，我们只想知道，当它被设计进另一电路时整个电路是如何起作用的，例如，当我们在输出端放置一个负载时会发生什么？

将一个集成电路功能设计进一个较大的电路时，面对的正是这种情况。我们并不关心集成电路自身内部发生了什么，我们仅关心其输出端发生了什么，因此可将图 14-1 所示的整个电路用图 14-2 中的一个等效电路来替代。

我们并不使用分析法来生成等效电路，而是以经验为主（也就是说，通过测量）。例如，为了生成戴维南等效电路，我们测量图 14-1 所示电路输出端的开路（没有负载）电压（V），这是图 14-2a 的理想电压源提供的电压。然后我们测量图 14-1 所示电路输出端的短路电流（I），也就是说，我们将输出短路并测量流经该短路路径的电流。图 14-2a 中的电阻 R 由欧姆定律确定：$R = V/I$。

现在用导出的图 14-2a（戴维南等效）的电路替换在任何应用中使用的图 14-1 的电路，就会了解在任何条件下将会发生什么。

回想你在集成电路数据表中看到的，那些技术参数说明书总是提供输出端的开路电压和短路电流。这是你在使用该 IC 时为确定戴维南等效电路所需的全部信息。

诺顿等效电路不太常用，但也同样易于确定。恒定（理想）电流源（i）是短路电流。如果开路电压是 V，那么并联电阻 R 由欧姆定律确定：$R=V/i$。

我们提到过，这些等效电路适用于线性电路。例如，放大器、电源和振荡器是典型的线性电路。逻辑器件（有两个输出电平，逻辑 1 和逻辑 0）是典型的非线性器件。迄今为止，逻辑器件数据表常有两套技术参数：一套为逻辑 1 输出态、一套为逻辑 0 输出态。因此，将有两个不同的等效电路可用：每一个输出态使用一个。电路设计者可能要在两个输出态间进行折中设计或为“最差情形”状态进行设计。

第四部分

电路板上的电流

第15章 电流在电路板上的流动

15.1 信号电流

本书前面部分涉及的原理适用于几乎所有的电路。当电子系统建立时，它们常常由很多电路和子系统构成，每一个都是针对非常具体的情况而建立的。然后这些电路以某种形式装配并组合进一个较大的系统。它们中的绝大多数是在印制电路板（PCB）上组合并装配，或合并进其他子组合中，然后再组合到 PCB 上。情况不一定都是这样，但也差不多。因此，只专注于电路板的电流是如何流动和相互作用的，对这样一本书是不合适的。

在几乎所有的情形中，电路板上的信号电流在走线上流动。这似乎很简单，也几乎微不足道，就如我们在后续章节将看到的，决定走线的因素很明显：

- ❑ 它需要足够大以便可制造。
- ❑ 它需要足够大以便能承载所需电流（参见第 16 章）
- ❑ 它需要足够小以便能在所期望的物理区域内搞定一切。
- ❑ 它或许需要精确的长度以满足时序要求。
- ❑ 它或许需要确定的尺寸以满足阻抗要求（参见第 17 章）。
- ❑ 它或许需要与另一条（差分）走线“配对”布线。

走线放置的地方可能并不太重要，除非我们关心串扰和 EMI 问题（参见第 18 章），或在某些情形下的差分电流耦合（参见第 17 章）问题。

15.2 电源电流

电源电流流经走线或参考平面层。它们通常是直流电流（DC），因此通常希望低电阻和低阻抗。我们都听说过“电流沿最小电阻路径流动”的说法，电源平面层是有益的，因为它们为电源电流提供了宽的低阻路径。DC 电流趋向于在电源平面层上“扩展”通过，以利用宽路径提供的低阻优点。电源平面层的较宽的扩展也对电源电流的流动提供了较低的电感，这在电源瞬变的场合是有益的。

虽然假设参考平面层上没有电阻或电感的想法很是吸引人，但实际并非如此。虽然参考平面层电阻和电感非常小，但它们不为 0。如果中等大小的电流流过参考平面层（DC 或 AC 之一），则会形成一些电压梯度，且高达 250mV 或更高的梯度并不罕见。这些梯度可导致电路问题和失效（见 19.1.1 节）。

因为电流（即使是电源电流）是在回路中流动，所以，电源回路是明确和连续的很重要。这通常意味着供所有电路使用的电源层和地层的平面层要连续，所有这些电路要用到这两层上的电流。

技术注解

业内很多人常常草率地使用术语**地**。该术语可回溯至 100 年前或更早些，那时地球（地）用作电源分布系统的参照点。但这不再是正确的，地也不再使用，就如一位专家喜欢说的：“地（仅仅）是土豆和胡萝卜生长的地方！”[⊖]正确的术语是**返回层**

⊖ 参见 www.brucearch.com/bio.html 中的 *The Ground Myth* 一文。

或**参考层**。

15.3 返回电流

这一节主要讲返回电流。在第 3 章中我们介绍了一个重要的定律：**每个信号都有返回电流**。该定律没有例外。每个信号都有返回电流，且**你需要知道它们在哪里**，因为返回电流往往会在电路板上引起麻烦，特别是汇集在**信号完整性**标题下的那类问题。

我们将在后面的章节中看到，由于以下一些原因存在，对返回电流的控制（如果我们关心信号完整性问题）是很重要的：

- 返回电流的控制对阻抗控制很重要（参见第 17 章）。
- 返回电流的控制对 EMI 控制很重要（参见第 18 章）。
- 返回电流的控制对串扰控制很重要（参见第 18 章）。
- 返回电流的控制对控制地弹很重要（参见第 19 章）。

那么返回电流在哪里流动？最重要的是：**它们到处流动**。再说一次，没有例外。因此重要之处是我们需要为它们预先安排通道，最容易的方法是给它们提供电源层和地层（更正确地说是**参考层**）。那么这样我们至少知道它们在一个平面层上流动。

在大多数情况下，电源层和参考层间的很多地方放置有旁路电容，其目的是实现一个电源分布系统，在直流时层间阻抗很高，而在所有其他频率下阻抗很低（更多内容参见第 19 章）。因此很显然如果 AC 返回电流能在参考层上流回驱动器驱动初始信号的地方，这些相同的返回电流也能（和当然）在电源层上流动。

因此，更准确地说，返回电流是在参考层上哪里流动？我们已经说过（我们都已经知道）电流沿最小电阻路径流动，但这一规则仅适用于 DC 电流。一般来说，普遍的规则是**电流沿最小阻抗路径流动**。那么如果走线上有 AC 信号，其返回电流在哪里？答案是它就在信号（走线）下面的参考平面层上流动，这一趋势随频率增加（即上升时间更快）而加强。

这一结论的数学证明涉及微积分和麦克斯韦方程组，这大大超出了本书的范围。技术性的描述是在这一点，回路阻抗最小。我们可定性地描述此处电流这样流动的原因：

- 如果有两个并联导体，沿一个导体流动的电流（假定为 A）将耦合进另一个（比如 B）。这是法拉第定律（见 11.1 节）。
- 耦合电流将在与初始电流相反的方向上流动。这与楞次定律有关（见 11.7 节）。
- 如果返回电流已经在导体 B 上，这一（来自 A）耦合电流趋向于增强返回电流。
- 同时，B 上的返回电流也耦合进 A，并加强它。
- 作为这种增强的结果，净效果是移动信号（及其返回信号）所需能量较小。
- 如果要求较小能量，那么阻抗必须降低。
- 两个导体间的耦合越强，阻抗减小就越明显。
- 耦合强度与两个导体间的间距及电流频率有关。
- 因此，这表明最小的阻抗点是返回电流最靠近信号之处。
- 如果我们有走线遍布参考层，那个点就在走线下方的参考层处。

信号的最高频率谐波“想”在走线下方的参考层处，最低频率谐波也“想”在那儿，但低频的要延展得多一些，因为低频耦合不像高频耦合那样强。信号的 DC 成分将在参考层上，但它会在参考层上**电阻**最低的任意地方流动，这是因为 DC 电流成分并不与相邻走线耦合（仅有变化的电流才会有耦合）。

第16章 电流和走线温度

16.1 基本概念

导体电阻正比于材料的电阻率、反比于其横截面积。因此任何导体（或导线、走线）都有电阻（见第4章）。铜导线有能提供与导线规格有关的每单位长度电阻的数据表。导线规格是标准化的，称为AWG，即美国线规。几乎每一本电气和物理手册都提供这些数据表，对此表的充分讨论和其出处可在网上找到。

对于矩形PCB走线用的圆线而言，有几种将线规和电阻进行对应的方法。一种方法是利用UltraCAD的免费线规计算器，如图16-1所示[⊖]。

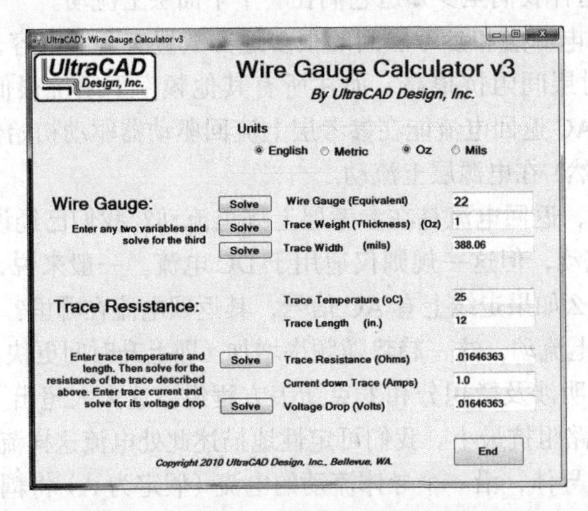

图16-1 UltraCAD的免费线规计算器

图16-2所示为铜PCB走线电阻与横截面积的关系图。线规由圆点表示，典型的走线尺寸在图中用高亮显示。

如果将电流通过具有一些电阻的走线，走线上将产生功率。产生的功率由式（4.6）给出，此处重写为式（16.1）：

$$功率 = I^2 \times R \tag{16.1}$$

阻性的功率以热的形式表现。因此我们可直接看到，走线温度将随消耗在走线上的功率正比例上升或者正比于电阻及电流平方。认识到电阻反比于横截面积，因此可推测走线温度上升的比例关系如下：

$$\Delta T \approx I^2 / A \tag{16.2}$$

其中，ΔT是走线温度上升量，I是走线电流，A是横截面积。

⊖ 可在http://www.ultracad.com/calc.htm上找到。安卓手机和平板电脑版本应该是在2013年发布。

注意：面积是宽度 × 厚度。

技术注解

有关的横截面积仅是铜走线的。例如，任何附加的焊料涂层对走线的载运电流能力贡献很小，这是因为焊锡电阻率一般为铜的 10 ~ 15 倍，因此 90% 至 95% 以上的电流流经走线的铜部分。

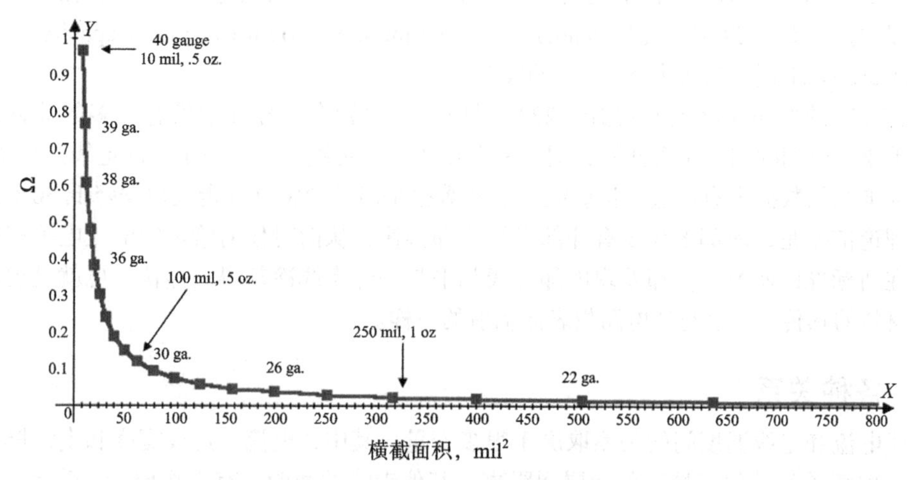

图 16-2 AWG 线规和 PCB 走线横截面积的关系

在走线电流导致走线变热的同时，走线和其周围环境之间的温度差会使走线冷却。冷却机制是传导、对流和辐射的结合。冷却与走线表面积成正比，这似乎很直观。这样，我们就有如图 16-3 所示的动态示意图。

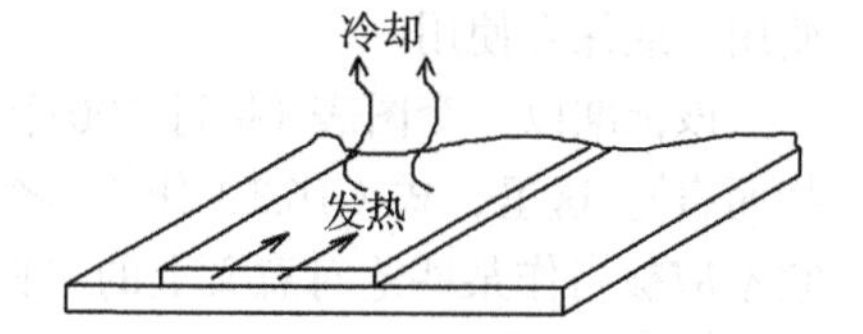

图 16-3 走线发热及冷却的动态示意图

加热 ≈（横截面积，即 $W \times T_h$）

冷却 ≈（表面积，即 $W+T_h$）

当加热速率等于冷却速率时达到平衡温度。

16.2 历史背景

业界极大地受益于 Mike Jouppi 的努力，他几乎单凭一个人（也常常是自费的）追溯了走线发热效应行业知识的历史背景，并在 2003 年 3 月发表了一篇关于这方面的重要论文[⊖]。

有关走线温度关系的第一个重要研究是由（美国）国家标准局（NBS）资助的，该研究结果在 1955 年发表于 NBS Report 4283。据称其中还有些变量需要另外研究，发表的第一个图表在其标题中用了“试探性的”这个单词。

- 进一步的研究再也没有得到资助或完成。
- 这些年来，原始图表已被重画和再版。
- 在某些地方，“试探性的”单词消失了。
- 最终，这些图表作为 IPC 的一个标准被出版，序号为 IPC-2221，“Generic Standard on Printed Board Design”。

⊖ *Current Carrying Capacity in Printed Circuits, Past, Present, and Future.* 在 2003 年 3 月 25 日 公 布 于 IPC Printed Circuits Expo 上。

这些图表逐渐变成了我们都知道且喜爱的“IPC 图表”。

在同一时间段展开了更多的研究，其中之一于 1968 年在 Design News 上发表[⊖]。这些研究存在一些重要的差别。现在，了解了曾被我们如此信任的可疑背景，我们有点沮丧，这 50 年来我们依赖了很多标记为“试探性的”数据。另一方面，可以安慰我们的是，这些结果明显是接近的或保守的，因为它们确实经历了时间的检验。很少有人将产品的失效归因于这些旧图表。

直到 2009 年，才对这些图表进行了大量的可信的更新，此时它由严格控制的数据支持。这一努力的结果是 IPC-2152,“ Standard for Determining Current Carrying Capacity in Printed Circuit Board Design”(2009 年 8 月)[⊜]的发布。

IPC-2152 的发布实际上使得 IPC-2221 过时了。尽管在新标准中没有太多的惊喜，但有一点很重要。早期的图表包含两套数据：一套用于外部走线，一套用于内部走线。事实表明，关于内部走线的数据没有经过实证研究。那些数据是简单地将外部走线数据降低 50% 而得到的，其理论依据是，内部走线没有外部走线冷却得快，从而对任何给定的电流电平有较高的温度。在新标准的研究中，却发现内部走线几乎与外部走线冷却得一样快。也就是说，通过电路板材料的热传导几乎与从电路板表面辐射的一样。

16.3 各种关系

走线电流和走线温度间的关系取决于很多变量，其中，电流、走线宽度和走线厚度是最重要的，但相关的其他变量还包括层间距离、其他走线的间距、有无涂层（焊料涂层、保形涂层等)、环境条件等。因此，即使是包含在 IPC-2152 中的已发表的曲线，还是必须要小心使用，或保守使用。

该标准以一套图表（接近 100 个）的形式公布，但没有导出易于使用的公式（至少对出版物而言)。这里，式（16.3）作为一个近似式给出，其计算了一些图表在几个条件下的平均值。它不应被当作某些绝对意义上的“真理”，但考虑到图表中内部存在的误差幅度（由所有不能被简单说明的外部变量造成)，它是一个代表性条件下的合理近似：

$$I = 0.7 \times \Delta T^{5} \times W^{6} \times T_{h}^{5} \qquad (16.3)$$

其中，I 是走线电流，单位为 A；ΔT 是在环境温度之上的温度变化量，单位为° C；W 是走线宽度，单位为 mil；T_h 是走线厚度，单位为 mil。

式（16.3）确实展现了一个非常真实和有代表性的方程形式，也就是说，电流和其他变量间的关系是指数关系，更进一步，变量指数似乎与研究有合理的一致性。然而，不同的研究和结果提示，常数项 [式（16.3）中的 0.7] 可能会很不同，且非常依赖于特定的条件。因此虽然我们很可能对方程的形式充满信心，但我们不能对该关系的实际状态（常数项）一样有信心。

有很多网站声称可以为你做这些计算，然而，要小心对待它们。首先，要确保它们使用的数据来自最新的 IPC-2152，因为有很多是基于早期的图表（IPC-2221)，有些是基于一些早期的公式，即 UltraCAD 随同早期免费计算器一起公布的，而现在废弃了的公式。UltraCAD 已经发布了付费版本的计算器（UCADPCB3)，它是真正基于 IPC-2152 开发的，可以在其网

⊖ Michael E. Friar 和 Roger H. McClurg 的 *Printed Circuits and High Currents* 公布于 *Design News* 23 (1968) : 102–107。

⊜ 见 http://www.ipc.org/default.aspx。

站上得到[一]。

16.4　熔断电流

有时需要设计一个走线，它要足够强健，能承载一定短时或指定时间长度的大电流，以及过后并不在乎该走线是否毁坏。这不是一个长期的走线温度需求，而是一个短暂的生存需求。关于这种需求的一个例子是，在灾难性故障发生后，对系统的控制要能维持足够长的时间，以便在灾难性故障发生后以一种可控的方式切断系统。从根本上说，问题就是在走线熔化（熔断）前，它能承载多大的电流（或许是对指定的时间而言）。

据我所知，这个领域还没有进行过任何研究。在一本工程手册中，模糊地提到过两个公式，可能与此有关[二]，但其内容并不明确。第一个公式归功于 W.H.Preece（他是 19 世纪 90 年代的英国邮政总局首席电气工程师）具体公式如下：

$$I = k \times d^{3/2} \tag{16.4}$$

其中，I 是熔断电流，单位为 A；d 是导线直径，单位为 in；k 是 10 244（对于铜而言）。

此式可变换为：

$$I = 12\,277 \times A^{0.75} \tag{16.5}$$

其中，I 是熔断电流，单位为 A；A 是横截面积，单位为 in^2。

此式可追溯到 1884 年的伦敦皇家学会会刊[三]上，但关于 Preece 是怎么提出这个公式及其原始的来龙去脉，源文件给出的线索很少。

第二个公式归功于 I.M.Onderdonk，具体如下：

$$I = A \times \sqrt{\frac{\log\left(\dfrac{T_m - T_a}{234 + T_a} + 1\right)}{33 \times S}} \tag{16.6}$$

其中，I 是熔断电流，单位为 A；log 是普通对数（10 为底）；T_m 是材料熔化温度（铜为 1080℃）；T_a 是环境温度，单位为℃；A 是横截面积，单位为圆密耳[四]；S 是时间，单位为 s。

这导致了：

$$I = \frac{0.188 \times A}{\sqrt{T}} \tag{16.7}$$

其中，I 是熔断电流，单位为 A；A 是横截面积，单位为 mil^2；T 是时间，单位为 s。

我从未发现 Onderdonk 公式的原始数据源。如果比较 Preece 公式和 Onderdonk 公式，结果是合理地一致。Onderdonk 公式的一大优点是包括了时间变量，因此，设想你想要估计能承载 10A 电流 4s 时间的 1 盎司（1.3mil）走线的宽度，Onderdonk 公式将得出需要 82mil 宽的走线的结果[五]。

[一] 见 http://www.ultracad.com/calc.htm。

[二] Donald G. Beaty 和 H. Wayne Fink 的 *Standard Handbook for Electrical Engineers*（12 版）(New York: McGraw-Hill, 1987 出版), 4–74。

[三] Royal Society Proceedings, London, 36, p. 464, 1884. 这一出版物可在华盛顿特区的国会图书馆中查阅到。

[四] 1 圆密耳是直径为 1.0 密耳的圆的面积。

[五] UltraCAD 公司的 UCADPCB3 计算器也能进行熔断计算，见 www.ultracad.com/calc.htm。

第17章 电流反射

17.1 一个命题

考虑命题17.1：

沿任何导体传输的任何信号将在导体远端反射回驱动器。

这一命题放之四海而皆准。不管远端是什么，即使远端开路或短路，这一命题都成立。仅在应用于一个精心且故意设计得非常特殊的情形时，命题17.1有一个例外。这个例外是本章所关注的。

如果这一命题正确，人们可能会问：为什么我们不更多地关心反射。实际上，一些工程领域已被关注，并处理反射问题100多年了。但对大多数工程师而言，这是一个留给别人（通常为RF工程师）的特殊领域，对他们来说，这不是个问题。事实上，在大多数情况下，反射根本就不重要。

17.2 基本问题

那么反射什么时候重要呢？如图17-1所示，它是使用Mentor Graphics公司HyperLynx仿真工具得到的一个简单的仿真屏幕截图。驱动端（左上角）是一个CMOS驱动器，上升时间很快（约为2.0ns），“导体”（即走线）被画为“传输线”（将在稍后定义传输线），为4in长（在此图中）。导体的远端，电路开路，在仿真中可用一个1.0MΩ的电阻表示。图中有两个小箭头：在驱动端的黑箭头和在导体远端的灰箭头。

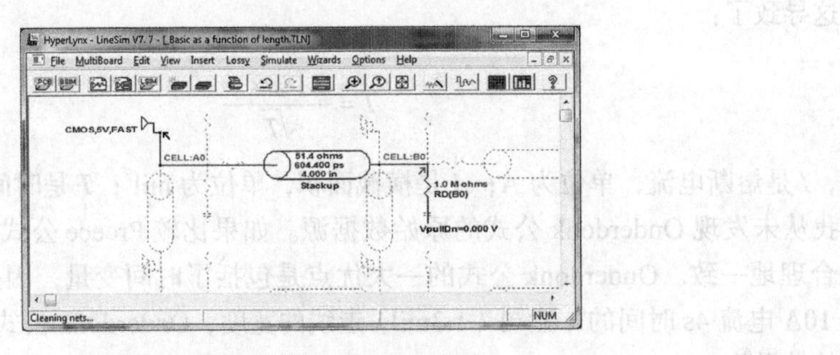

图17-1 简单的HyperLynx仿真

图17-2画出了三种不同导体长度2in、4in和6in的仿真结果。在仿真中，黑色波形是在驱动端的，灰色波形是在导体端的。对于2in长的导体而言，这两个波形几乎完全重叠，也就是说，波形中几乎没有可见的反射。对于4in的仿真而言，你可看到反射引起的干扰，据此，你可以判断它们在你的电路中是否是一个问题。对6in的仿真而言，反射更加明显并开始扭曲发射端的信号。

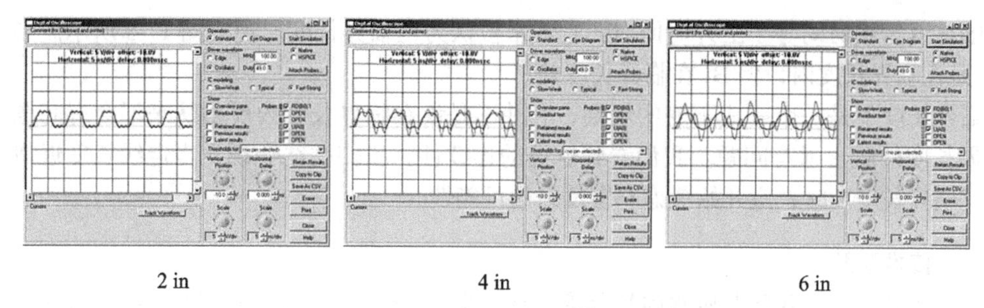

图 17-2　对图 17-1 所示电路仿真结果

从这些仿真结果明显可见，由反射引起的问题取决于导体长度。“短的”导体没有产生太多的问题，但一个“长的”导体则会产生，那么如何在一般意义上区分“短”和“长”导体？在这种情况下，长度并不是一个**绝对**量，而是一个**相对**量。重要的是与在其上传输的信号上升时间相对应的导体长度。

如图 17-3 所示，图的上部给出了两种情况。上面的是一个接收器（B1），与驱动器 A 的距离非常短。较低的一个画出了两个接收器，B1 和 B2，B1 靠近驱动器而 B2 远一些。黑色轨迹是驱动信号从逻辑 0 切换到逻辑 1 的上升沿。考虑 X 时刻的驱动信号，在时刻 X_1，该信号已经沿走线到达接收器 B1（传输时间是 X_1–X）；在 X_2 时刻，该驱动信号已经反射回驱动器（“往返”传输时间为 X_2–X）。但在那个时候，驱动器仍然在沿走线驱动原先的信号（点 $Y2$），反射没有造成什么影响。事实上，我们可以认为它被淹没在了驱动器的作用中。

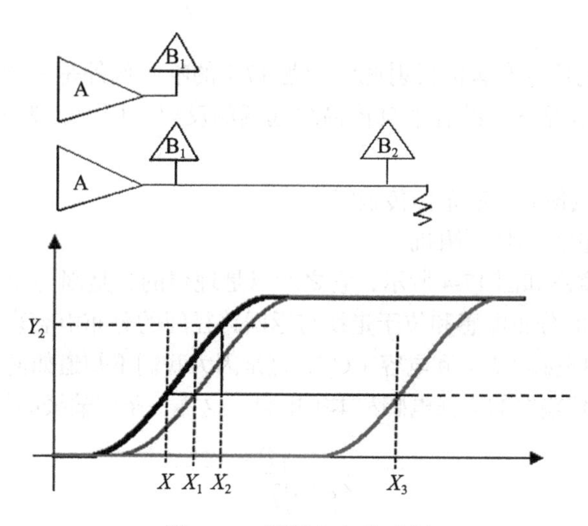

图 17-3　反射和上升时间

在 X_3 时刻，同一驱动信号已经传输到接收器 B2 上（传输时间为 X_3–X），且它用了相同时间（X_3–X）反射回驱动器。那么当反射信号回到驱动器 [往返传输时间是 2×（X_3–X）] 时，驱动信号已经长时间稳定在逻辑 1 电平上，反射信号加到稳定的驱动信号上。就是在此期间，电路可能会对信号进行采样，这样，驱动信号加上反射信号可能会导致一个错误的逻辑状态采样，**这就是反射带来的问题**。

17.3　临界长度

在电路设计中，我们常常谈论**临界长度**。在这个长度处，反射可能会成为一个问题。**当**

走线的往返传输时间等于上升时间时，它常常被认为是临界长度。观察图 17-3 所示波形，显然 B_1 是在临界长度内，但 B_2 在临界长度外。

临界长度不是一个一成不变的规则，它并不是说在临界长度内反射从来不会有问题，而在临界长度外就永远有问题。我们看到这里的连续性，我们往往会说，当走线长度近似等于这个“临界长度”时，应开始考虑有害反射的可能性。

技术注解

并非所有工程师都同意临界长度的这一定义，但大部分是同意的。在第 18 章讨论串扰时，我们将再次看到这一临界长度。

现在我们可以明白，为什么大多数工程师直到约 20 年前从未有过反射问题。我们在第 2 章指出过，频率和上升时间之间并没有必然的联系，除了正弦波，其上升时间约为周期的三分之一，即 $T_r = 1/(3f)$。因此，例如，如果上升时间是 10ns，相应的频率将约是 33MHz，在 12in/ns 的传输速度下，这将导致约 120in（即 10ft）的临界长度。即使在传输速度为 6in/ns 的电路板上，这将导致 5ft⊖的临界长度。在此频率下大多数工程师并不涉及使用这些长度，除非他们涉及大型设备间或发射机和天线间的通信。我们其余的人，最多仅仅必须处理特定的连接器和同轴电缆。

但当上升时间缩短至纳米量级，甚至更短时，临界长度已经缩短至几英寸（或更短）。现今，反射和临界长度几乎是在电路板上走线时面对的常规问题。

17.4　传输线

那么我们如何控制这些有害的反射呢？命题 17.1 的唯一例外是一个端接于其特征阻抗的均匀传输线。在这种情况下，没有来自传输线远端的反射。因此，为了对付电路板的反射，我们要做两件事情。

- 设计我们的走线使其看起来像传输线。
- 将它们端接于它们的特征阻抗。

理想传输线的示意图如图 17-4 所示，它之所以是理想的，是因为没有出现损耗元件（即，电阻）。它由沿其长度的分布电感和位于走线与返回路径间的分布电容表征。在图 17-4 中，它们表示为一连串的集总电感（L_o）和电容（C_o），这是因为我们不知道如何去画分布电感和电容。L_o 和 C_o 的值分别称为传输线的本征电感和本征电容。这样一条传输线的特征阻抗可表示为 Z_o：

$$Z_o = \sqrt{\frac{L_o}{C_o}} \tag{17.1}$$

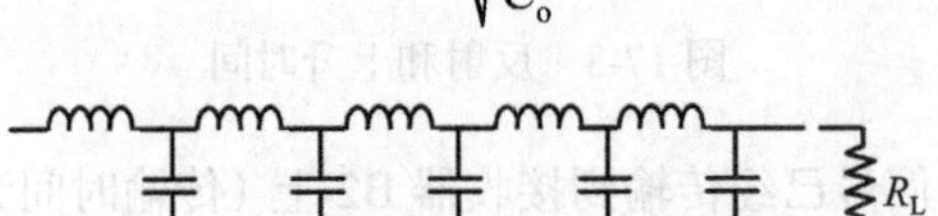

R_L

图 17-4　理想传输线

此项是实数，也就是说，没有相移，因此，Z_o（对理想传输线）是纯电阻值。因而，值为 Z_0 的纯电阻（R_L）将适合端接于此传输线上。所有流过传输线的能量将在这个终端电阻上吸收，且没有任何能量会被反射回到传输线上。

⊖　1ft = 304.8mm。

传输线的设计是个几何问题，而非电子学问题。看上去像传输线的走线是这样的一种走线：它在整个长度上具有受控的和均匀的几何形状，周围是受控和均匀的介质材料，在信号及返回信号间具有确定和受控的关系。

回顾第 15 章，如果走线遍布某平面，信号返回电流“想”在走线正下方的参考层处流通（这是最小阻抗的路径所在）。现在，在带状线配置中，具有恒定宽度、恒定厚度、恒定的与参考层的间距、周围是均匀介质的走线将有传输线的特性。在其整个长度上，将有决定于这些参数的均匀的特征阻抗。并不是绝对要求这些参数在整个长度上保持不变，重要的是这些参数间的关系不变，因而如果某一参数因故变化（比如，宽度），我们就要改变一个或多个其他参数来补偿以维持受控的关系。

参考如图 17-5 所示的走线，在电路板的顶层有一个受控阻抗的走线（75Ω），它跳转到一个内部信号层，然后又跳转回来。如果我们想要一个精确控制的传输线，那在每一层上它都必须是 75Ω（在本案中）。由于层间间距和这两层上的介质可能不同，因此走线宽度（例如）或许必须不同，才能维持恒定的关系，即恒定的特征阻抗。

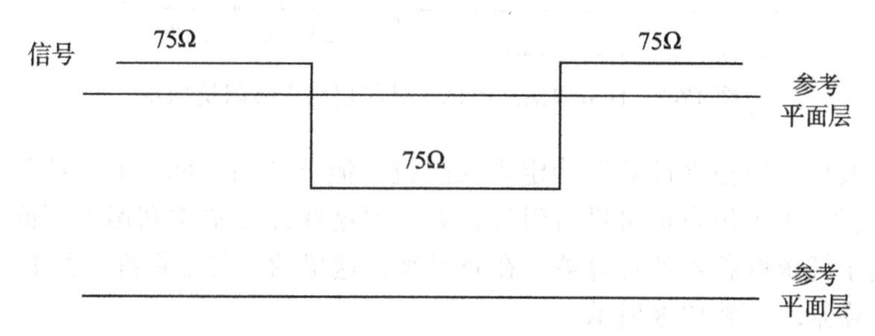

图 17-5 走线改变层次

如果走线的特征阻抗由其几何形状决定，那我们怎么知道如何设计一个走线才能实现这一目标特征阻抗？我们怎么能知道已有走线的特征阻抗？我们曾借助于发布在很多手册上的一套公式进行这项工作[⊖]，这些公式虽很难使用，但它们在精度上是易于掌控和可接受的。然而在当今，这些公式不再胜任了。现今的复杂设计需要场求解技术，以便达到我们需要的精度水平。一般我们有三种选项：

第一个选项是利用 PCB 设计工具的资源。相关的高端工具可能有阻抗设计的能力。如图 17-6 所示是取自 Mentor Graphics Expedition 工具的一个例子。

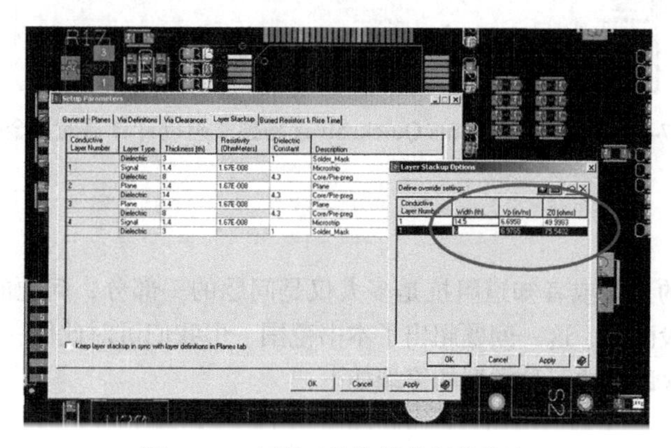

图 17-6 高端工具将提供阻抗信息

⊖ 参见我在 www.ultracad.com/articles/formula.pdf 上的文章 *PCB Impedance Control: Formulas and Resources*。

第二个选项是使用能仿真信号沿走线传输的仿真工具。高端仿真工具通常会提供走线阻抗信息或者它们能用于求解走线阻抗。如图 17-7 所示是 Mentor 公司 HyperLynx 仿真工具的 Edit Transmission Line 范例的屏幕截图。

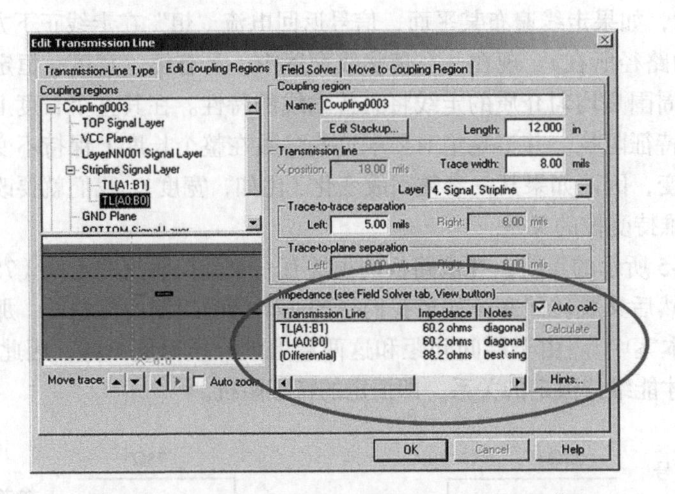

图 17-7　HyperLynx 仿真工具能提供走线阻抗信息

第三个选项是使用独立计算器确定走线阻抗，但要慎用。网上有一些计算器（甚至有些是基于 Java 的工具）虽声称可进行阻抗计算，但这些计算常常利用了不恰当的公式，现在需要的是基于场求解技术的计算器。在我看来，这里的“黄金标准”是 Polar Instruments Quicksolver 计算器，如图 17-8 所示。

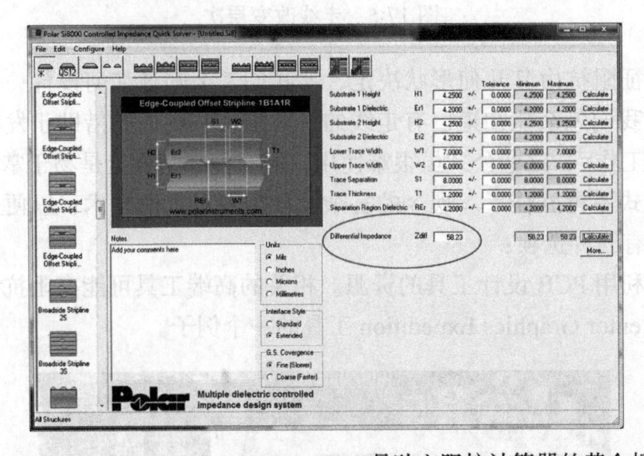

图 17-8　Polar Instruments Quicksolver 是独立阻抗计算器的黄金标准

17.5　终端

设计受控阻抗的走线或者知道阻抗是多大仅是问题的一部分，问题的其余部分是要知道如何端接走线。一般而言，这一问题超出了本书范围，但我们可对此做一些总体概括。

首先，我们通常讨论的五种类型的终端如下：

- 并联；
- 串联；
- AC；

- ❑ 戴维南；
- ❑ 二极管。

在大部分设计中都可看到它们（或许除了二极管），但最常见的是前面两个。并联终端是一个电阻，其值等于走线的特征阻抗，放置在走线远端的走线和信号返回路径之间。电阻吸收了信号的全部能量，没有剩余能量被反射回去。这一方法的优点是它只用了一个元件，放置要求相对简单。这一方法的缺点是电阻总是在消耗功率。如果电路板上有大量这样的走线终端，那所需功率会大得令人望而却步。

串联终端是一个电阻，放置在线的起始位置并与其串联。让线的远端开路（不端接），这意味着传输线远端的信号会全部反射回驱动器，但串联电阻的选择要使得其与驱动端输出阻抗的和等于走线的特征阻抗。这样，反射的全部能量都被走线前端吸收，从而没有进一步的反射。这一技术在 20 年前就广泛用于 PCI 总线的接入。它的优点同样是只用一个元件，放置要求相对简单，以及没有功率消耗（至少没有持续的消耗）。然而，它也有两个缺点：第一，线的远端有反射。第二，对不同的逻辑状态而言，驱动端的输出阻抗可能会不同，这意味着对所有的逻辑状态而言，并不总是能与特征阻抗精确匹配。尽管如此，匹配通常是足够好的，以致串联终端已经成为走线终端中被广泛接受的选项。

技术注解

请阅读关于走线终端的精彩文章“Termination Techniques for High-Speed Buses”，该文章发表于 1998 年 5 月 16 日的 EDN 期刊上。此文可从 EDN 文献集中得到。

17.6 反射系数

反射是动态的，它们难以在像这样的文献中以静态图像表示出来。不受控的导体上会发生什么几乎是不可能预测的，因为其中涉及非常多的变量，但如果我们从阻抗受控的导体开始，其具有特征阻抗 Z_o，那么预测在远端会发生哪种反射就相对容易些。

UltraCAD 公司在其网站[⊖]上提供了一款免费的 Transmission Line Simulator 软件，它有助于将信号到达传输线末端时的过程可视化，如图 17-9 所示。

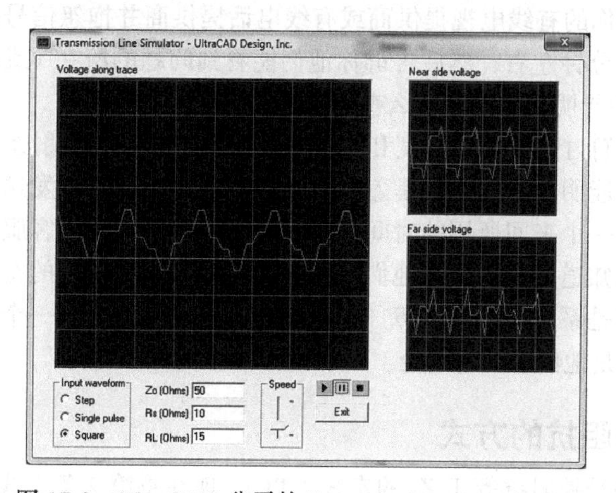

图 17-9 UltraCAD 公司的 Transmission Line Simulator

⊖ 见 http://www.ultracad.com/simulations.htm。

仿真器的使用相当简单。主屏代表传输线，图形代表线上每一处的实时信号。右上方屏幕左边缘表示走线起始端的瞬时信号电平，右下方屏幕左边缘表示走线远端的瞬时信号电平。通过这种方式，你可形象地看到走线上每一处发生了什么。输入波形选择使得你能选择单一的阶跃变化电压、单一脉冲或重复的方波（就像时钟信号一样）作为驱动信号。这三个文本框允许你指定传输线的特征阻抗和每端的阻性负载。设定好这些值后，右边的箭头就开始将所选择的波形送入走线。波形将来来回回反射至少 5 个循环，并显示在不同的终端条件下波形会发生什么变化。波形传送速度由速度选择器滑动条控制。

传输线端点处发生什么取决于信号在此端口看到的阻抗。我们用**反射系数** ρ 开始描述这一情况，其表示为公式：

$$\rho = \frac{R_L - Z_O}{R_L + Z_O} \tag{17.2}$$

其中，R_L 是传输线端点处的电阻值；Z_O 是传输线的特征阻抗。

如果 R_L 非常大（比如，开路），反射系数是 +1.0。这意味着反射在数量上是 100% 的（即等于沿传输线传输的信号电平），代数符号为正。如果 R_L 等于 Z_O（走线被正确地端接），反射系数为 0，从而没有反射回到传输线上，信号沿传输线传输的全部能量消耗为 R_L 上的发热。如果 R_L 非常低（比如为 0，即传输线短路），反射系数是 –1.0。这意味着有 100% 的反射回到传输线上，但代数符号相反。后一种情形似乎违反直觉，短路并不意味着没有反射，相反地，短路意味着相反信号的 100% 反射。

UltraCAD 公司已在其网站 www.ultracad.com/animations/chapter17.htm 上建立了表示这三种状态的动画仿真。

反射并不仅仅会在传输线的端点处出现，还会在传输线阻抗不连续的任何地方发生。因此如果传输线上任一处导体阻抗发生变化，那么反射系数有助于描述在那个不连续处发生的事情。这种不连续阻抗可由走线尺度的变化、介电系数、过孔、支路或短截线等引起，甚至来自相关走线的耦合都可以影响其阻抗（见 17.7 节）。

传输线故障检测

你曾经打电话给你的有线电视提供商或有线电话提供商并抱怨信号消失了吗？客服技术人员可能会让你等一分钟左右，然后告诉你他们能看到问题的所在（或许在你家里，或许在系统的某处）。你曾想弄明白他们是怎么查出的吗？

在第 2 章中，我们讨论过传输速度和时间，并且在刚讨论了反射系数。如果我们将这两个概念放在一起，就能明白专业人士是怎么检测线路的：向传输线发送一个脉冲并且观察返回的反射信号。信号一个来回所用的时间正比于距故障处的距离。客服技术人员由于了解他们的系统，将粗略地知道那个故障在他们系统中的何处。反射信号的符号表明了故障是否为短路、开路，或也许是系统的其他故障。以这种方式，他们就有了一个很好的指针，可判断问题是出在你家里还是他们系统的某处。

17.7　耦合影响阻抗的方式

假设我们有一条受控阻抗等于 Z_O 的走线（T1），现在将第 2 条走线（T2）靠近它（并与之并行），以使 T2 的信号能耦合进 T1。考虑命题 17.2：

T1 特征阻抗（Z_O）因耦合而发生变化。

这一命题是不够格的。它没有描述 T2 上的信号类型，例如，它是差模，还是共模信号，或其他任何信号。它仅仅是一个平淡的陈述：**如果并联走线的信号耦合进来，T1 特征阻抗（Z_O）发生变化**。到此为止。

这就带来了两个问题：

- 为什么该表述是正确的？
- 如果它是对的，为什么我们仅（似乎）担心它在差模或共模信号的情形下，而不是其他任何类型的信号？

图 17-10 所示为一个典型的单端传输线。它由电压 V_1 驱动，特征阻抗为 Z_O。根据欧姆定律，走线电流是：

$$i_1 = V_1 / Z_o \tag{17.3}$$

Z_O　i_1 →

V_1

图 17-10　单端走线

现在考虑图 17-11 所示，它画出了一对并联走线：T1 和 T2，信号相互耦合。走线 T1 由电压 V_1 驱动，它有特征阻抗 Z_O。因此从 V_1 来的电流根据欧姆定律是 $i_1=V_1/Z_O$。类似地，走线 T2 由电压 V_2 驱动，具有我们将称为 Z_O 的特征阻抗（并不需要两个走线具有相同的阻抗 Z_O，这里仅为了方便才如此表示），T2 上的电流 i_2 也由欧姆定律给出。

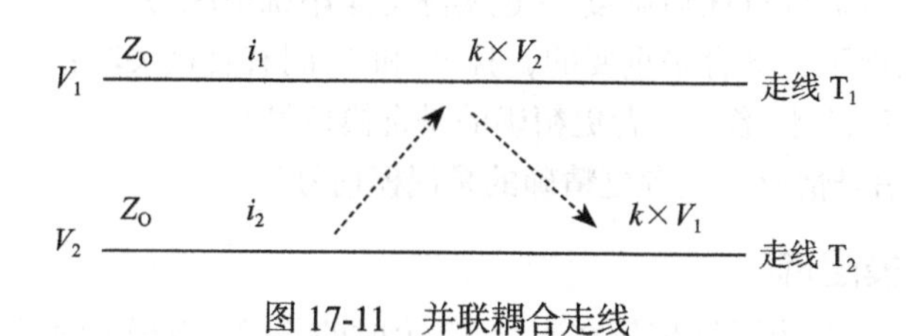

图 17-11　并联耦合走线

由于走线耦合在一起，每个电压以一个耦合系数 k 耦合进另一走线。我们或许不知道 k 的大小，但我们确实知道该情形是对称的，因此每一走线都会以相同的耦合系数耦合进另一走线中，不管它是什么。

这里有一个重点：**阻抗是一个点概念**。走线上不同处的阻抗可以不同。在走线的起始点，从驱动端看到的是如上所述的阻抗 Z_O，但沿走线的耦合改变了电压、电流以及阻抗之间的关系。特别是走线 T1 任一处的电压是由驱动端（V_1）加上耦合电压（$k \times V_2$）共同决定的，即任一处（x）的电压是：

$$V_x = V_1 + k \times V_2 \tag{17.4}$$

其中，k 是走线间的耦合系数。

所以任一点 x 的阻抗（Z_x）等于电压除以 i_1，即：

$$Z_x = V_x / i_1 = V_1 / i_1 + k \times V_2 / i_1 \tag{17.5}$$

给右边的一项乘以 V_1/V_1，则有：

$$Z_x = V_1 / i_1 + k \times V_2 \times V_1 / (i_1 \times V_1)$$

即：

$$Z_x = Z_O + k \times Z_O \times V_2 / V_1$$

或

$$Z_x = Z_O \times (1 + k \times V_2 / V_1) \tag{17.6}$$

我们可将 $k \times V_2/V_1$ 视为走线 T2 的耦合对走线 T1 的影响。

式（17.6）为走线任一点 x 处的阻抗，包括走线的端点。为防止反射，我们期望走线 T1 端接一个阻值等于 Z_x 的电阻。从而，命题“**如果并联走线的信号耦合进来，T1 特征阻抗（Z_O）发生变化**”是正确的。走线的修正阻抗，以及由此而来的修正的端接电阻由式（17.6）给出。

17.7.1　耦合何时产生影响

如果命题 17.2 的表述是正确的，为什么我们没有过多地讨论它呢？原因在于在大多数情况下它没什么影响。大多数情况下，调整因素 $k \times V_2/V_1$ 要么太小，要么不可知。这里是一些具体例子。

- 如果走线离得很远，k 接近于 0。
- 如果 V_2 较小或约等于 0，调整因素就很小。
- 如果 $V_2 << V_1$，那么调整因素非常小。
- 如果 V_2 恒定（DC），那么 k 为 0（即只有变化的电压才会耦合）。
- 如果 V_2 与 V_1 无关，从随机变量的意义上说，那么调整因素可能是重要的，但其**平均值**接近于 0，因此没有任何调整。（这实际上是串扰情况。）

但在以下两种情况下，耦合是重要的，且 V_1 和 V_2 间有直接关联：

- $V_2 = -V_1$（差模信号情形，或者更精确的是奇模信号）
- $V_2 = V_1$（共模信号情形，或者更精确的是偶模信号）

17.7.2　差模和共模阻抗

我们令 $V_2 = -V_1$。这是当返回信号在走线 T2 上时的差模（奇模）信号情形，这使得调整因素简化至简单的 $-k$。记得 k 仅仅是走线间的耦合系数。在此情形下，式（17.6）变为：

$$Z_x = Z_O(1-k) \tag{17.7}$$

式（17.7）描述了差分走线对之一的信号走线（T1）的近似端接电阻。另一条走线（T2）也需要端接 Z_x，这一情形如图 17-12(a) 所示。更常见地，我们在走线 T1 和走线 T2 间使用单一端接电阻，其值为 $2 \times Z_x$，如图 17-12(b) 所示。这单一电阻通常被称为 Z_{diff} 值，即走线对的差分阻抗。Z_{diff} 因此可表示为：

$$Z_{diff} = 2 \times Z_O(1-k) \tag{17.8}$$

我们将式（17.8）作为差分对的差分阻抗的典型表达式，它是单端阻抗的 2 倍，该单端阻抗由于走线间的耦合而降低。这就是两个 50Ω 的差分对走线端接稍小于 100Ω 的差分阻抗的原因（或许是 80Ω 左右）。

如果两条走线上的信号间绝对（正）相关，并联情况就会出现，此时 $V_2 = V_1$。这是共模（偶模）情形。在此情况下，式（17.6）可简化为：

$$Z_x = Z_O(1+k) \tag{17.9}$$

但现在耦合有重要的影响。我们通常按图 17-13 所示端接共模信号（如果完全端接它们），每一个电阻具有式（17.9）给出的值，但这一次，电阻实际是并联的，因此有效的端接阻抗

是 Z_x 的一半。由此可得到式（17.10）：

$$Z_{共模} = (1/2) \times Z_O(1 + k) \qquad (17.10)$$

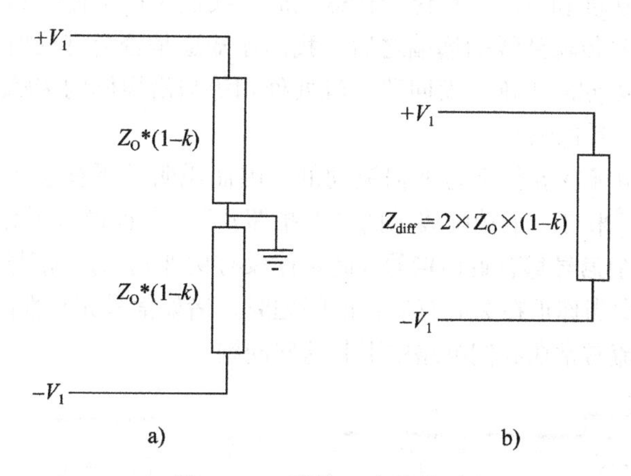

图 17-12　端接一个差分对

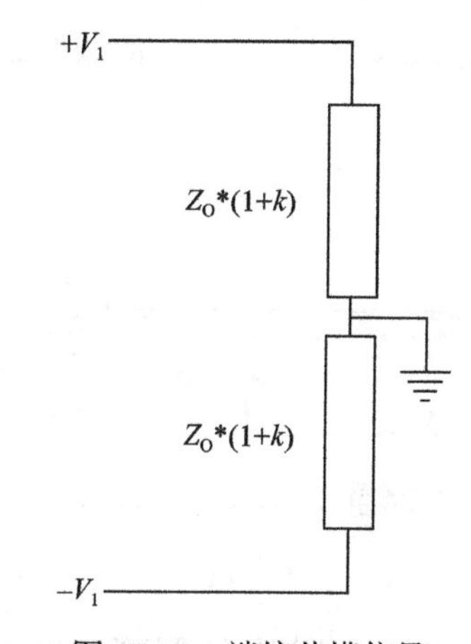

图 17-13　端接共模信号

17.7.3　如何确定 k 的值

k 值不能超过 1.0（完全耦合），也不能小于 0（零耦合）。按照 Howard Johnson ⊖，耦合系数（k）近似正比于：

$$1/[1+(D/H)^2] \qquad (17.11)$$

其中，H 是走线在参考平面层上的高度；D 是走线中心间的距离。

这一公式在微带线环境里能合理地发挥作用，但由于耦合系数也依赖于附近的其他因素，特别是附近的任何其他参考平面层的影响，在带状线环境下，k 的值非常难以确定。

对于 k 值的估计，除了 Howie（即 Howard，译者注）的公式，我没有听说过其他任何公式。除此之外，我们必须借助于场求解技术来处理耦合问题以及它对走线阻抗的影响。

⊖ Howard Johnson 的 *High-Speed Digital Design: A Handbook of Black Magic* (Englewood Cliffs, NJ: Prentice Hall, 1993 出版), p192。

17.8　电流如何流动

在第 3 章我们讨论了电流在回路中流动的规则，并指出回路中电流处处恒定。在第 2 章中，我们讨论了传输速度和时间。在讨论传输线时，我们讨论了传输到线的远端并反射回来的信号，甚至直到信号传输到线的远端之后，我们才知道是否会有反射。也许现在你已经在想是否所有的这些可以同时正确，而回路电流处处相等与沿导体的传输怎么能同时发生呢？其中的一些不是相互排斥的吗？

图 17-14 说明了电流在导体上是如何流动的，因而说明了所有这些情形都能满足。它给出了三幅前面提过的⊖来自一个动画演示的“抓拍照片”。它也说明了另一个我们在 3.1 节介绍的重要定律：**每一个信号都有返回信号**（此定律没有例外）。每个信号都有返回信号，**你需要知道它在哪儿**（至少当你正在关心有后续的问题时，诸如信号完整性问题、EMI 等）。这是因为正是这些返回电流常常在我们电路中引起这些问题。

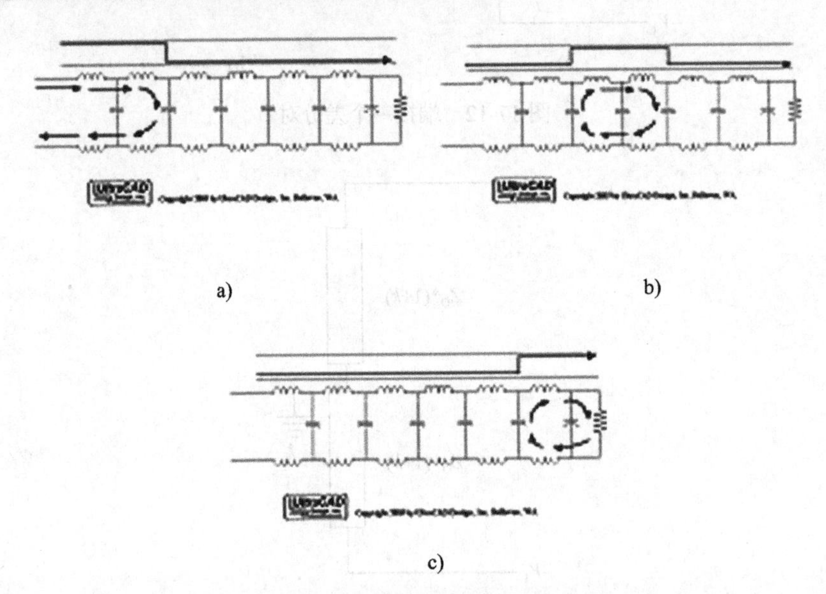

图 17-14　电流如何沿传输线流动

回顾一个阻抗受控的导体具有受控的几何图形。部分图形是控制信号和其返回信号间的关系。在同轴电缆中，这一点相当明显。信号在其内导体中，返回信号在其外侧保护层中。如果我们破坏这一几何关系（即破坏电缆），阻抗受控就不复存在，至少是在那一点处。如果想要电路板上的走线表现为传输线，我们必须控制其几何图形，这意指控制信号和其返回信号间的关系。我们做这些的常规方法是在走线下提供连续的、相关的、不破裂的参考平面层作为返回电流流动的地方。可以不使用这一平面层控制走线阻抗，但这样做会非常困难，大多数工程师甚至没有尝试过，除非有一些非常特殊的原因要这样做。

因此图 17-14a 所示为当一个信号开始沿传输线传输时，信号通过传输线的分布电容耦合到返回路径的情形。箭头表明了其回路。图 17-14b 所示为如果信号为一个很快再回到 0 的脉冲，将会发生的事情。信号能量持续在由走线、参考平面层和它们间的分布电容组成的回路内循环流动。注意在这里我们假设使用了理想的（无损的）传输线，其上没有任何相关电阻，因此，不会有任何损耗。对于频率低于 500MHz ~ 1.0GHz 的电路板上的传输线来说，这是一

⊖　参看 www.ultracad.com/animations/chapter17.htm。

个合理的假设（有损传输线在第 20 章涉及）。

技术注解

在图 7-14 中，可很清楚地看到返回信号的路径以及信号是如何对其耦合的。当信号以某一传输时间沿走线传输时，返回路径上总有耦合，但返回路径在哪里或耦合是怎么发生的，并不总是显而易见的。它也可能通过空气耦合。在第 18 章中，我们将说明沿着天线的信号传输如何通过空气（空间）与地平面耦合。

当信号到达传输线的端点，并且该传输线端接正确（如图 17-14c 所示），信号的全部能量以耗散在终端电阻上的功率形式被吸收（发热），从而没有剩余能量传回传输线。因此没有任何反射。这是正确端接的传输线的特征。

从图 17-14c 我们能想到如果传输线没有正确地端接会发生什么。如果 R_L 与传输线特征阻抗不匹配，则不是所有的能量都被终端电阻吸收，剩余能量可再反射回传输线上。如果传输线开路或短路，则没有能量耗散于电阻上（发热）且所有能量都被反射回来。如果传输线的端点处有一些电阻，那么部分能量反射回来。反射系数（见 17.6 节）是有多少能量反射回来的一种度量。再提一下，这些情形的动画演示可在 www.ultracad.com/animations/chapter17.htm 上看到。

17.9　差分电流如何流动

如果担心差分走线的反射，就必须使差分走线看起来像传输线。这里实际有两个选择：在一种情形中，我们可将（差分对的）每个走线看成一个单独的传输线。这意味着为了控制其几何图形及由此而得的传输线阻抗，我们一般必须在每个走线下提供一个连续的、相关的参考平面层。另外，由于一个走线对另一个走线的耦合将会影响阻抗，则必须将每个走线与其他的充分隔开。或者我们可将这些走线布得很近，不管有没有参考平面层（见第 12 章），在这种情形下，我们需要控制走线间距，以便维持恒定的“差分”阻抗。

17.9.1　有参考平面层的差分电流

如果差分走线下方有一参考平面层，那么电流沿（差分对的）每个走线的流动就如同当走线为单端走线时一样。为使路径完整，电流通过走线和参考平面层之间的分布电容流动。如图 17-15a 所示，为了比较，差分对的情形画在图的上部，单端情形画在图的下部（单端情形与图 17-14 所示情形完全一样），这种情形的动画演示可查看 www.ultracad.com/animations/chapter17.htm。

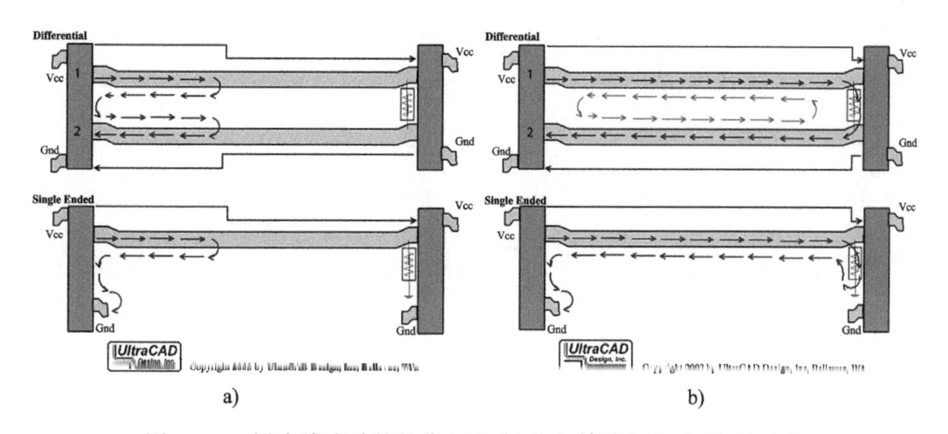

图 17-15　沿走线流动的差分电流（上）与单端电流（下）的对比

这种情形的一个有趣推论是当信号到达走线远端（见图 17-15b）时会发生什么。在此处，电流路径是沿走线（图中走线对的上部走线）向下并在另一条走线上返回。在走线下方参考平面层中的返回电流在此层中形成了一种涡旋电流，并作为第二个独立的电流回路。这一回路将会消失，因为不再有变化的电流来激励它。一些工程师认为由此产生的回路可引发 EMI 问题（见第 18 章），但他们在这个问题上未能达成任何共识。

17.9.2　没有参考平面层的差分电流

如果差分走线下面没有参考平面层，那么电流沿走线对的一条向下流动并在另一条走线上返回，如图 17-16a 所示，这是学生们期望见到的那种差分走线电流。走线间的返回路径由走线间的分布电容提供。和前面一样，这种情况的动画演示可查看 www.ultracad.com/animations/chapter17.htm。

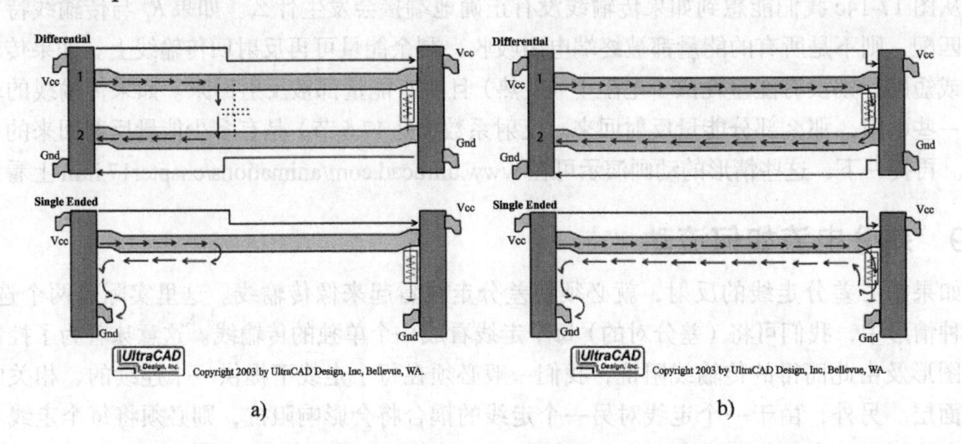

图 17-16　其下没有参考平面层的差分电流（上）与单端电流的对比

17.9.3　阻抗控制

没有必要将差分走线对的每一条走线设计为传输线，除非反射是个必须关心的问题。如果这样，那么每一条走线的阻抗可由早前描述的方法确定。每一条走线有其自身的 Z_0（通常等同于假设我们是在设计受控的阻抗走线），如果走线间有充分的耦合，可能对差分阻抗（Z_{diff}）做些修正。

第18章 耦合电流/EMI/串扰

18.1 基本概念

我们在第5章学过，作为库仑定律（见1.6.1节）的结果，在电容器一个表面上流动的电流将会耦合到另一个表面，我们可称之为**电荷耦合或容性耦合**。电荷周围有电场，如果电荷改变（就像在电流中），电场也改变。

我们在第11章学过变压器中的**感性耦合（磁性耦合）**：任何时间有电流流过，在导体周围就有磁场。如果电流变化，那么磁场也变化。因此，任何时候电流变化，在导体外就有辐射状电场的变化及辐射状磁场的变化。这些场结合在一起就形成了我们所说的**电磁场**。因此变化的电流将在导体外引起变化的辐射状电磁场，变化的电磁场可耦合进另一导体，并在该导体中引起电流。这是电容器、变压器和无线电传播的基本原理，也是EMI和串扰的基本原理。

电磁耦合本质上无所谓“好”与“坏”。如果我们想使信号发射通过一段距离（就像在通信中），它就是“好的”，在这种情形下，将设计相应电路以最大化辐射信号。如果我们在FCC许可检测范围（EMI）内向一个天线“发射”一个不想要的信号，它就是“坏的”。在这种情形下，我们就想要最小化这种辐射。如果我们正在将一个不希望的信号耦合进邻近的导体（串扰）中，它可能是“坏的”，除非邻近的导体是差分对的一部分（耦合在这种情形下或许是有益的）。

技术注解

电磁工程师很快就指出近场辐射和远场辐射间有差别。尽管确实是这样，就本书意图而言，这个差别并不大。本书谈论的基本原理不依赖近场和远场的区别。

辐射的电磁场具有能量，该能量来自产生该场的电路。因此，电路中必有功率损失。我们在第4、第5和第6章学过，阻性电路能消耗功率，而（纯）电抗电路则不。然而，以变化电流为特征的电路或许完全不是阻性电路，例如，射频发射电路可以是一个纯电抗*LC*电路，那么我们怎么考虑功率损失？

该问题的答案在于**辐射电阻**的概念。任何可辐射（电磁）能量的电路都有一个能导致功率损失的**有效**或**虚拟**的电阻。辐射电阻不是我们设计进电路的元件，它是等效或虚拟的电阻，作为辐射的结果而在电路中出现。如果它是真实的电阻，它所消耗的功率将以热的形式表现出来，而辐射电阻通过电磁辐射的形式消耗功率。辐射电阻通常不出现在电路原理图上，但可以用适当的测试设备进行测量。

就像我们在4.5节提到的，任何电路能辐射出的最大功率是其可用功率的50%，其余的被电路自身消耗，因此RF发射器最多能辐射其功率的50%。如果一个电路正在辐射EMI，那可能是非常小的功率，太小而不能在电路自身内测量。这就是为什么我们要在严格控制的条件下的许可检测范围内测试它的原因。尽管如此，辐射的EMI导致了电路的功率损失，它由电路的**辐射电阻**表示。从实用观点看，EMI 导致的辐射电阻太小而难以用测试设备测量，它常常小于已存在于电路中的噪声电平。

18.2 天线

天线理论很复杂，大大超出了本书的范围。我们在这里仅介绍几个与天线有关的基本概念以帮助我们更好地理解下文有关 EMI 的讨论。

让我们从一个简单的偶极子天线（见图 18-1）开始，很多人都在 FM 收音机中用过这样的天线。如果用这样的天线发送信号，我们将用传输线（见第 17 章）馈其信号，如图 18-1 所示。对这样的天线而言，电流回路在哪里并不直观清楚（回顾电流必须在闭合回路中流动），这是由于回路是通过天线两臂间的分布电容而形成的。天线理论会告诉我们此类天线的优化尺度，以便优化发射功率（在任何给定的频率下）。但对于本书而言，注意到天线两臂间**通过空气有一个电流回路**就足够了（就如同通过任意电容器形成回路一样）。正是来自该回路的电磁辐射发射信号给某处的接收天线。

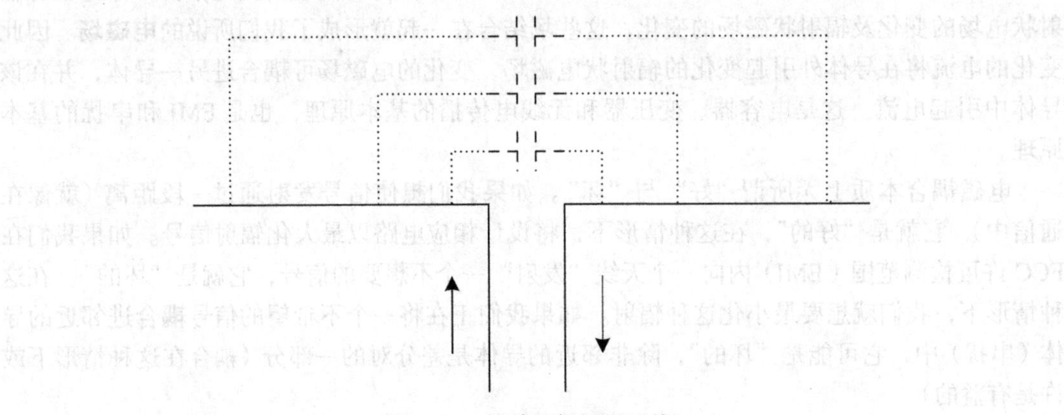

图 18-1　简单的偶极子天线

图 18-2 所示为垂直天线的类似概念。天线与地绝缘，地上分布有一系列导线以作为返回信号路径。然而，使用天线下的地作为返回路径并非不常见。类似地，汽车 CB 天线采用汽车金属车身作为返回路径。电流回路从垂直天线通过分布电容回到地平面而形成。众所周知，像这样的空间导线的特征阻抗（Z_O）为 300 ～ 400Ω。

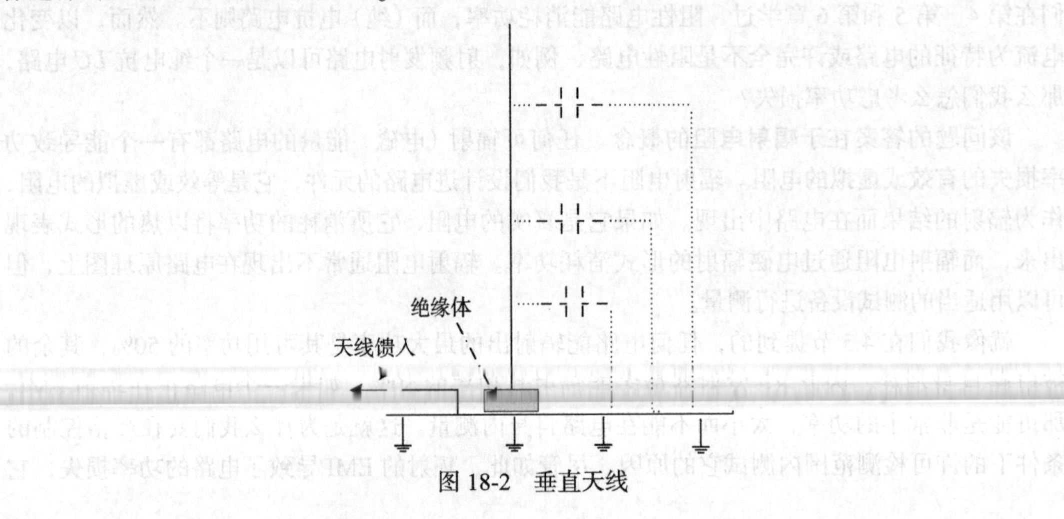

图 18-2　垂直天线

18.3 EMI

图 18-1、图 18-2 所示为大多数人熟悉的天线，这些天线能非常有效地发射电磁辐射到空间中。画出它们是要说明我们能很容易地在系统和电路板上拥有也能辐射进空间的类似结构。举例来说，图 18-3 所示为在金属外壳内的一个电路板，在穿过外壳小孔的屏蔽电缆上有信号离开电路板，外壳有电压（我们有时称为外壳地），护套与信号参考地（正确地）相连，信号返回电流在屏蔽电缆上流动。

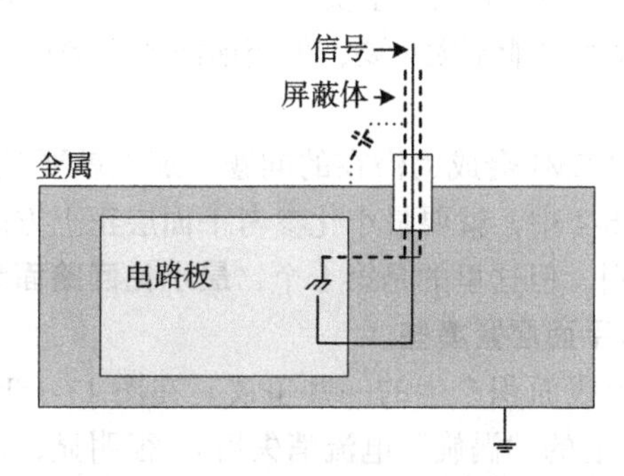

图 18-3 离开外壳的屏蔽电缆。

这里有个问题：信号参考地可能与基座地电位不同。如果不同，那么就有看上去像离开外壳的垂直天线。使用护套和基座间的分布电容而建立电流回路是有可能的。如果这样，该回路可向空间辐射电磁能量，就好像广播天线那样。图 18-1 和 18-2 所示为通常有用的辐射类型（例如，无线电广播），但图 18-3 所示为可能没什么用处的辐射类型。事实上，它以后可能使我们不能通过 FCC 许可检测。

像这样的 EMI 问题是微妙的，常常需要专家解决，也有很多 EMI 兼容方面的好书可以参考。举这个例子的目的是说明 EMI 问题是多么的微妙。

电路中的 EMI

电路中的 EMI 主要有两个来源：差分电流回路（不要与差分电路或走线混淆）和共模电流。记住 12.3 节的表述：

> *差模是当电流沿一条走线流动并从另一条走线返回。共模是当电流在两条走线上沿相同方向流动。*

让我们从电流回路的概念开始。回顾电流在回路中流动，并且你需要知道它在哪里流动。如果在一参考平面层上方布置走线，使返回电流就在走线下方的参考平面层上，那么电流回路很好确定。例如，图 18-4 画出了一个 6mil 长的走线，它位于参考平面层上方 10mil 处。如果我们做得正确，并且该平面层是连续、相关的，那么电流回路就可确定为矩形，其长度为走线长度，宽度为走线和参考平面层之间的距离。

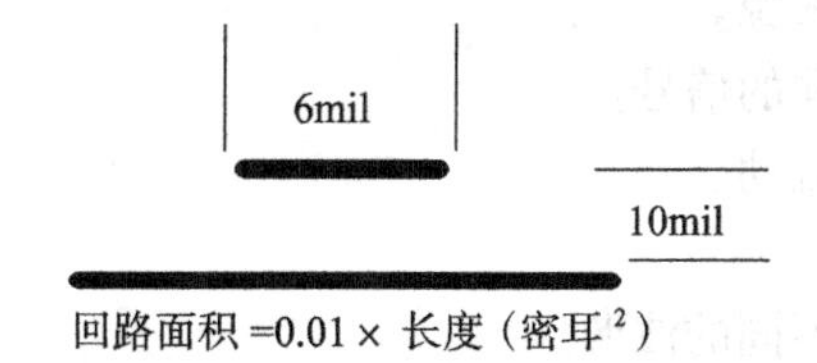

图 18-4 一个界限清楚的电流回路是走线长度乘以距参考层的高度

由于该电流回路确定了一个回路天线，所以它很重要，并将发射出电磁辐射。由于辐射进入其他电路（作为噪声或串扰）或周围环境会引起 FCC 兼容测试问题，这种辐射可能具有破坏性。很多人都试图通过“密封”辐射而防止这样的问题，例如，在外壳接缝处缠绕铜带，但有一个更好的方法是在辐射可以开始之前就在源头上阻止。

对差模信号来说，这实际上并不太困难。差模意味着信号（很可能）是通过受控回路流动的。也就是说，我们知道电流回路是建立在版图和原理图上的何处。因此这里有一个秘诀：**EMI 与回路面积有关**，它也与频率有关。事实上，它正比于频率的 3 次方（f^3），因此在低频（即低频谐波）时，回路的面积可能不太重要，但当谐波频率增加，回路中 EMI 辐射增加的可能性就会急剧增加。

如果我们觉得在设计中 EMI 会成为潜在的问题，那么就要最小化可能产生 EMI 的电路的回路面积。例如，在图 18-4 中，就要最小化参考平面层正上方的走线高度。在第 22 章中，会介绍一些 PCB 的设计规则，但这里的是第 1 个：**最小化回路面积，将每个走线尽量布得与其下方相关的、连续的参考平面层紧凑些**。

这里有一个涉及差分走线面积产生的一些争议。在图 17-15b 中，走线周围形成了电流回路（至少是在参考平面层上的“涡旋”电流消失后），很明显，走线周围的电流回路形成了图 17-16a 和图 17-16b 的情形。大多数工程师会同意差分走线要布得与其下的参考平面层近些，以预防图 17-16a 和图 17-16b 所示的回路（虽然一直有些争议），但一些工程师主张差分走线应布得紧凑些以最小化任何潜在的如图 17-15b 所示的电流回路。最后一点没有得到确切的普遍认同。

然而，共模信号带来了不同的问题。我们通常并不将共模信号设计进电路，它像其他一些事情一样，只是碰巧发生的。由共模信号产生的 EMI 可能与回路面积有关，这一点依然正确。但对于共模信号而言，我们常常不知道其回路在哪儿。事实上，我们也常常不知道共模信号自身会在哪里。如果我们知道了，我们将从源头上阻止它们。

因此，如果我们关心共模信号引起的 EMI 的可能性，那么我们需要最小化共模电流回路，那通常意味着从形成源头去阻止共模信号。我们在 12.4 节讨论过共模电流有时是如何形成的，因此，那是找出如何控制共模信号引起 EMI 的最佳地方。

但有时尽管尽了很大努力，共模信号还是形成了。这些信号常常在参考平面层上流动。控制它们的最好方法是“将它们短路掉”，在电源和参考层间形成强的、低电感的容性耦合可以做到这一点。或者在 PCB 层叠中创建至少一个紧凑间隔的电源 / 地层对（又见“地”这个词）也可以做到这一点。平面层对非常高的频率提供了非常有效的电容耦合，这特别有助于控制共模产生的 EMI。因此，这是我们的第二个设计规则：**在层叠中至少使用一个电源 / 地平面对**。

18.4　串扰

很多人觉得串扰难以理解，或许这是由于它有一些不常见的特征：

- 它有两个不同的基本来源。
- 这些来源产生两个不同的信号。
- 这些信号在相反方向流动。
- 这些信号能相互作用。
- 这两个信号具有明显不同的波形。
- 这些波形随耦合长度的不同而表现不同。

- 在起初，没有一个波形看起来像引起串扰的“侵入者”信号。

除了上述几点，串扰很容易理解。因此来看看能否将这些表述得易于理解。首先，要使电路板上有串扰，必须至少有两条走线。一条载运将要进行耦合的驱动信号，我们称之为**侵入者**走线；另一条走线接收耦合信号（串扰），我们称之为**受害者**走线。在实际电路中一条走线有可能同时是侵入者走线和受害者走线，尽管通常将这些效应分开分析。

耦合程度与耦合所发生的长度有关。相互垂直的走线由于耦合长度非常短，则对相互垂直布线的走线而言，串扰通常不成为问题。因此，串扰仅与那些（多多少少）相互平行且彼此相对较近的走线有关。在如此情况下的长度称为**耦合长度**，它或许仅是走线整个长度的一部分。

18.4.1　两个基本诱因

串扰是当一个导体上的信号耦合进另一导体时而引发的。由于 DC 信号不耦合，我们马上就知道串扰是个 AC 效应。且是导线或走线周围的电磁场导致了耦合。

技术注解

如果耦合走线靠得很近，我们就会有串扰，但如果离得很远，我们就会有 EMI。这种说法虽然不严格正确，但也不是完全错误，两种效应都是由电磁耦合引起的，而电磁耦合本身又是由侵入者走线周围的电磁场引起的。

电磁场有两个组分：电场和磁场。这两个场紧密相关但依然不同，它们具有不同的效应。认为电场引起电的（即电荷）或电容耦合效应，该效应由信号的电荷（电子）组分引起。任何时候电流沿走线流动，就会产生磁场。变化的电流产生变化的磁场，变化的磁场引起磁的、或感性的、进入邻近导体的耦合，它是入侵信号的变化性质引起的磁串扰耦合。因此我们有两个独立的（串扰）信号组分耦合进受害者走线：电荷项和磁性项。这就处理了前述列表中的第一点。

18.4.2　两个不同的信号

回想电流是电子的移动（流动），电子是带电的粒子，同性电荷相斥而异性电荷相吸。例如，如果你将一个带电粒子移动到电容器的一个极板上，一个同性电荷就从电容器另一极板上被排斥开。类似地，如果你沿一条走线移动一个带电粒子，邻近走线上的同性电荷就从那个带电粒子处被排斥开。同性电荷是在所有方向上被排斥，但由于它们被限制在导电的走线内，它们从排斥它们的那个粒子处**沿两个方向离开**。这些被排斥的电荷形成了从排斥它们的那个粒子处沿两个方向流动的电流。

这说明了两个重要观点。第一，串扰是我们称之为**点的概念**，也就是说，它在走线上的单个点处或者同时在多个点处发生。我们能（且确实能）独立地分析这多个点，我们称这些点为“耦合点”。当驱动信号沿走线传播，耦合点随它而移动，因此驱动信号在某一瞬时耦合进受害走线的一点处，并在之后的时刻耦合进下一点处。第二，该电荷耦合的电流从耦合点处向两个方向流动。由于（一般地）垂直走线不会导致串扰（只有平行走线才会），这两个方向要么与侵入信号相同要么与其相反。在与侵入信号相同方向流动的耦合信号称为**前向串扰**，与侵入信号相反方向流动的信号则称为**后向串扰**。

也存在感性耦合的串扰信号，它总是在与引起它的电流（即侵入信号）的相反方向上流动[⊖]。在某种意义上，这个感性耦合信号的行为就像变压器中的次级耦合电流一样。

⊖　这是楞次定律的结果（参看 11.7 节）。

因此我们现在就处理了表中所列的第2和第3点。这两种耦合效应（容性的和感性的）产生了两个独立的电流，这些电流中的一个沿从耦合点处向后流动，一个则向两个方向（前向和后向）流动。

18.4.3 交互作用

独立的电流是可叠加的。在前向，我们有与侵入信号相同方向流动的容性耦合电流和与侵入信号相反方向流动的感性耦合电流，这些电流大小近似相同，趋向于相互抵消（事实上，在某些条件下，它们正好相互抵消）。如果走线周围的环境是各向同性的（即均匀的），前向的这两个组分正好抵消从而没有前向串扰电流。带状线周围（具有统一的介电系数）的环境符合这样的情况。在带状线环境中，没有有效的前向串扰电流需要担心。

在微带线的环境，其条件不是各向同性的。例如，一种介质在走线下方，而焊料涂层、保形涂料和空气则在走线上方。在微带线环境，两个前向串扰组分不会抵消，从而存在通过耦合产生的前向串扰电流。不过，这两个组分往往会抵消一些，从而使前向串扰电流通常较小。一般情况下，我们不用担心电路板上的前向串扰电流，除非耦合长度非同寻常的长或者涉及一些非常特殊的情况。

在后向，这两个串扰组分叠加，合在一起产生后向串扰电流。如果电路板上有串扰问题，它通常是由后向串扰引起的。这就处理了前述第4点。

18.4.4 前向串扰

基本的前向串扰组分（容性的和感性的耦合组分）沿相反方向流动，因此，它们趋向于抵消。在纯粹的各向同性环境中，即耦合走线周围处处均匀的环境，它们正好抵消掉。一种这样的环境是带状线环境，在两个参考平面层之间的材料相对介电常数不变且处处均匀。在这种特定情形下，没有前向串扰要担心，至少在大多数实际场合如此。

如果环境不是各向同性的（例如在微带线中或者在两个参考平面层间存在不同性质的材料的带状线），就会产生前向串扰信号。这种信号的大小几乎总是比较小的，除非在某些特殊情形下或耦合区域较长。尽管如此，如果它产生了，查看前向串扰信号看起来像什么还是有意义的。

如图18-5（该图的动画演示可见于 www.ultracad/com/animations/chapter18.htm）所示，在图18-5a和图18-5b的下部，有一个侵入驱动器正在向接收器发送一个阶跃信号。受害走线画在侵入走线的上方。图18-5所示为动画的两帧图像。

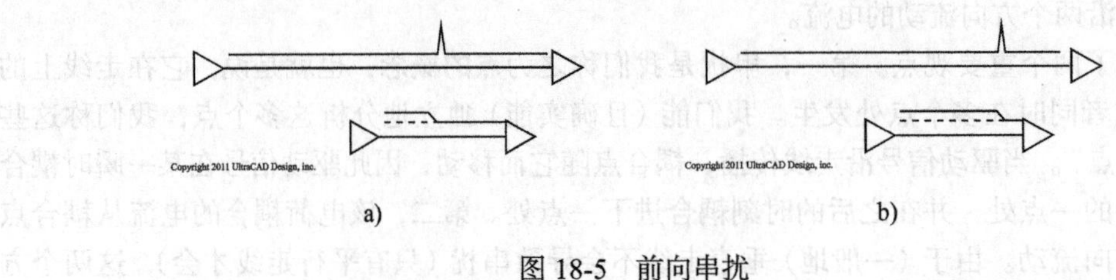

图18-5 前向串扰

串扰是一个**点概念**，也就是说，串扰耦合发生在一点处，当侵入信号沿走线传播，耦合点也沿受害走线与侵入信号同步传播。受害走线上的前向串扰耦合信号也沿受害走线在同一（前向）方向且以相同的传播速度传播。因此，在走线上的每一点处，我们有该点的耦合效应加上受害走线上以相同速度传播的**所有该点之前的**点的耦合效应。

任一点处的耦合或许是小的，但随着耦合区域的增加，其累积信号变得越来越大。因此，在较长的耦合区域情形（即长的、平行的走线）下，该耦合信号实际上可能会发展得相当大。

关于前向串扰，有如下两个总结：

❑ 前向串扰的大小随耦合长度的增加而增加。

❑ 前向串扰脉冲宽度约等于侵入信号的上升时间。

这两个总结和我们在下文得出的后向串扰的截然不同。

18.4.5　后向串扰

现在考虑如图 18-6 所示的后向串扰，它与图 18-5 的结构相同，但这次我们聚焦于后向串扰信号，（如前面一样，该图的动画演示可见于 www.ultracad/com/animations/chapter18.htm）图 18-6a 和图 18-6b 画出了该动画的两个阶段。

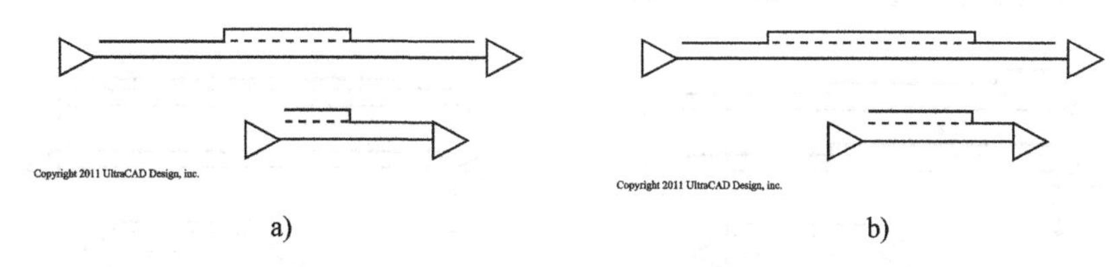

图 18-6　后向串扰

在耦合区域的起始处，侵入信号在该处耦合进入受害走线。在接下来的时刻，发生了两件事情。

❑ 受害走线上的耦合信号向后传播。

❑ 两条走线间的耦合点向前传播。

因此随着侵入信号沿走线传播，同时就有耦合信号同步耦合进受害走线，但此时，已经耦合进受害走线的信号持续地在后向方向传播，这将持续到侵入信号到达耦合区域的另一端。

需要特别注意的是，这里并没有受害信号的累积（尽管在前向串扰情形下有积累）。后向串扰信号不会随着耦合区域的变长而生长（增加），它只是变宽了。因此现在我们可以得出关于后向串扰的两个总结：

❑ 后向串扰信号的大小保持不变，即使耦合长度增加。

❑ 后向串扰信号的宽度随耦合长度的增加而持续增加。

注意：这两个总结正好与前向的总结相反。

18.4.6　后向串扰宽度

图 18-7 画出了侵入信号刚好到达耦合区域末端的状况。注意后向串扰信号在那一点处耦合进受害走线，但侵入信号刚好开始进入耦合区域时产生的耦合信号的一部分已经从那一个耦合点处沿受害走线向后传播了。这部分耦合信号以与侵入信号向前传播的**相同速度**向后传播。因此，后向串扰的那一组分通过的距离与耦合区域的距离相同。

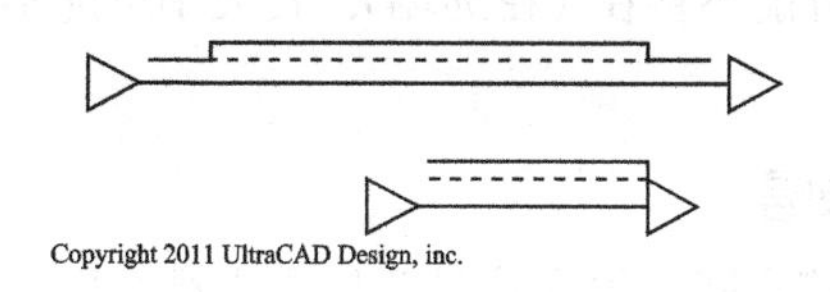

图 18-7　侵入信号在耦合区域末端的状况

因此，上述第二个总结可以细化并扩充如下：

- 后向串扰信号的宽度随耦合区域的增加而持续增加，**并等于耦合区域的两倍长度。**

18.4.7 后向串扰反射

然而，这一切不会结束于图 18-7 所示情况下。所画的向着近端[1]传播的后向串扰信号可以反射离开那儿，然后朝远端传播回去。这个在远端的反射信号常常是在电路中所要关注的。

图 18-8 所示是接下来发生的情况，这是紧接着图 18-6 动画的另一动画（完整动画可在 www.ultracad.com/animations/chapter18.htm 上看到）。它画出了两种不同的情形。上面的受害走线因为在近端没有任何端接物，所以后向串扰信号 100% 完全反射。这一信号组分在受害走线上向后朝着远端传播。下方的受害走线在近端有一个端接电阻，这吸收了后向串扰信号，因此没有朝向远端的信号反射。重要的是，第二种情形没有在远端产生（后向）串扰信号。图 18-8a 和图 18-8b 给出了整个动画的两个阶段。

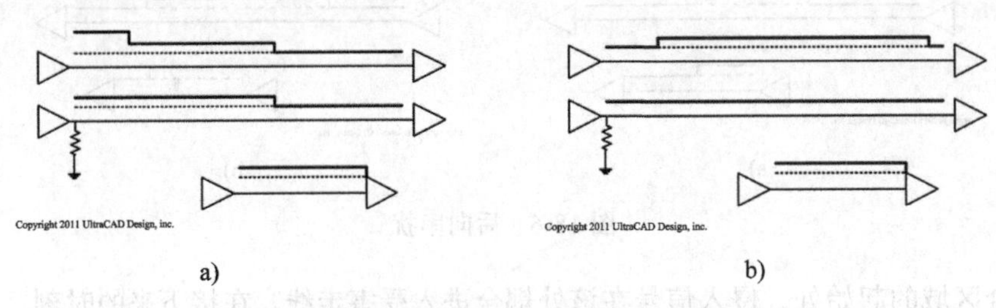

a) b)

图 18-8 后向串扰组分可能是如何反射的

考虑这一现象的含义。如果近端的串扰信号对我们很重要，那么任何可能产生的后向串扰信号都有一定的重要性。但如果仅是远端串扰信号对我们是重要的，那么就可以通过在近端适当地端接受害走线而完全消除它。不仅这样，而且我们已讨论过，通过将走线置于各向同性的环境（即在带状线的环境中）中可以最小化前向串扰组分。因此，将走线置于带状线环境和在受害走线近端适当端接的措施可完全消除受害走线远端的串扰问题，而不管其几何形状怎样。这是最给力的含义。

注意：端接受害走线的近端而不引起其他不希望的电路行为后果是不可能的。这是电路设计工程师必须考虑的一些问题。

18.4.8 为什么发现并处理串扰这么困难

到目前为止，你可能有了一些关于为什么发现并处理串扰问题这么困难的一些想法。这里列举一些原因：

- 后向和前向串扰信号看起来彼此完全不同，且没有一个看起来像产生它的侵入信号。
- 后向和前向信号可在不同的时间点（在远端）发生，这取决于侵入和受害走线的相对长度，以及耦合区域是否发生在走线的整个长度上，还是仅仅是在一部分长度上。
- 前向组分可能存在或可能不存在，这取决于环境各向同性的程度。
- 后向组分可能存在或可能不存在（在远端），其大小可能不可预期，这取决于受害走线近端的反射系数。

18.4.9 后向串扰组分的振幅

图 18-9 所示为后向串扰信号随着侵入信号开始进入耦合区域而如何成长的动画图中的一帧。后向串扰组分开始时表现为一个小梯形，并在振幅和脉宽两方面生长直到某一点。在那

[1] 近端和远端串扰信号通常分别称为 next 和 fext。

一点处，振幅停止增加，仅有脉冲宽度继续增加。这个振幅停止生长的点是一个非常精确的点，如众所周知的“临界长度”。与我们在传输线中所称的临界长度相同：在该长度处，来回信号的传播时间（通过耦合区域的）等于侵入信号的上升时间[⊖]。

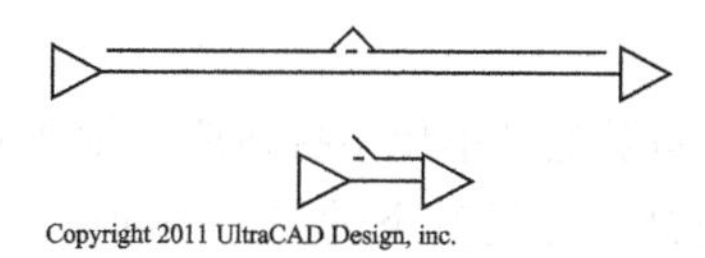

图 18-9 显示后向串扰信号如何增长到最大幅值并停止生长的动画图

临界点可容易地用 HyperLynx 仿真显示出来。考虑两个平行的耦合走线，侵入信号沿侵入走线传播（见图 18-10），它是上升时间为 2ns 的阶跃信号（a）。假定 ε_r 为 4.0，2ns 上升时间的信号将具有 1ns 的临界长度，即约为 6in。轨迹（b）、（c）和（d）代表了耦合区域分别为 0.5ns（3.0in）、1.0ns（6.0in）和 2.0ns（12in）时的三个不同的仿真结果。该图表明，耦合区域短于临界区域（b）的信号波形是一个梯形，其振幅还没有达到其最大值。对于耦合区域长于临界长度（d），后向串扰信号的波形是一个振幅达到最大值的梯形且不再变大。对于耦合区域正好等于临界长度（c），后向串扰信号的波形是一个三角形，其振幅刚好达到最大值且不再变大。从仿真中可以清晰地看到，后向串扰脉冲宽度（在每一个情形下）是两倍的耦合区域长度加上一个上升时间。

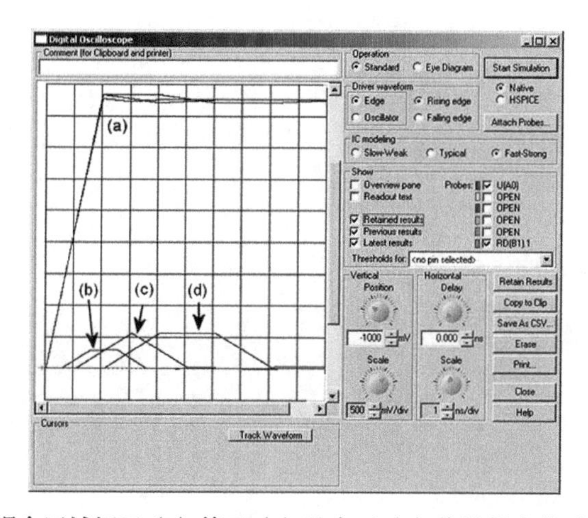

图 18-10 耦合区域短于（b）等于（c）及大于（d）临界长度的后向串扰组分

后向串扰组分的振幅不是特别容易估计。它开始时很小，随着耦合区域的增加而增加到某一点。Howard Johnson 估计最大串扰耦合系数为[⊜]：

$$\frac{1}{1+(D/H)^2} \tag{18.1}$$

其中，H 是参考平面层上走线的高度；D 是它们间中心线的距离。

需要注意的是，走线宽度和厚度并没有出现在此式中。不是与它们无关，而是它们是二级效应且极有可能含在这些项中。虽然我已经发现这个公式在微带线环境中相当精确，但在

⊖ 完整动画可见于 http://www.ultracad.com/animations/chapter18.htm。

⊜ Howard Johnson 的 *High-Speed Digital Design: A Handbook of Black Magic* (Englewood Cliffs, NJ: Prentice Hall, 1993 出版), p192。注意这个公式适用于长于临界长度的耦合区域。

带状线环境中它趋向于高估了耦合系数。无论如何，此式仅是一个近似式，更精确的则需要场求解仿真技术。我不知道有什么实用的方法能不通过基于场求解的仿真而可靠地对前向串扰组分进行估计。

18.4.10 控制串扰

从（18.1）式可明确知道，如果想最小化串扰效应，则要做两件事：

- ❑ **最小化** H（即将走线尽可能地靠近其下的参考平面层）。
- ❑ **最大化** D（即将走线分开得尽可能远）。

注意：我们在之前的18.3.1节已经看到了第1条规则。

技术注解

你们中眼神足够敏锐的人可以看到图18-9中的后向串扰组分永远不会变为三角形，其解释也相当直观，在图18-9中，耦合长度长于临界长度，动画显示了随着入侵信号的传播，该信号如何生长，在图18-10中，轨迹（c）耦合区域正好等于临界长度，这也是后向串扰组分变成三角形的必要条件。

第19章 电流分布和旁路电容

19.1 问题的本质

考虑图19-1所示的基本电路，我们用一个电源提供功率给Vcc层和$V_{基准}$层。有两个逻辑器件从这些平面层中得到功率：驱动器（1）和接收器（2）。功率分布路径（没有画出）上有电感，且电感位于逻辑器件与这两个平面层相连的地方（L_1至L_4）。这些电感在器件封装中固有存在，且位于与这些平面层相连的焊接点/焊盘处。对每个器件画出了功率输入和返回（P和R），并且驱动器（1）的输出（Out1）驱动接收器的输入（In2）。这里可能发生几个问题，这一节讨论其中两个。

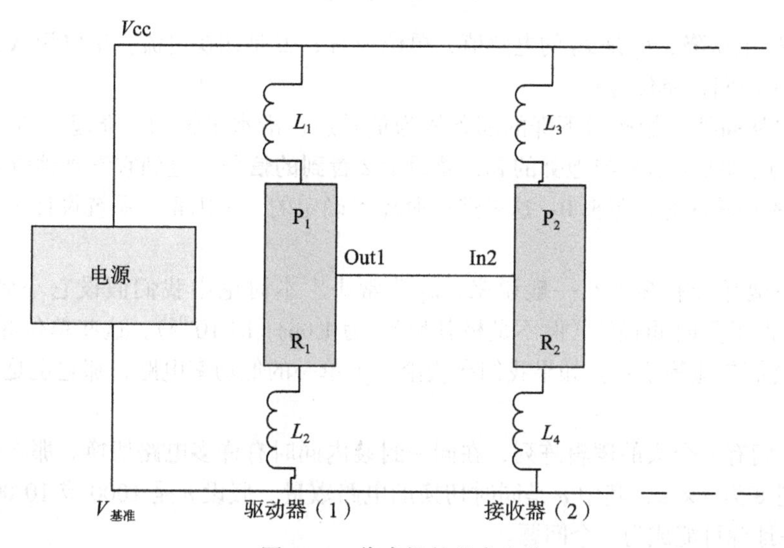

图19-1 代表性的基本电路

19.1.1 地弹

假设驱动器从逻辑1切换到逻辑0，也就是说，Out1的电压下降。由于In2是逻辑1，它也降到逻辑0。这意味着有从Vcc经L_3、In2进入Out1，再经L_2回到$V_{基准}$的电流回路，并通过电源回到Vcc完成了回路。此电流回路可能是一个短瞬时脉冲，其上升时间等于Out1处的开关信号的下降时间。

Out1处逻辑0是以R_1为参考点，我们假设它为0.6V。接收器的输入（In2）以R_2为参考点，假设接收器将任何不超过0.9V的输入电压（In2和R_2间的）识别为逻辑0。为简单起见，假设L_4上的电流没有变化（从而L_4上的压降为0.0V）。**但由切换到逻辑0而引起的电流回路流经L_2，在L_2上产生压降**。In2看到的相对于Out1的信号为Out1的电压加上L_2上的压降。如果L_2上压降足够大，In2将无法区分输入是逻辑1还是逻辑0，从而引起可能的逻辑错误。

这个效应即L_2上的压降可能引起随之而来的输入逻辑错误称为**地弹**。Out1处的信号被L_2

上压降“弹”高。这在图 19-2 中以不同方法显示出来。

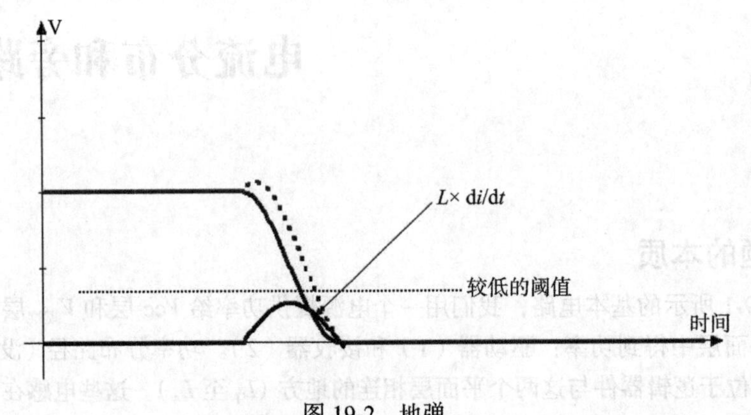

图 19-2 地弹

L_2 上压降由式（19.1）给出 [与式（6.1）相同]：

$$V_{L_2} = L_2 \times \mathrm{d}i / \mathrm{d}t \quad (19.1)$$

其中，V_{L_2} 是 L_2 上压降；L_2 是 L_2 的电感值，单位为 H；di 是切换电流，单位为 A；dt 是信号的上升（下降）时间，单位为 s。

图 19-2 中从高处开始然后下降的那条线为信号线，沿水平轴的“隆起”的曲线是 L_2 压降，即地弹，点划线是信号与地弹的和，**就是 In2 看到的信号**。直到它看到地弹消失了一段时间后，In2 才将其认为是逻辑 0。这是造成时序不确定的一个因素，系统设计工程师必须为之操心。

那么这一地弹会有多大？一般说来，L_2 非常小。本讨论中我们假设它小到 1.0nH（即 10^{-9}H）。我们设下降时间很快（但不是极其快），为 1.0ns（即 10^{-9}s）。这些单位相互抵消掉，从而 L_2 压降就简单地等于 di。如果我们在谈论一个单一的低功率电路，那它也是很小的，地弹可以忽略。

但设想我们有一个大的逻辑阵列，在同一封装内同时有许多电路切换。那么在封装参考脚上的地弹则变为 $n \times \mathrm{d}i$，其中 n 是同时切换的电路数量。假设 n 是 1000 或 10 000，甚至更大。那么这一地弹可能成为一个问题。

通常用如下两个解决方案去消除地弹问题：

- 在器件和其参考平面层之间尽可能使用最低电感连接（即减小 L_1 至 L_4 的大小）。
- 对电路增加旁路电容以减小电源回路的电感（这是下一节的主题）。

19.1.2 电荷的供给

在本书一开始，我们指出电流是电子或电荷的流动（移动）（见 1.1 节）。在 2.2 节中，我们讨论了传输速度和电路板上信号（电荷）以 6in/ns 的速度传输的事实。回到图 19-1 中，当驱动器切换时，切换电流包含了电子的流动（即电荷的移动）。这些电荷是从哪里来的？人们忍不住会说，它来自电源。

如果开关的上升或下降时间是 1.0ns，那么电子（电荷）必须位于电路的 6in 内，否则电路不能在规定的时间内完成切换。事实上，一半的电荷必须在 3in 内，以及所需电荷的 1/4 必须在 1.5in 内。要是电源离得太远会怎么样？或者要是所需电荷数量太大而不能完成切换又会怎样？

这正是引入旁路电容的原因。我有时将旁路电容称为“存储电子的小桶”。它们充电至电源电压（此情形下为 *V*cc），然后在没有从电源远道而来的所需电荷流时，它们可提供本地必要的电荷以支持开关行为。在某种意义上，它们是小的、局部的电源。

图 19-3a 画出了此类电容器的理想位置：它直接放置在驱动器和接收器的电源端口间。然后电流回路将通过本地电容而取代位于远处的电源。问题是，我们不可能像图示那样连接这些点，因为我们无法到达这些点。因此我们不得不将旁路电容连接到电源层上，使其连接的点与驱动器和接收器的相同。使问题更复杂的是，电容连接点将它们自身的电感引进了电路（如 19-3b 图所示）。

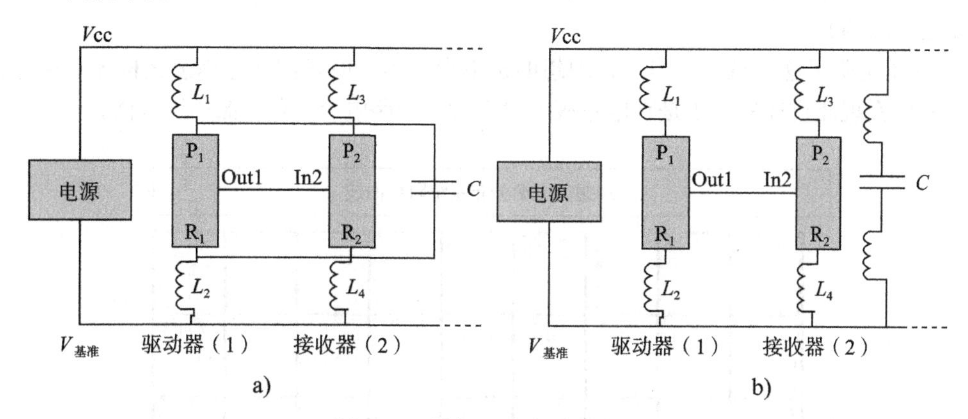

图 19-3　增加一个旁路电容器

19.1.3　哲学笔记

前面每一节的情形容易使人联想到在电源层上得到的开关“噪声”。我有一次听到一个研讨会主持人声称，如果电源层上有噪声，那么其他器件可以“听到”那个噪声。也就是说，由一个电路引入的噪声可在邻近数字电路上引起信号探测问题或使附近模拟电路的失真。有很多工程师试图以隔离的方式保护电路，即努力确保电路噪声（已经跑到电源层上的）不要影响另一电路。

较好的方法是确保一个电路的噪声一开始就不要进入电源层上，然后我们就不需要保护邻近的电路免受一些外部噪声的影响。这可总结为：**这个目标不是保护电路免受电源层噪声的影响，而是在第一时间阻止电路噪声到达电源层。**

19.2　传统方法

增加旁路电容到电源分布系统中的传统方法包括以下准则的任意组合。它们中的很多仍可见于当前的应用笔记中，并且实际上它们的效果也并不差。事实上，它们很有借鉴意义（但在下文，我们会看到一种替代的方法，它在过去 10 年左右的时间里得到了普及）。

- 在每一个有需要的电源引脚处放置旁路电容。
- 采用两种类型的旁路电容：
  a. 一个较大的大容量电容（比如 0.1μF），以提供更多的储存电荷；
  b. 一个较小的电容（比如 0.01μF），为了得到较低的固有电感和较快的速度。
- 使用电源 / 地平面对，以实现最低的电感和最快的速度。
- 将最小的电容放置在距器件参考电压引脚最近处（或地脚处、电源脚处）。

这些准则通常会起作用，并且已起了几十年的作用。然而，其后果有时是一个庞大的旁路电容数量。事实上，有些人主张简单的“越多（旁路电容）越好”准则。大量的旁路电容增加了系统负担并且占用了大量板面积。因此或许另外还有更好的方法。

19.3 电源分布阻抗方法

传统方法的后果是在电源和遍布电路板的地之间有很多电容。在高频时，该平面层被有效短路。这样就将可能存在于这些平面层上的 AC 噪声短路。

我们从这一结果开始并改变目标。理想电源分布系统的定义是：**理想的电源分布系统在 DC 时有无限大的阻抗（对 DC 电源分布而言），以及在其他任何频率处为 0 阻抗（不管是如何实现这一点的）。**

图 19-4 说明了这一概念。当然，理想的是不现实的，但我们要考虑怎么样才能接近理想目标。一种实现此目标的方法是在电路板上投下大量旁路电容（有点像传统方法）。

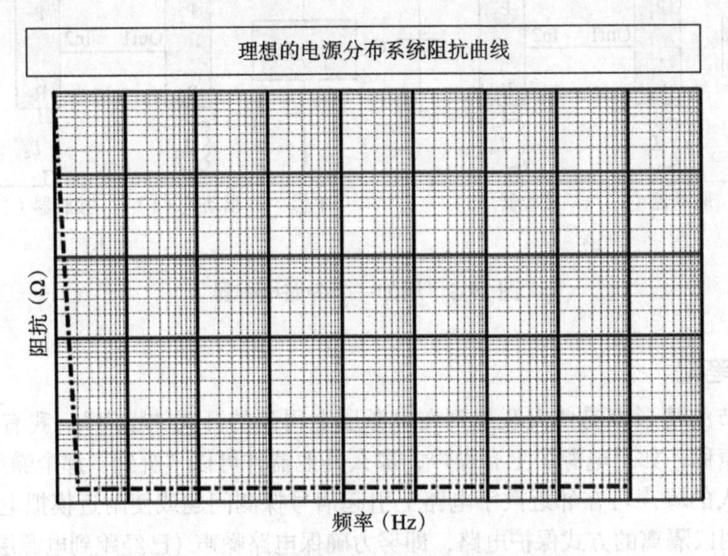

图 19-4 理想的电源分布系统阻抗曲线

但也许有更有效的方法。回顾 9.5 节可知，电容器有一个自谐振频率。图 19-5 是图 9-2 的重复。0.01μF 且具有 2nH 电感的电容器在自谐振频率以下是容性的，在自谐振频率以上则是感性的。就在自谐振频率处有一个谷底，其阻抗趋向 0。此曲线与目标阻抗曲线（见图 19-4）有些相似，但它是一个很差的替代选择。

因此设想我们创造性地选择一些实际的电容器来帮助形成该阻抗曲线，可从具有 5nH 电感的 0.01μF 电容器开始。电感来自电容器的内在结构和电路板上与封装有关的杂散电感。此电容器的阻抗公式是［参看式（7.1）、式（5.8）和式（6.4）］。

$$Z = X_{总} = X_C + X_L \tag{19.2}$$

其中，

$$X_C = -1/\omega C = -1/2\pi fC$$

$$X_L = 1 \times \omega L = 1 \times 2\pi fL$$

这个电容器的谐振频率是（参看 8.7 节）：

$$f=\frac{1}{2\pi\sqrt{LC}}=\frac{1}{2\pi\sqrt{0.01\times10^{-6}\times5\times10^{-9}}}=22.5\text{MHz} \tag{19.3}$$

式（19.2）反映的内容如图 19-6 中的曲线所示。

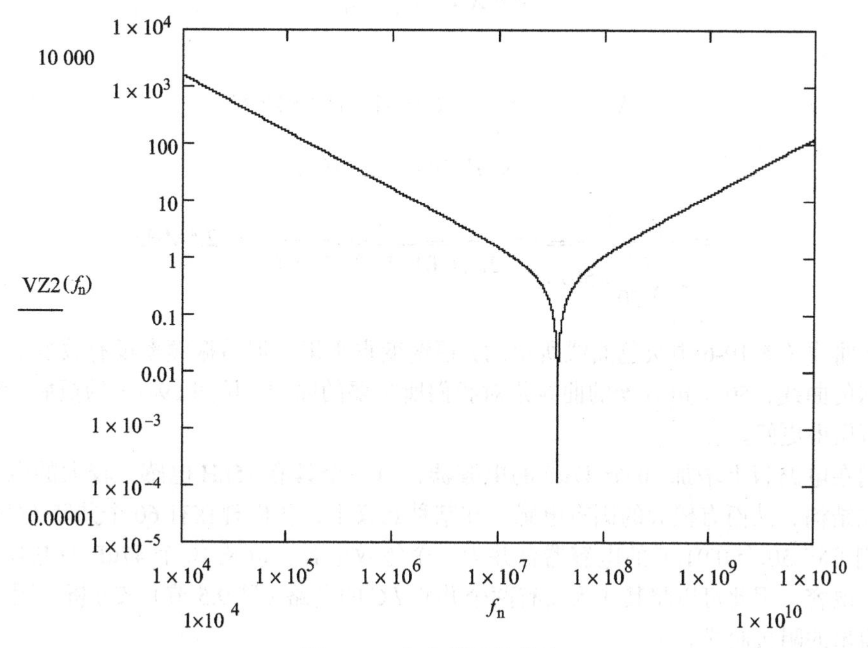

图 19-5　电容器阻抗曲线

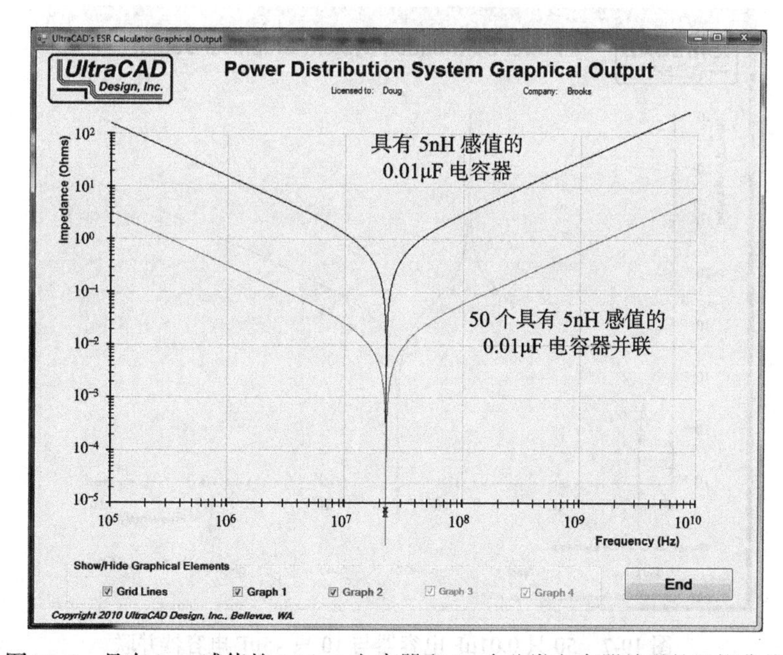

图 19-6　具有 5nH 感值的 0.01μF 电容器和 50 个此类电容器并联的阻抗曲线

技术注解

图 19-6 的曲线以及随后的那些曲线是由 UltraCAD 公司的 PDSI（电源分布系统阻抗）计算器产生的，PDSI 可在 www.ultracad.com/calc.htm 上获取。这是分析这类

复杂问题的最容易的工具。

现在，我们在电路板上放置 50 个相同的电容器，则上述公式变为：

$$Z = X_{总} = X_C + X_L \tag{19.4}$$

其中，

$$X_C = -1/\omega \times 50 \times C = -1/2\pi f \times 50 \times C$$

$$X_L = 1 \times \omega L/50 = 1 \times 2\pi f L/50$$

$$f = \frac{1}{2\pi\sqrt{\frac{L}{50} \times 50 \times C}} = \frac{1}{2\pi\sqrt{0.01\times10^{-6}\times5\times10^{-9}}} = 22.5\text{MHz} \tag{19.5}$$

阻抗曲线（图 19-6 中灰色曲线所示的）逐渐变得平坦，但谐振频率没有改变。相较于一个电容器的曲线，50 个电容器的曲线是对我们所想要的曲线（见图 19-4）的更好近似，但或许我们可做得更好。

我们在电路板上增加 10 个 47μF 的电容器，每一个具有 15nH 电感。较大的电容具有较大的内在结构，从而有较大的固有电感。在某种意义上，我们现在有 60 个并联 LC 电路。但由于我们可将 50 个 0.01μF 的电容器合并为一个等效电容，以及 10 个 47μF 的电容合并为另一个等效电容，因此可以将其作为仅有两个并联 LC 的电路（见 9.5 节）来分析。图 19-7 画出了由此得出的阻抗曲线。

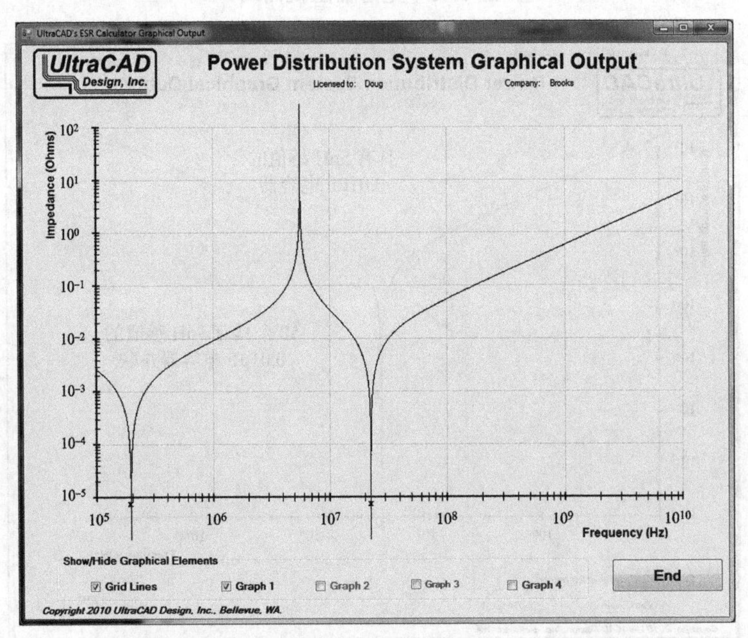

图 19-7　50 只 0.01μF 电容器与 10 只 45μF 电容器并联

47μF 电容器在 194kHz 处有谐振点，同时 0.01μF 电容器在 22.9MHz 处依然有谐振点。在 5.63MHz 处还有一个反谐振（并联谐振）点。图 19-7 所示曲线比图 19-6 所示曲线更接近了我们的理想曲线（见图 19-4），因此可推猜出我们使用的方法正确。

但反谐振点是个麻烦，意思是，如果在电路板上有接近 5.6MHz 的任何噪声，这些频率将不会被旁路电容减弱，因而能作为 EMI 自由地从电路板上辐射出去。我们确实要消除或减小电路板上的反谐振峰。

19.3.1　ESR（等效串联阻抗）的角色

减小这些反谐振点的一个关键点对很多工程师来说难以理解，它是电容器的等效串联电阻在这些曲线中发挥了这个作用。大多数工程师明白低 ESR 意味着在串联谐振点处的最小阻抗。由于最小阻抗是有益的，这些工程师因而假设低的 ESR 是有益的。但低 ESR 意味着较高的反谐振峰，而较高的反谐振峰并不好。因此，对旁路电容而言，我们并不希望 ESR 小，我们希望适中的 ESR。确实这样会抬高最小值，但也意味着反谐振峰的降低以及整体曲线能趋于平缓。

这一点的证明涉及许多数学计算，但它是有启发性的。从并联电容对（*RLC* 电路）开始，如图 19-8 所示，为计算方便起见，令 $L_1 = L_2 =$ ESR（这不是必须的，但它会使数学计算简单得多）。

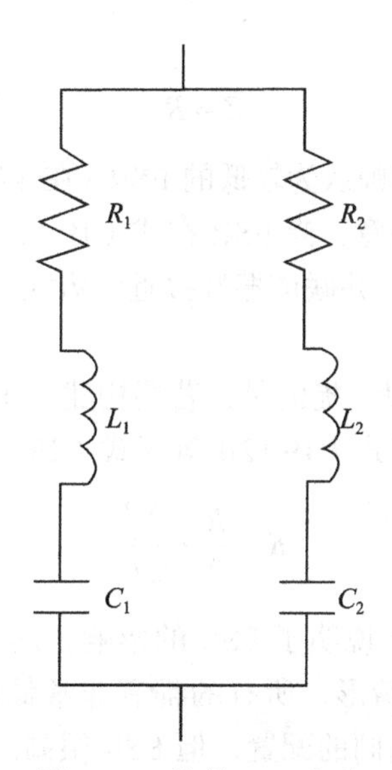

图 19-8　并联 *RLC* 电路

因此，这个电路的阻抗为：

$$Z = \frac{1}{\dfrac{1}{Z_1} + \dfrac{1}{Z_2}} = \frac{Z_1 Z_2}{Z_1 + Z_2} \tag{19.6}$$

或

$$Z = \frac{(R + \mathrm{j}X_1)(R + \mathrm{j}X_2)}{R + \mathrm{j}X_1 + R + \mathrm{j}X_2} = \frac{(R^2 - X_1 X_2) + \mathrm{j}(RX_1 + RX_2)}{2R + \mathrm{j}(X_1 + X_2)} \tag{19.7}$$

记得 $\mathrm{j}^2 = -1.0$，分子和分母同乘以相同的一项，我们取为：

$$2R - \mathrm{j}(X_1 + X_2) \tag{19.8}$$

这样可得到：

$$Z=\frac{2R(R^2-X_1X_2)+R(X_1+X_2)^2+\mathrm{j}2R^2(X_1+X_2)-(R^2-X_1X_2)(X_1+X_2)}{4R^2+(X_1+X_2)^2} \tag{19.9}$$

该式有实部和虚部项：

$$\mathrm{Re}(\ )\quad \frac{R[2(R^2-X_1X_2)+(X_1+X_2)^2]}{4R^2+(X_1+X_2)^2} \tag{19.10}$$

$$\mathrm{Im}(Z)=\frac{(X_1+X_2)+(R^2+X_1X_2)}{4R^2+(X_1+X_2)^2} \tag{19.11}$$

虚部项趋向于 0，也就是说，当 $X_1=-X_2$（并联谐振）或当 $R_2=-X_1X_2$（串联谐振）时，系统出现谐振点。将这两个条件代入式（19.11）得到一个并联谐振峰的所在之处：

$$Z=\frac{R}{2}+\frac{X_1^2}{2R} \tag{19.12}$$

和串联谐振谷出现的地方：

$$Z=R \tag{19.13}$$

就是串联谐振谷诱使一些工程师认为较低的 ESR（在这些公式中的 R）是有益的。ESR 的值越小，峡谷处的阻抗越低。但注意，当 ESR 在式（19.12）中很小时，并联谐振峰增大且能够变得非常高。当 ESR 接近 0 时，并联谐振峰接近无穷大。一些工程师忽视了并联电容的这一特征。

尽管超出了本书范围，但值得一提的是，若要构建一个几乎平坦的阻抗曲线，则可选取某些值以使得阻抗峰等于阻抗谷或式（19.12）等于式（19.13），即：

$$R=\frac{R}{2}+\frac{X_1^2}{2R} \tag{19.14}$$

图 19-9a、图 19-9b 和图 19-9c 说明了 ESR 的影响。图 19-9a 就是图 19-7 所示选取 50 个 0.01μF 电容和 10 个 47μF 电容的情形，所有的都有非常低的 ESR。图 19-9b 是同样的配置，ESR 中等大小。图 19-9c 同样是相同的配置，但 ESR 很高。ESR 对平坦化阻抗曲线方面的影响从这些图中可看得很清楚。

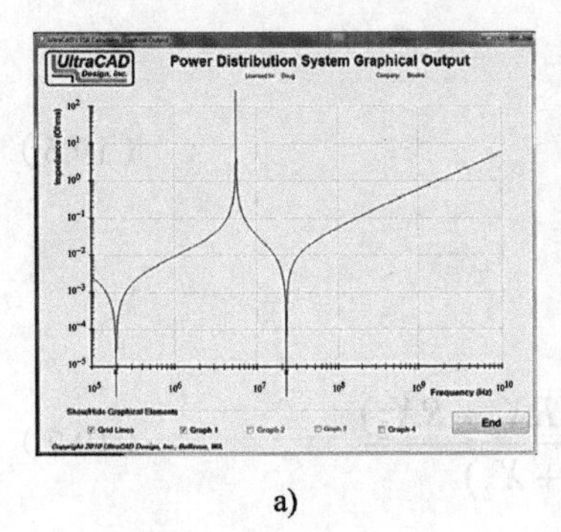

a)

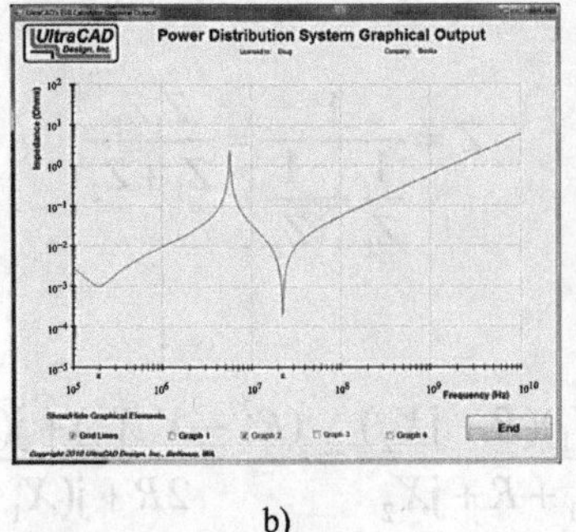

b)

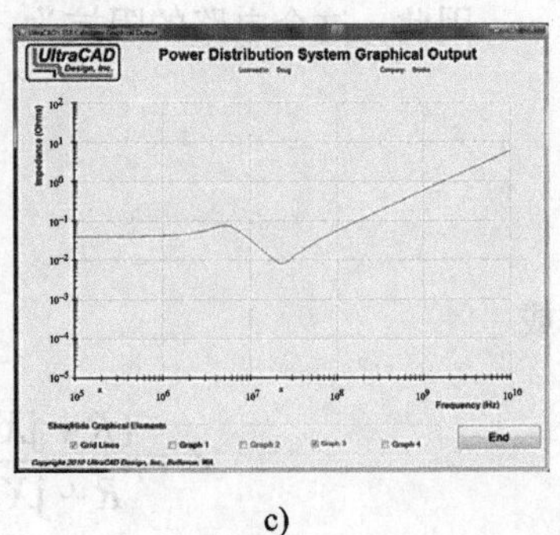

c)

图 19-9 ESR 对阻抗曲线的影响

图 19-9b 和图 19-9c 正在接近图 19-4 所示的理想曲线，也是可接受的接近。但对我们的电源分布系统而言，有一个我们能实现的更大的改进。

19.3.2 参考平面层的作用

增加一个电源 / 地平面对能对电路性能起到非常有益的作用。降低电源分布系统的阻抗是其中之一。这些参考平面层的电阻非常低，并且电感也非常低。当我们将它们两个紧靠着放置，它们则构成一个电容器，且具有非常令人满意的寄生效应。但它们提供的电容值范围有限，往往是一个较小的电容值。不过，当我们用这些平面电容与良好的分立高频大容量电容器结合使用时，总的组合还是非常有效的。

图 19-10 是一个例子，这里我们具有图 19-9b 的结构：50 个 0.01μF 电容和 10 个 47μF 电容，每一个的 ESR 适中，并与一个具有 250pF 电容的平面层结合。水平线是 200mΩ 参考阻抗。该图表明，电源分布系统的阻抗在几百 kHz 之上的所有频率处都低于 200mΩ，除了在 5.6MHz 附近的一些频率处，或许这对于你的系统而言已经可以接受了。如果这样，那就好了。如果不行，那么可稍稍调整几个值以得到更好的响应曲线。其中的要点是，审慎地选择一套电容，以使你可以在任何频率范围获得几乎任何合理的目标阻抗。也请注意，我们用了 60 个电容器得到了这个曲线，而不是传统方法产生的数百个电容器。

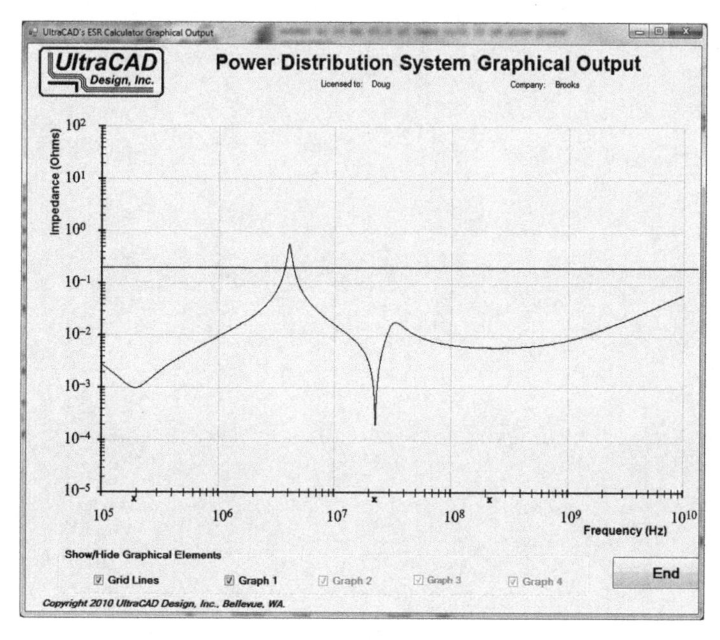

图 19-10　在图 10-9b 的结构上增加了一个平面层

19.3.3 电容器的放置

阻抗方法对于电容器的实际放置没什么可说的。电容器放置在与参考平面层差不多一样近的地方是明智的，此时它们可提供最均匀的阻抗，但理论上并不要求这样。下一章将着重讲述这点。

19.4 采用哪种方法

当出现类似这样的相互冲突的理论时，人们就想知道哪一个是“对的”。在某种意义上，两者都“对”。任何一个方法都可以使我们得到一个在系统中能成功起作用的电路板。

但阻抗方法有几个非常显著的吸引人的地方。首先，几乎可以肯定，它能有效地降低总电容数量，它也更有效地利用了电路板的面积，以及它在直观上就令人满意，因为阻抗曲线可被定量化，至少在原理上是这样。它的相关数学计算是困难的，但有分析工具已经并将继续被开发来帮助电源分布系统的设计。

如果阻抗系统方法有一个缺点的话，那就是它不能解决如何及时地在它需要的地方得到电荷的问题（见 19.1.2 节）。审慎的策略是采用阻抗方法设计电源分布系统，然后再考虑那些额外需要做的事情，以确保为支持开关行为而所需的电荷在所要求的时间期限内能到达需要的地方。

第 20 章 随频率变化的电阻和有损传输线

在本书中我们强调了仅有三种基本无源器件：电阻器、电容器和电感器。电容器阻抗随频率降低，电感器阻抗随频率增加。电阻器是一个特例，它的阻抗不随频率变化。但随后在 6.11 节，我们简要地引入了“趋肤效应”的概念，一种导致导体电阻至少看起来随频率增加而增加的现象。6.11 节也讨论了趋肤效应的起因。

事实证明，有两个现象会导致随频率变化的电阻出现：趋肤效应和介质损耗。这些效应及其后果将在本章讨论。

20.1 趋肤效应

趋肤效应导致电阻随频率增加而明显增加。更多的细节将在本节提供，但我们首先要问，为什么要关心趋肤效应。第一个原因是，它影响到了涉及欧姆定律的任何计算（见第 3 章），从而使导体上的压降和功耗（电路的损耗）将随频率增加而增加。

这直接引入了第二个原因：趋肤效应可影响走线的电流 / 温度效应（见第 16 章）。尽管大电源电流工作在非常高的频率下比较少见，但不是不可能的。如果发生了，那么就需要考虑趋肤效应。

最后，我们的传输线模型（见第 17 章）是无损的。在此条件下，特征阻抗 Z_0 是阻性的，以及端接走线简单易懂。但如果有趋肤效应，传输线就不再满足“理想的”这个条件了，端接问题将变得很困难。这是 20.3 节的主题。

20.1.1 电流密度

稳态电流会均匀地流过导体整个横截面。当考虑趋肤效应时，我们往往认可电流仅在外层表面流动的观点，但实际上并不是这样。真正的问题是电流密度，被趋肤效应影响的电流在导体表面具有最高的电流密度，然后在导体表面和其中心间指数衰减（见图 6-9）。

如果电流密度由 J 表示，那么对于均匀的电流密度而言，有：

$$J = 常数 \tag{20.1}$$

对于趋肤效应电流而言，有：

$$J = J_0 \times e^{-d/s_d} \tag{20.2}$$

其中，J_0 是导体表面的电流密度；e 是自然对数的底（2.718）；d 是从导体表面朝中心测得的距离；s_d 是趋肤深度。

图 20-1 画出了均匀电流密度和受趋肤效应影响的电流密度的情形。

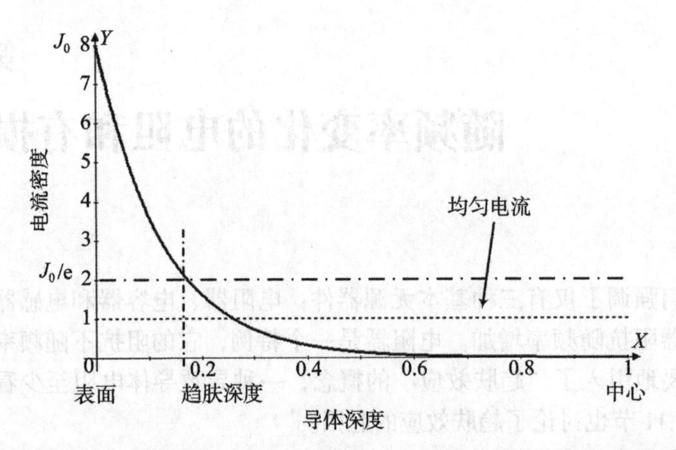

图 20-1　虚线表示均匀的电流密度，实线表示同样的总电流在表面处的电流密度较高，在导体中心的电流密度很低

20.1.2　趋肤深度

趋肤深度定义为其电流密度等于表面电流密度（J_0）除以 e 的那一位置，即：

$$J = J_0 / \mathrm{e} \tag{20.3}$$

趋肤深度在导线周围定义了一个圆柱体壳层或在走线外定义了一个矩形壳层。我们倾向于认为电流均匀地经此壳层流过，而不沿导体的其他地方。因此，导体的有效横截面积就是那个壳层，电流看到的有效电阻是该壳层定义的电阻。但如果从表面到导体中心的电流密度遵循指数函数分布，那就不是这种情况了。真正的有效横截面积仅能通过微积分计算确定，也就是说，它是积分电流密度曲线下的面积。

这里有个有趣的事情：从数学上可以证明，如果将表面处的电流密度（J_0）乘以由趋肤深度定义的横截面积，我们得到的答案与用微积分方法得到的（至少近似地）相同。因此采用由趋肤深度定义的有效横截面积是有作用的，即使它不代表实际真相。**我们说趋肤深度定义了导体的有效横截面积，并不是因为它是真实的，而是因为它能起作用。**

趋肤深度反比于频率（单位为 Hz）的平方根：

$$\text{趋肤深度} = \frac{2.602}{\sqrt{f}}\,\text{in} \tag{20.4}$$

此处有非常重要的两点需要注意：第一，趋肤深度并不依赖于导体的形状，趋肤深度是从导体表面朝中心测得的距离；第二，如果趋肤深度比距导体中心深些，电流则不被趋肤深度所限制，电流均匀地流经导体的整个横截面。因此，在较低的频率下，较厚的导体比较薄的导体更受趋肤效应的限制。

20.1.3　交界频率

考虑矩形走线，为简单起见，我们假设其宽度大于其厚度。在低频时，趋肤深度足够深，扩展超过了走线厚度的一半，因此趋肤效应不会起作用。在高频时，趋肤深度比厚度的一半要小，从而有效横截面积被趋肤效应所限制。这里存在一个唯一的频率，在此处趋肤深度刚好等于走线厚度的一半，便是趋肤效应刚好开始起作用的频率，称为交界频率。

交界频率的计算可能是困难的。对矩形走线而言，我估计它为：

$$f = 27 \times \left(\frac{w+t}{w \times t} \right)^2 \tag{20.5}$$

其中，f= 交界频率；w = 走线宽度；t = 走线厚度。

交界频率与走线厚度的关系如图 20-2 所示。

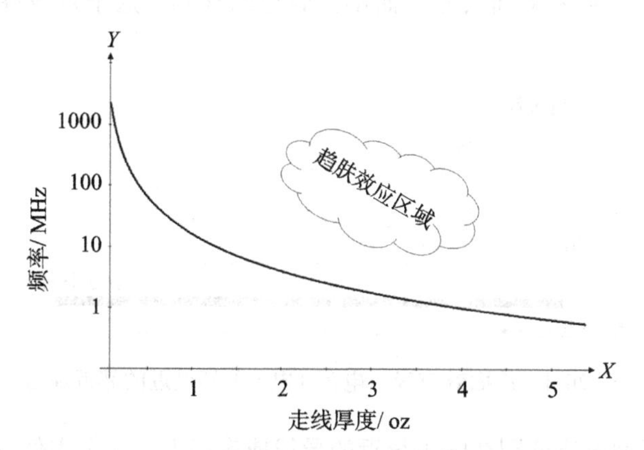

图 20-2　交界频率与走线厚度（单位为盎司[⊖]，oz）的函数关系

趋肤效应的计算可能是困难的。一些计算器可为你做此计算。图 20-3 所示的计算器可计算几个趋肤效应参数，包括走线交界频率，以及在用户定义频率下的受频率影响的电阻值[⊜]。

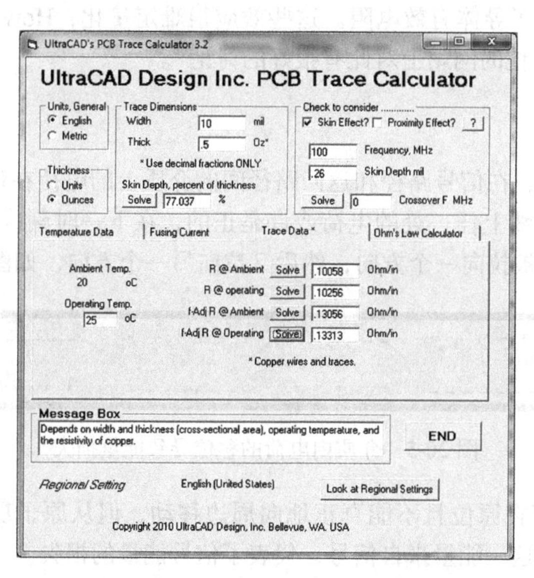

图 20-3　UltraCAD 公司的 UCADPCB3 计算器可进行趋肤效应计算

20.1.4　邻近和地面效应

如果频率足够高，以致导体有效横截面积被趋肤效应所限制，那就有另外两个也可能需要考虑的效应。当信号靠近其返回路径，就有互感存在，从而可能进一步扭曲电流。考虑

⊖　在 PCB 制造业中，将 1oz（1 盎司）铜平摊到 1 平方英尺上所形成的铜箔的厚度，作为一个标准铜箔厚度。在这里 oz 是一个厚度的单位，1oz ≈ 0.036mm，即 36μm。

⊜　参见 http://www.ultracad.com/calc.htm。

直接布在参考平面层上方且靠近参考平面层的矩形走线，如果谐波频率很高，趋肤效应使得电流流过一个有效横截面，该横截面为导体边缘的矩形壳层面积，同时信号电流（走线上的）和其返回电流（在参考平面层上的）间的互感使得返回信号将自己安置得尽可能靠近信号，也就是说，直接在走线下方的参考平面层处。同样的效应使得矩形壳层的信号电流将自己更多地安置于壳层的参考平面层侧，而不是壳层的外侧。这个效应称为“地面效应”，如图 20-4 所示。

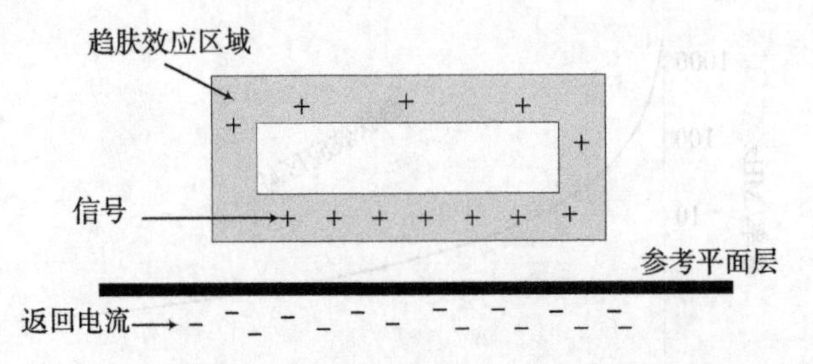

图 20-4　地面效应吸引电荷（电流）到最近的邻近地方

当信号和它的返回电流分别在间距很近的导线或走线上，一个类似的效应会发生，例如，当它们是差分信号时，两个走线间的互感使得信号电流扭曲到两个走线间的有效横截面侧。这被称为**邻近效应**。

由于邻近和地面效应扭曲了通过导体的信号电流路径，它们进一步扭曲了导体的有效横截面，从而进一步增加了导体有效电阻。这些效应很难定量化，Howard Johnson 提出，它们可能是在 30% 左右，在他的网站上对此有很好的讨论[⊖]。

20.2　介质损耗

当信号沿走线传播，在信号路径和返回路径间的介质上的电荷在任何点处都会改变符号，也就是说，某一时刻走线上任一处的电荷或许是正的，在下一时刻或许就是负的。这样，介质中的分子电荷交替地被拉向一个方向，然后又拉向另一个方向，如图 20-5 所示。

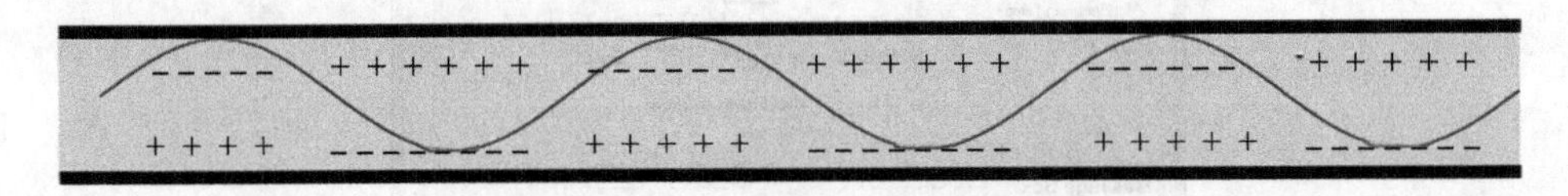

图 20-5　介质内电荷的移位导致能量损失

这些分子电荷束缚在原位且不能真正地向周边移动，但从原子层面看，电荷可以移动，且移动它们需要能量。这一能量来自信号，代表了信号能量的损失。

如果信号频率较低，这样的来回拉动不会吸收太多的能量。但如果频率较高，那这一运动就发生得较快，并在原子层面产生更多的“摩擦”。这个效应随频率增大而增强，所以频率越高，信号损失越多。这意味着相对于低频谐波而言，高频谐波被减弱了。这种能量损失称为**介质损耗**。不同的介质材料具有不同的介质损耗系数。我们在电路中可用位于信号和其返回电流间的电阻来代表介质损耗，其值随频率下降而下降（从而降低了电路负载）。

⊖ Howard Johnson 的 *Signal Effect Calculations* 一文可见 www.sigcon.com/Pubs/misc/skineffect-calculations.htm。

20.3 传输线损耗

虽然以上描述的两种损耗形式减弱了高频谐波并可影响信号幅值，但它们最麻烦的影响常常是在传输线的端口上。回顾 17.5 节，我们描述过如何用一个等于特征阻抗 Z_O 的电阻端接传输线，那是与我们称为“理想”的传输线相符的。理想传输线没有损耗。但趋肤效应和介质损耗合在一起在这样的线上产生了损耗。具体形式如图 20-6 所示。

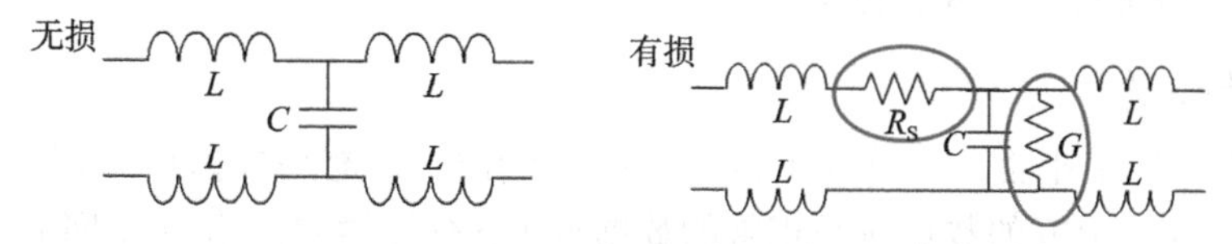

图 20-6 无损线没有电阻，但有损线有电阻

无损线没有电阻，所以当信号沿其传播时没有功率损失。有损线具有由趋肤效应（R_S）和介质损耗（图 20-6 画为 G）所贡献的视在电阻成分，趋肤效应表现为一个串联在线上的视在分布电阻，介质损耗表现为一个并联在线间的视在分布电阻。介质损耗在图 20-6 所示模型中表示为一个**电导** G。电导是电阻的倒数，即 $1/R$。我们有时在公式中使用电导，因为这可简化数学运算。

有损线的特征阻抗与无损线的不同（从图 20-6 中可猜测到的），则对无损线而言，有：

$$Z_O = \sqrt{\frac{L_O}{C_O}} \tag{20.6}$$

对有损线有：

$$Z_O = \sqrt{\frac{R_S + j\omega L}{G + j\omega C}} \tag{20.7}$$

R_S 和 G 是两个随频率变化的量，R_S 随频率增加而增加，而 G 则降低。此外，式（20.6）产生了一个实数，换句话说，一个电阻，因此，无损线可端接于一个纯电阻。但有损线的特征阻抗是复数，也就是说，它有实部和虚部以及相移，则**没有单一值的电阻能适当地端接有损线**。

没有被适当端接的有损线的表现形式是闭合的眼图（见附录 B）。图 20-7 画出了两个眼图[⊖]，一个来自适当端接的无损线，一个来自有损线。具有如图 20-7b 所示的眼图的电路是不可能正常工作的。

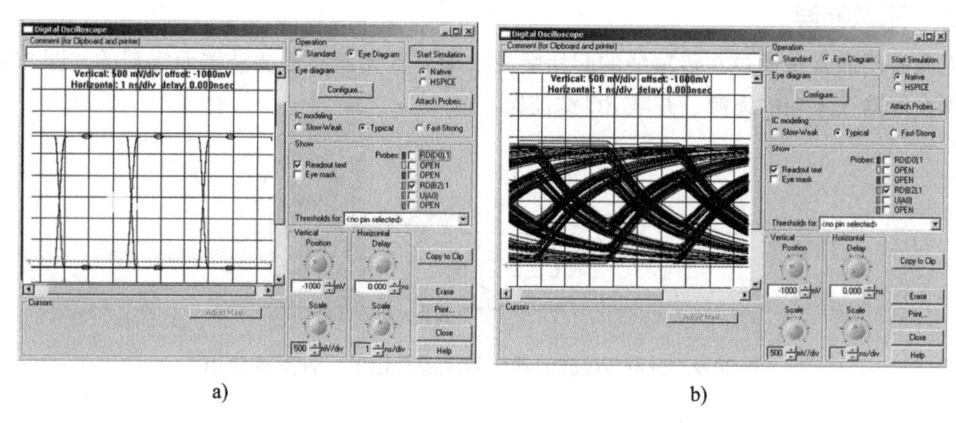

图 20-7 眼图实例：a）无损电路，b 有损电路

⊖ 图 20-7 所示曲线和图 20-10 所示曲线是由 HyperLynx 模拟工具生成的，它是 Mentor Graphics 公司的一种产品。

20.3.1 有损传输线的端接

我们端接有损线的方法是**补偿**（有时称为**均分**）。补偿均衡了低频谐波（没有衰减）和高频谐波（有衰减）间的关系。我们可使用**有源补偿**（即放大信号的高频谐波）或**无源补偿**（即使用无源 *RC* 滤波器减弱信号的低频谐波）。在这两种情况下，高频和低频谐波之间的平衡可被修复，并且我们可在传输线的前端（预）或末端（后）进行这样的补偿。这样，我们就有了四种选择：有源或无源的预或后补偿。

20.3.2 有源补偿

当我们使用有源补偿，就放大了信号的高次谐波（无论是模拟信号还是数据流）。如图 20-8 所示，在图上方的数据流是正常的数据流（没有补偿的），位于中间的数据流是已被补偿过的，其中一部分已被放大并扩展在图的底部。

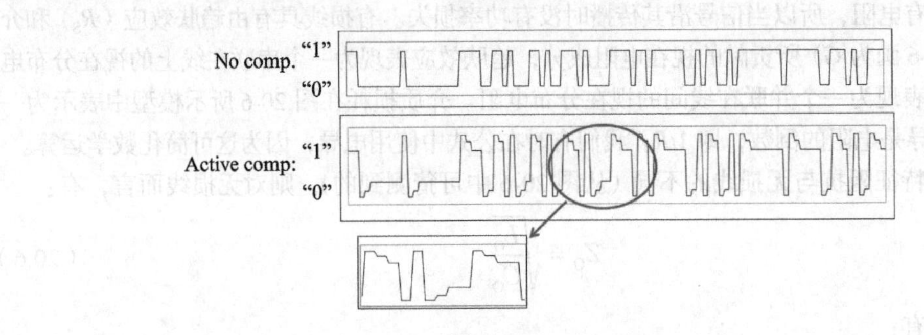

图 20-8 数据流的有源补偿（均衡）

图 20-8 所示的补偿是这样进行的：数据流高次谐波在跳变时出现。稳态信号电平仅有两个低频谐波，所以如果有跳变，我们将其放大以使它过冲过正常信号电平。对这个例子，我们使用 120% 的过冲。如果下一点跳变，它也得到 120% 的放大。如果下一点不跳变，它被放大得小一些（比方说 110%）。如果第三点跳变，它又放大为 120%，但如果这第三点仍然不跳变，它就完全不放大。这样，高次谐波被放大，且这样的放大随谐波级次的增加而增加。

当传输线的损耗减弱了高次谐波，有源补偿将使得信号电平回归至正常电平。有源补偿可由逻辑电路自身构建或者增加少量电路元件而实现。

20.3.3 无源补偿

无源补偿通常是通过在传输线的起始端或末端放置无源高通滤波器而实现的。图 20-9 画出了加在传输线末端的无源、并联 *RC* 滤波器。

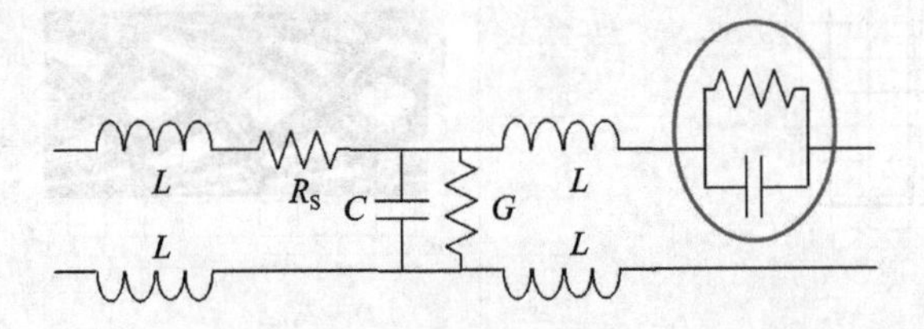

图 20-9 并联 *RC* 滤波器作为无源补偿的一种形式使用

无源补偿将帮助打开电路的“眼”，但这种方法主要的缺点是低频谐波被减弱，以恢复与由于传输线损耗而被减弱的高次谐波的平衡。因而，总的信号减弱了（见图 20-10）。

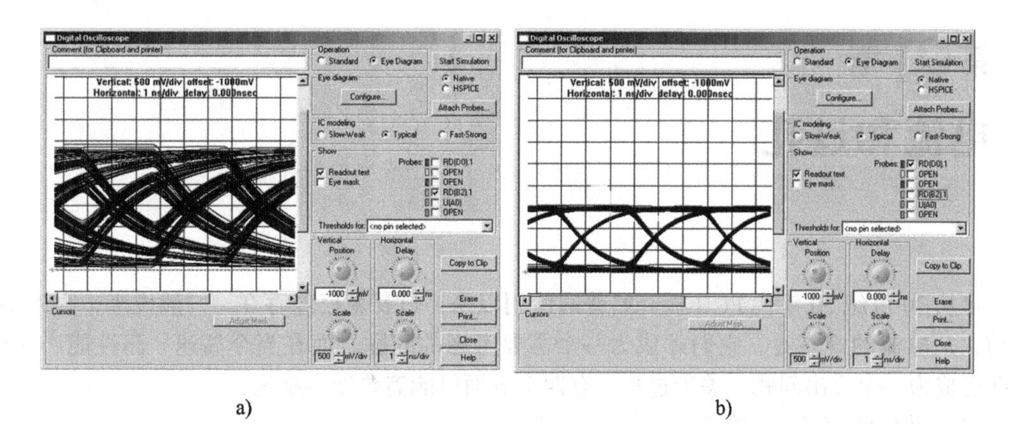

图 20-10　无源补偿打开了“眼”，但是降低了信号电平

第21章 电流和过孔

自从20世纪50年代PCB板开始普遍使用以来，过孔就已经存在。一般说来，直到不久之前，从电流的观点看，它们才成为一个需要考虑的问题。而在当今高速、高性能产品中，过孔已成为一个突出问题。关于过孔，有四个方面可能需要做出结论：

- 过孔处的功耗（见第16章）；
- 与地弹有关的过孔电感（见19.1.1节）；
- 与受控阻抗有关的过孔特征阻抗（见17.4节）；
- 过孔自身的信号反射。

21.1 过孔功耗

我们在第16章讨论过走线的载流容量。尽管过孔载流能力的类似研究极少（如果有的话），但得出一些类似的结论并不是没有道理。

回顾导体的发热是消耗在导体上的功率 i_2R 的函数，它相应地与导体横截面积有关。因此我们分析的第一步应该是查看过孔导体的横截面积（见图21-1）。

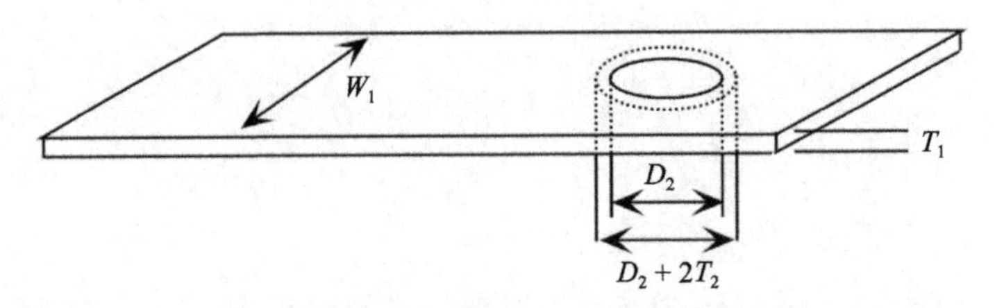

图21-1　过孔的几何形状

走线的横截面积是由其宽度（W_1）乘以其厚度（T_1）而得到。走线上某处放置的过孔具有圆柱体形状，成品直径为 D_2，侧墙厚 T_2，所以圆柱体外径为 $D_2+2\times T_2$。过孔圆柱体结构的横截面积为π乘以其平均直径（D_2+T_2）再乘以其厚度 T_2，即 $\pi\times(D_2+T_2)\times T_2$。

过孔载流能力由与决定走线载流能力的相同因素横截面积和环境所决定似乎是合理的。首先看横截面积，当下面等式成立时，过孔和走线的横截面积是相等的：

$$W_1\times T_1=\pi\times(D_2+T_2)\times T_2 \tag{21.1}$$

通过简单的运算，可以证明，当如下等式成立时，走线横截面积与过孔横截面积相等：

$$D_2=\frac{W_1}{\pi}\times\frac{T_1}{T_2}-T_2 \tag{21.2}$$

如果我们做些简化的假设，过孔侧墙厚度（T_2）和走线厚度（T_1）相同（即 T），那么式（21.2）可简化为：

$$D_2=\frac{W_1}{\pi}-T \tag{21.3}$$

如果我们进一步认可，相对于 W_1，T 通常较小，那么近似的结果是，过孔的成品直径必须至少和走线宽度除以 3 的结果一样大！如果过孔至少是这个尺寸，那么它就可处理与走线同样多的电流。

另外，电源过孔通常至少与一个参考平面层相连接，因此，它们在一端（如果不是两端）有合理的散热。所有这些表明，过孔通常具有至少与其母线相同的载流能力。历史上，并没有很多关于过孔载流能力引起很多失效的证据。

然而，注意过孔的焊料填充不会明显地提升其载流能力，原因与 16.1 节讨论的相同：焊锡的固有电阻率比铜的更高。

多孔

一个令人感兴趣的问题是，多孔是否比单孔更好。换句话说，5 个 8mil 的过孔比一个 40mil 过孔好吗？图 21-2 帮助我们理解了这个（可能有些意外的）结果。过孔与走线或参考平面层接触的表面积由过孔圆柱体的外周长和参考平面层或走线厚度（图中标记为 a）确定。这个接触面积计算为 $\pi \times d_1 \times T$。过孔与走线或参考平面层间的热传输正比于该面积。

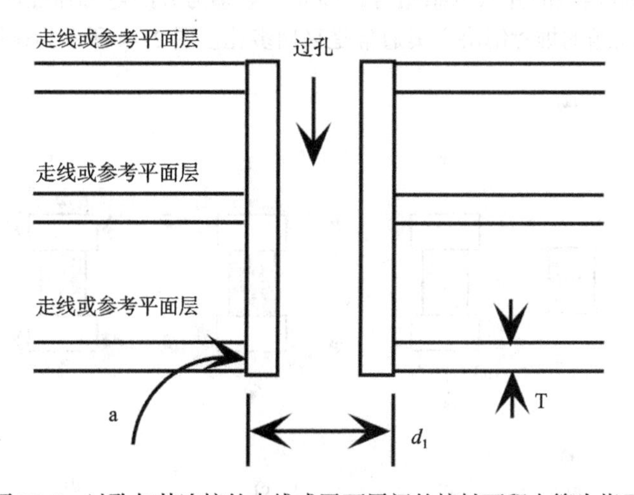

图 21-2　过孔与其连接的走线或平面层间的接触面积由箭头指示

考虑两个过孔，一个直径为 d_1，另一个直径为 d_2。我们可比较它们的接触面积，具体如下：

$$\frac{A_1}{A_2}=\frac{\pi\times d_1\times T}{\pi\times d_2\times T}=\frac{d_1}{d_2} \tag{21.4}$$

也就是说，接触面积之比正比于过孔外径之比。结果是，n 个外径为 d_1 的过孔与外径为 $n\times d_1$ 的一个过孔同样有效。

21.2　过孔电感

在 19.1 节中，我们讨论了地弹。地弹的根本原因是器件电源脚与电源或参考层间路径的电感，这在图 19-1 中说明过并在此处重画为图 21-3。过孔电感是那条路径上总电感的组成部分，尽管过孔电感很小，典型的不超过 1nH 或 2nH，但它依然足够（如果上升时间相当快）引起一些问题。

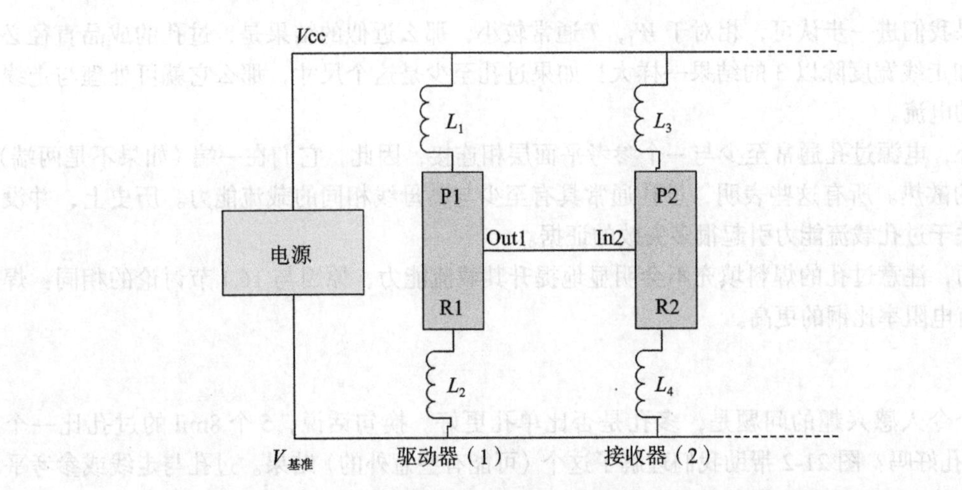

图 21-3　（L_1 ~ L_4）电感由封装电感、接触焊盘电感和过孔电感组合引起

回顾与并联电阻类似的并联电感组合，即 n 个电感为 L 的电感器在电路中具有 L/n 的净电感。因而，这一问题的推荐解决方案通常是采用多孔。图 21-4 所示为这样的推荐方案。

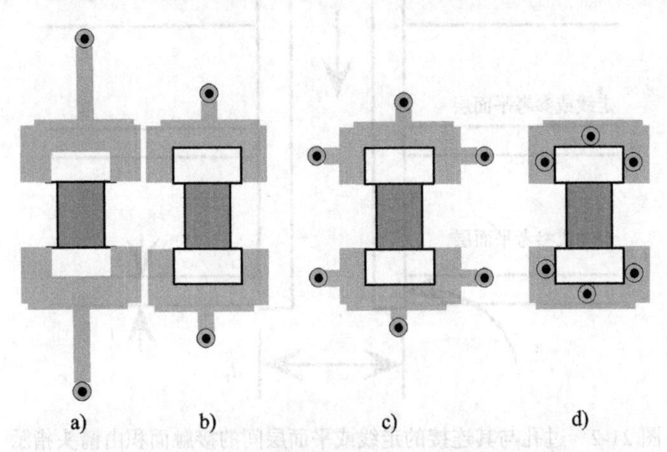

图 21-4　减小过孔电感的建议方案，从最差 a）到最佳 d）

21.3　过孔特征阻抗

过孔不仅有小的电阻（对载流能力可能是重要的）和小的电感（从电源开关的观点看，可能是重要的），而且也有特征阻抗。从传输线受控阻抗和反射的观点看，这一特征阻抗可能是重要的。回顾第 17 章，如果传输线上阻抗不连续，在不连续的点处可能会有反射。反射系数会告诉我们那个反射的大小和符号。

另一方面，当我们在大图中查看时，过孔往往比较小。因而，当我们查看过孔阻抗时，我们需要考虑**临界长度**（见 17.3 节）。在许多情形下，阻抗的不连续发生在这样一个短的距离内（在临界长度之内），对电路只有可忽略的影响。但当谐波频率变得很高（即上升时间变得很快），过孔尺寸开始有影响，当我们进入 GHz 范围时更是如此。

过孔往往是容性的，因而它们的阻抗往往低于走线的典型特征阻抗。如果阻抗匹配是需要的，我们通常设法缩小那些对电容有贡献的过孔设计特征，从而增加特征阻抗。如果我们可近似地将过孔特征阻抗与走线的相匹配，则可以说我们使得过孔在系统中透明。Eric

Bogatin 写过关于此主题的精彩文章[⊖]，将其中的一些建议复述于此：

- ❑ 去除所有无功能的焊盘。
- ❑ 最小化所有捕获焊盘的尺寸。
- ❑ 使用尽可能实用的窄钻孔。
- ❑ 使用一个具有至少 0.005in 环的隔离孔。

21.4　过孔内的反射

设想用一个电镀通孔的过孔从电路板顶层的信号层跳变到下一信号层（见图 21-5）。第二个信号层以下的过孔部分构成一个短截线。短截线是一个走线线段，没有端接在器件或受控端口上。短截线通常是开路的，但也可以不是。这一短截线的问题是在其末端没有端接，过孔底部将发生朝向第二个信号层的 100% 的正反射。

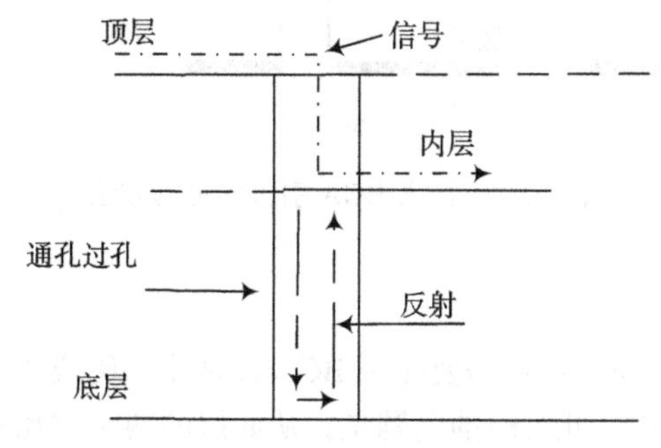

图 21-5　典型的过孔跳变

最糟糕的情形是如果这个短截线长为 1/4 波长，来回路径将为 1/2 波长，返回反射将正好与第二信号层上的信号相抵消。然而，即使长度不是正好为 1/4 波长，反射可能仍然是有害的。

我们在 17.3 节讨论过的**临界长度**分析也适用于这里。如果过孔短截线的长度超过临界长度，破坏性的反射就会发生。在普通的电路板上，这可能在 1 ~ 5GHz 或更高的时钟频率范围内开始发生。过孔端接并不是实用的选项。下面提供了一些人们已经开始使用的技术以减轻该问题。

21.4.1　背钻过孔洞

图 21-6a 画出了具有扩展到电路板背面的短截线的典型过孔。在图 21-6b 中，电镀过的短截线由背钻移除。这就消除了来自短截线的潜在问题。

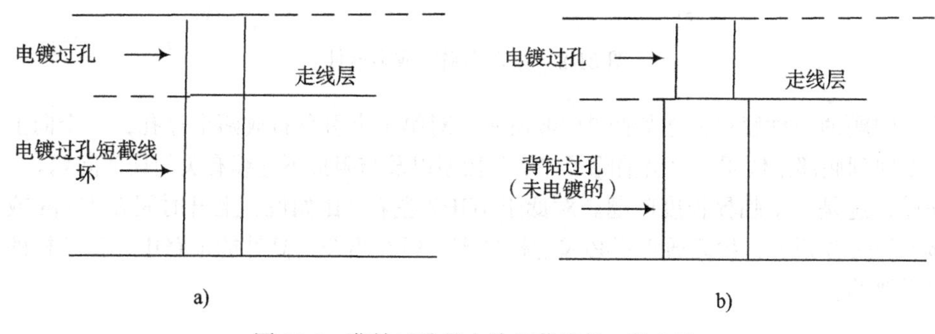

图 21-6　背钻过孔是去除短截线的一种方法

⊖ Eric Bogatin 的 *The 6 Habits of Transparent Via Design*，PCD&F, May 2011 出版。

21.4.2　接入 BGA

图 21-7a 给出了一个接到 BGA 下的引脚的典型方法，和以前一样，图 21-7a 留下了可能导致反射的短截线。图 21-7b 表示使用背钻移除短截线。作为这个的一种替代方案，可以将走线一直布到底层，然后从那儿向上回到 BGA，如图 21-7c 所示，这需要两个过孔，但它们都不会在其路径上留下短截线。

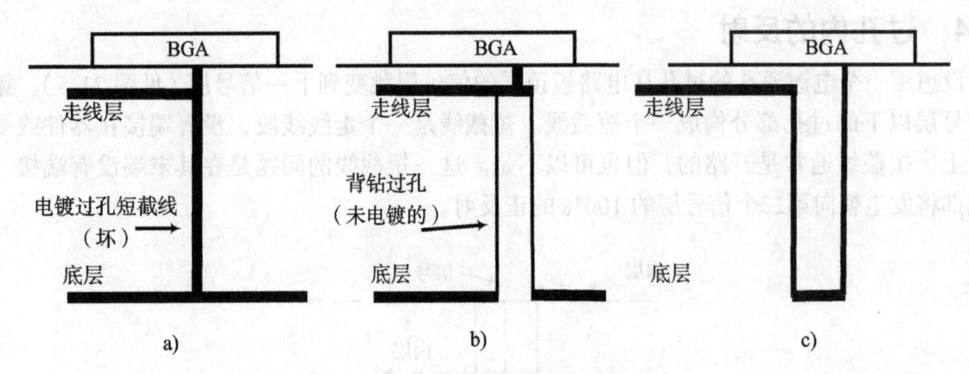

图 21-7　接入 BGA 引脚的可选方法

21.4.3　使用多引脚

继续图 21-7c 的说明，设想我们需要接到 BGA 的两个引脚或两个相邻的器件上，图 21-8 画出了此类布线的典型方法。此策略的问题是，从底层的两个过孔到引脚构成了两条并联的传输线。我们在 21.3 节讨论了过孔的特征阻抗，现在，与第 1 个过孔相接的底层走线看到了两条并联的传输线（有时称为“Y”构型），其导致的阻抗是单个过孔的 1/2。这可能导致了阻抗的不连续，从而在底部走线层上引起破坏性反射。

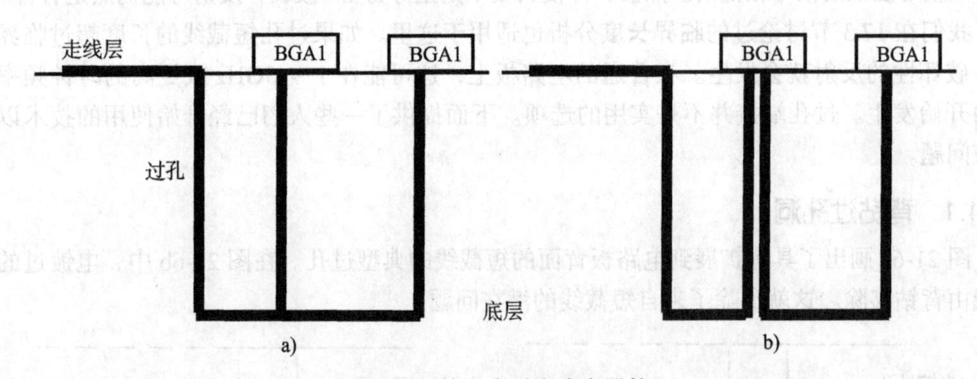

图 21-8　接入多引脚或多器件

这一问题的一种解决方案如图 21-8b 所示，对第 1 个引脚布放两个过孔，一个向上到引脚，一个回到底部走线层。这就消除了“Y”构型以及与阻抗不连续有关的任何问题。

同样，这是一个临界长度问题。对低于 1GHZ 左右（比如说，上升时间在 100ps 或更低的范围）的时钟频率，我们通常不必像这样处理，但在当今的高性能电路中，像这样的技术有时是需要的。

21.5 盲孔和埋孔

使用盲孔和埋孔是避免短截线的另一种方法，如图 21-9 所示。制作具有盲孔或埋孔的电路板通常需要设备费，这使得这些电路板初看起来更贵些。但当你付了第一个过孔的设备费后，其他的几乎是免费的，这样，设备费就可以分摊到所有过孔上。另外，盲孔和埋孔节约了相当多的板面积，这可能使其他面积也得到了节约。因此，盲孔和埋孔的设计可能完全不会增加板的净成本。盲孔和埋孔是称为 HDI（高密度互连）的新兴领域的组成部分，近来受到了越来越多的关注。

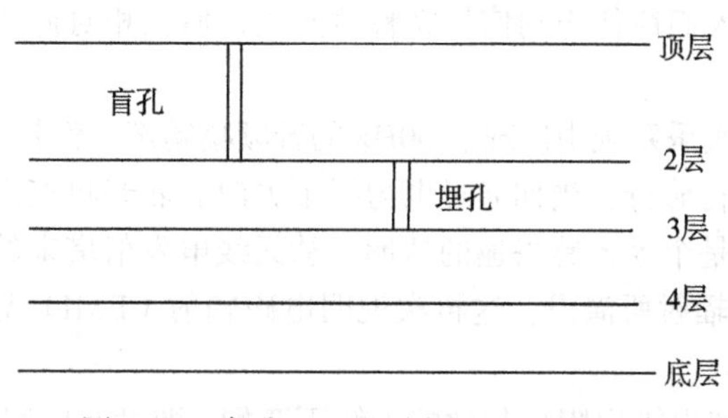

图 21-9 盲孔和埋孔（中间层没有画出）

第22章 电流和信号完整性

信号完整性问题的定义可能看起来几乎无关紧要。它是指信号失去部分完整性。当与高速或高频电路有关时，人们往往想到信号完整性问题，但在相对低的频率下，信号完整性问题更重要：

- 如果在你的家庭娱乐系统中出现了60Hz的音频嗡嗡声，你就有了信号完整性问题。
- 如果你乘车在乡村旅行，当你通过电力线下方时，收音机充满了噪音，你就有了信号完整性问题。这是个令人感兴趣的情形，从无线电发射塔来的好的电磁辐射被来自电力线的坏的电磁辐射所淹没。这再次说明电磁辐射（EMI）无所谓好与坏，而是仅取决于所处的状况。
- 如果你的CB无线电输出阻抗与你的天线不匹配（即没有使用正确的电缆连接），信号完整性（以反射的形式）将严重制约CB无线电通信的性能。
- 如果在船舶面板点火线周围的磁场干扰了罗盘，这将是可能引发安全后果的信号完整性问题的一种形式。

尽管如此，本书的大部分读者是在当他们与电路有关时，更具体的，当他们与印制电路板有关时，才关心信号完整性问题。在这一章里，我们从历史的视角讨论信号完整性，然后审视与信号完整性有关的一些PCB设计规则。

22.1 历史视角

在我看来，与PCB有关的信号完整性问题经历了四个阶段：

- 没有问题（微不足道的情形）。
- 主要与电感有关的问题。
- 与电阻变成频率的函数有关的问题。
- 上升时间对传统解决方案来说太快了。

其中的第一个微不足道，很多年来，在板级上没有任何信号完整性问题，PCB设计更多的是连接点之类的问题。（人们可能会说，配置走线大小以承载必需的电流就是一个信号完整性问题，但那可能是说过头了。）

第二个不是个小事，对大部分电路板设计师而言，这是他们对电路理论的第一次采用。主要是由于电感上的瞬态压降（$V=L\times \mathrm{d}i/\mathrm{d}t$），使电感开始成为问题。走线和电流回路的电感会开始引起不希望的问题。这些问题表现在：

- 电流回路引起的EMI（见18.3节）。
- 电磁辐射引起的及与电流回路有关的串扰（见18.4节）。
- 在电源分布电路中由器件和电源分布系统连接处的电感引起的地弹（见19.1.1节）。
- 控制有关的走线阻抗，以使得走线能设计得并且端接得像传输线，从而避免反射（见17.4节）。

这些信号完整性问题中的大多数都有基于板级设计层面的解决方案，将电路板设计师带到此领域的前沿，理解并知道如何处理这些方案的设计师比那些不理解及不知道如何处理这些方案的设计师更有优势。

第三个问题来自趋肤效应（见 20.1 节）和介质损耗（见 20.2 节），其影响是走线的视在电阻不再是与频率无关的，这牵连到为避免反射而对受控阻抗走线的端接。这一问题实际上不是在板级设计层次上解决的，这是电路或系统设计工程师的职责，他们必须预见到这一问题并提供必要的元件选择方案以解决这一问题。

第四个问题来自这样的事实：上升时间太快以致解决方案难以实施。临界长度计算（见 17.3 节）的结果是，其距离太短以致没有足够的物理空间来实施解决方案。因此从一开始就需要专门的板级设计技术以避免临界长度因素。

多年来，已发展出了以下 PCB 设计规则并作为信号完整性问题的解决方案。应该指出，如果没有信号完整性问题，那么这些规则就不适用，它们只与防止或控制信号完整性问题有关。

22.2　PCB 设计规则

这一节总结或至少强调了很多设计师和工程师通过多年来解决本书其他地方所描述的电流感应问题的实践而发现的 PCB 设计规则。除了头两个外，它们没有特殊的顺序。

22.2.1　主要的参考平面层对

到目前为止，最重要的设计规则首先已在 18.3.1 节引入：

- 将每个走线尽可能布得与其下相关的、连续的参考平面层紧凑些。
- 至少使用一个电源 / 地平面对作为高速电容。

在 2000 年，Rick Hartley 在一篇重要文章中[⊖]强调了这两个规则的重要性，该文章主要涉及电磁信号完整性问题，但它们也适用于更广泛范围的问题。

回顾信号“想”直接在走线下方的参考平面层上流回（见 15.3 节）。将每个走线尽可能布得与其下相关的、连续的参考平面层紧凑些，这一点之所以重要有这样几个原因：

- 这样最小化了电流回路以控制 EMI。
- 这有助于最小化耦合到邻近走线的串扰。
- 这有助于传输线阻抗受控走线和反射控制的设计。

使用平面电容对以下两点是可取的。

- 提供高速电容以利于快速逻辑切换。
- 有助于降低（及短路）可引起 EMI 的共模电流。

22.2.2　最小化回路面积

如果我们让信号返回路径在连接器处与信号路径分离，就增加了信号回路面积。电流回路的最小化对 EMI 控制是重要的。图 22-1 画出了一种此类分离的情形（可能是极端的）。信号路径通过连接器，然后再通过同一连接器返回。但如果通过连接器（返回路径 A）的返回路径非常靠近信号，则回路面积较小。如果回流路径与信号分开（返回路径 B），则信号回路面积较大。

⊖　Rick Hartley 的 *Printed Circuit Design* 一文可见 www.ultracad.com。

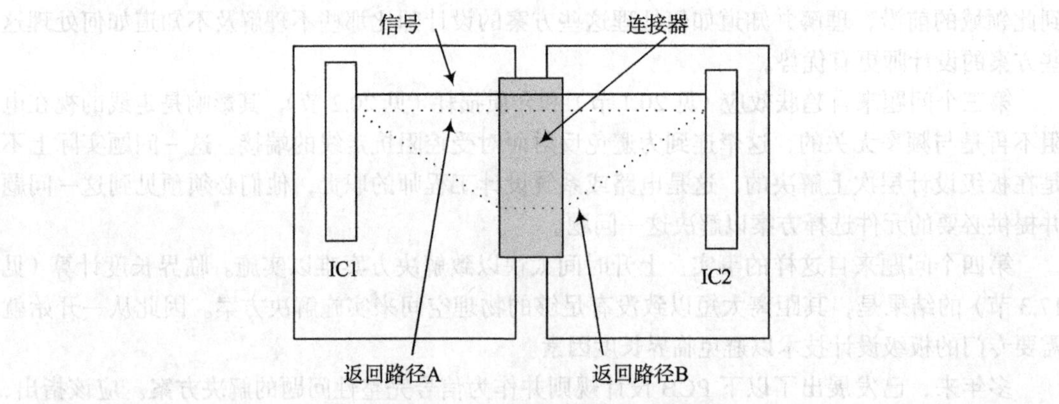

图 22-1 最小化信号回路面积

图 22-2 画出了器件引脚区域周围的另一种情形。如果引脚周围没有为信号返回路径提供空隙（较差），电流回路就必须扩展到引脚区域的外围。如果在信号引脚间有一个铜路径（较好），此路径就可缩短。但首选情形（最佳）是将回流信号引脚放置在信号引脚近旁以使回路面积能够最小。

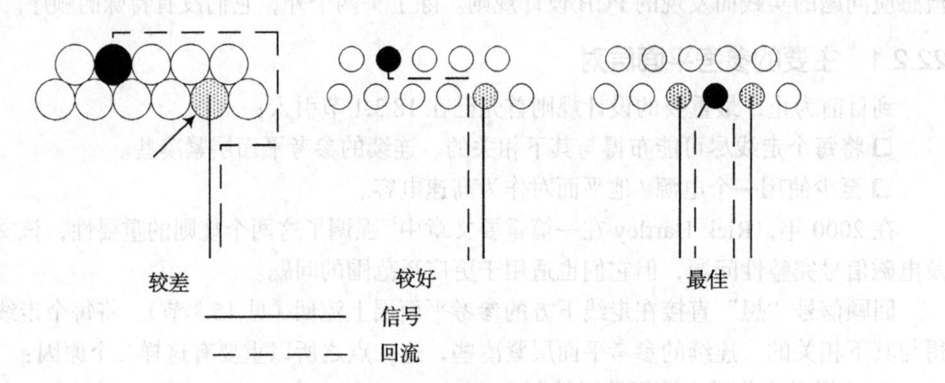

图 22-2 设法将回流信号引脚放置在信号引脚近旁

22.2.3 避免参考平面层上的缝隙

第一个重要规则是将每个走线尽可能布得与其下连续的、相关的参考平面层紧凑些。连续这个词极其重要。图 22-3 画出了在参考层上的一种缝隙情形，缝隙是怎么到达那里的只是一种猜测，或许是在电路板完成后，电路设计工程师再次对电路增加了元件。在参考层上创建一个"小的"缝隙或许使那最后的信号走线布放方便些。要避免这样的缝隙有许多不同的原因，不过它们都涉及这样的事实，返回信号不能通过该缝隙，它必须绕行。

- 第一，如果返回信号必须绕过缝隙，回路面积就会增加，这意味着 EMI 的可能性增加。事实上，如果你研究一下狭缝天线的定义，就会发现此情况看起来很像图 22-3 所示。
- 第二，如果试图设计受控阻抗走线，走线的几何形状会在缝隙附近发生改变，这就产生了阻抗的不连续。这样，我们就失去了控制走线阻抗的能力，在此处可能引起反射。
- 最后，考虑图 22-4 所示电路，它与图 22-3 非常类似，它显示了通过缝隙的一对走线。

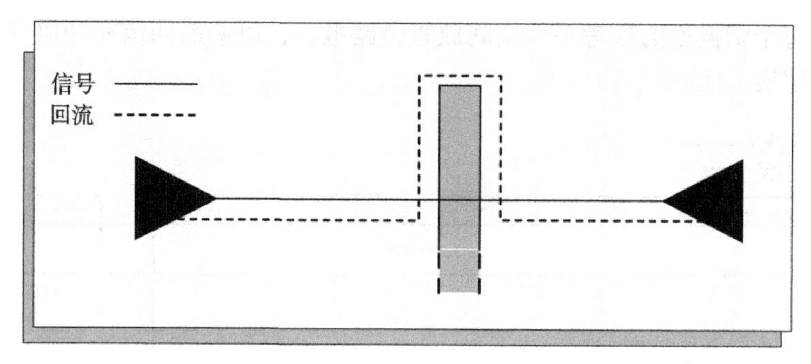

图 22-3　永远不要让参考平面层出现缝隙

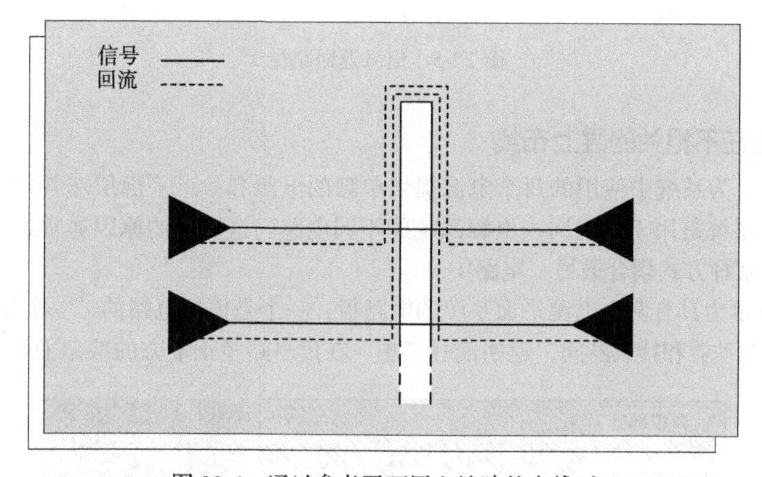

图 22-4　通过参考平面层上缝隙的走线对

走线自身可布放得与其下参考平面层靠近但彼此充分隔开以较好地控制串扰，但信号返回路径必须在缝隙附近寻找路线。在所有的可能性中，当它们这样做时，它们将靠得很近。因此返回路径将触犯任何可能被用于设计的串扰限制，也就是说，**返回路径可在信号间引起串扰问题，即使主要的信号路径没有引起这一问题。**

22.2.4　考虑走线层的跳变

如果信号线布得靠近其下的参考平面层，然后信号改变走线层，那返回路径将往哪里去？如图 22-5 所示，如果信号呆在一层上，返回路径是在走线正下方的参考平面层上（见图 22-5a），如果信号路径切换到同一参考平面层相对侧的走线层上（见图 22-5b），则返回路径通过同一参考平面层的另一侧。但如果信号切换到一个完全不同的走线层上（见图 22-5c），那返回路径往哪里走？据推测，它变迁到该新层的参考平面层上，但如果这样，它是如何到达那里的？

不幸的是，我们真的不知道此问题的答案。不太令人满意的答案是，它有可能通过附近的旁路电容到达那里，但与该答案相关的问题是，那个路径是未知的。这对阻抗控制或电流回路面积（EMI）有可能产生影响。

对此，电路设计工程师没有统一的观点，相关的各种指导原则如下：

- 对于重要走线而言，有些人不允许在层间切换。
- 有些人允许切换（b），但不允许切换（c）。
- 有些人完全不关心切换（c），也没有对它的限制。

- 如果在每个切换处的参考平面层间放置旁路电容，以使返回信号的路径可控，有些人则允许切换（c）。

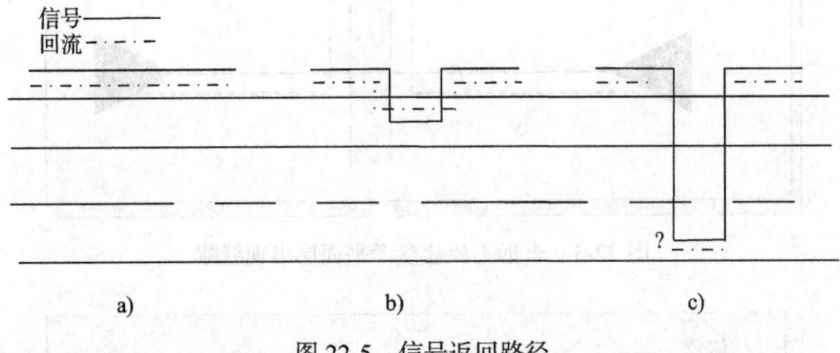

图 22-5　信号返回路径

22.2.5　避免在不相关的层上布线

在电路板上为系统中使用的每个电源提供单独的电源和参考平面层非常常见。有时不同的参考平面层系统是用于使用同一电源系统的不同电路。这样做的原因通常是为了防止一个电路的噪声以某种方式耦合进另一电路中。

图 22-6 所示为具有两个电源平面系统的电路板，一个是模拟电路的，一个是数字电路的，信号走线布在驱动器和接收器间，返回信号“想”在信号路径正下方的参考平面层上流回。

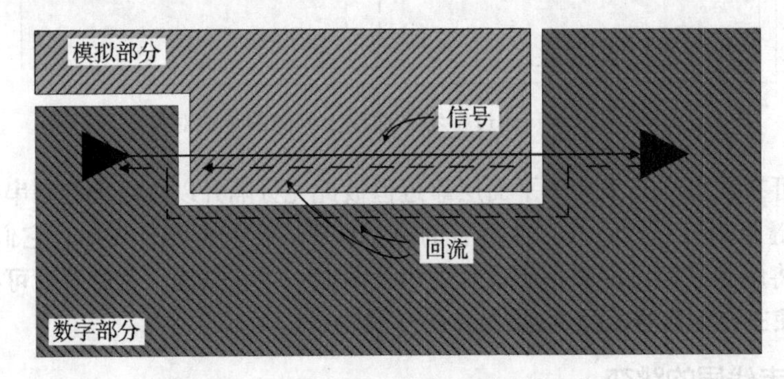

图 22-6　不在不相关的参考平面层上布线

那么，如果走线在分裂的参考平面层上方通过并试图以另一层为参考平面层，那会发生什么情况？图 22-6 给出了两种可能的结果（两者都很糟糕），如果返回信号呆在它自己的参考平面层上，那么回路面积就会增加，从而引起可能的 EMI 问题和阻抗控制问题。但如果返回路径以某种方式过渡到另一层上（有些人甚至可能会建议在信号通过的连接处用电容对这两个平面进行耦合），那则在另一平面上有了一个不相关的信号。在图 22-6 所示情形下，模拟平面上就有了数字噪声，这就使得当初分离这两个平面的重要意图落空。因此，总地说来，**不允许信号以不相关的平面为参考平面层。**

22.2.6　避免 Y 形

当信号走线分叉为两个或更多的走线，我们称结点为 Y 形。Y 形会引起一个针对受控阻抗走线的特定问题。注意图 22-7 所示的 Y 形，50Ω 走线分叉为两个 50Ω 走线，然后每一个都端接于特征阻抗。问题是分叉后的两个走线是并联的，两个并联 50Ω 走线组合（按照并联电阻组合公式）在分叉处组合成一个看似为 25Ω 的走线，这引起阻抗的不连续，以及在此处的反射。由于这个原因，应该避免出现 Y 形。

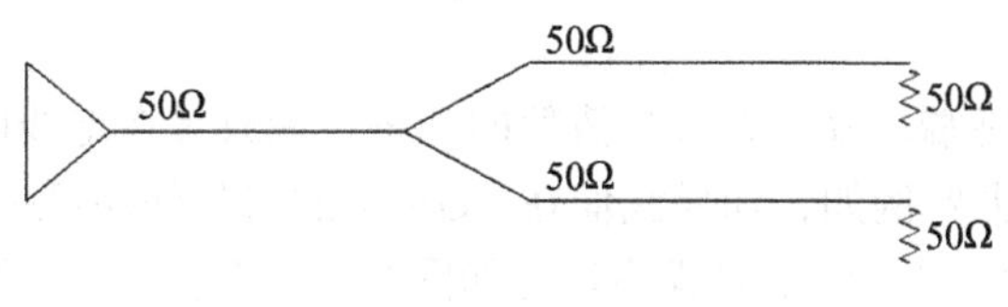

图 22-7　Y 形的问题

至少有三种可能的方法可用来处理 Y 形，如图 22-8 所示。最上面的情形是使分叉后的走线端接为 100Ω，那么，当它们组合回到 Y 形处，它们对主线来说就可看似为一个单一 50Ω 的走线，从而就没有阻抗的不连续性了。

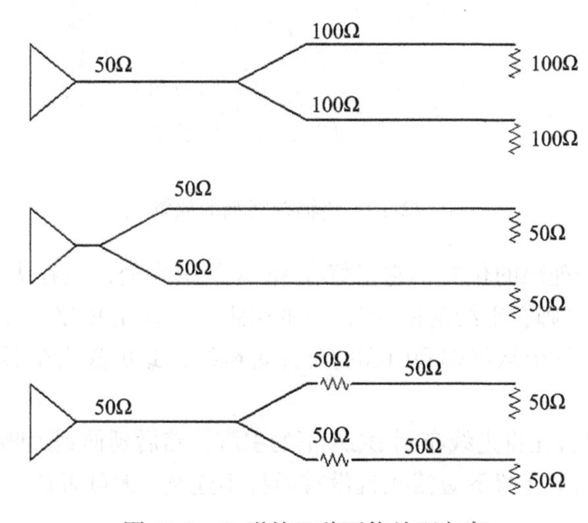

图 22-8　Y 形的三种可能处理方案

中间的情形是 Y 形被拉回到驱动端。这样一来，驱动端看到的是 25Ω 而不是 50Ω，但大多数驱动器能很好地处理它，并且如果 Y 形完全是在临界长度内，那么任何的阻抗不连续都没多大关系。

最下面的情形表示 Y 形化后同样的 50Ω 走线，但在每一个分支的起始部分都放置了一个分立的 50Ω 电阻器，这也将防止任何阻抗不连续在 Y 形处引起反射。然而，这一情形的缺点是接收器的信号电平被砍去了 50%。

22.2.7　避免短截线

当走线的一段分叉且没被端接时就会形成短截线，图 22-9 所示为一些短截线的例子。S1 是走线布至接收器然后继续下去的例子，但 S2 是一个分叉到接收器、没有任何端接的短截线的例子（S2 分叉的点也构成了一个“Y”形，见 22.2.6 节）。该走线端接于它与接收器连接的 S3 处，但从该处扩展出去的还有另一短截线 S4。

短截线 S2 和 S4 代表可能的反射问题，这是一个临界长度的问题（见 17.3 节）。如果长度足够长，从远端的反射可导致对主要信号分支的干扰。短截线 S4 看上去也有点像一个天线，从 EMI 的观点看，这是一个明显的问题（见 18.3 节）。像 S4 那样的短截线必须始终避免。像 S2 这样的短截线应谨慎使用，且要

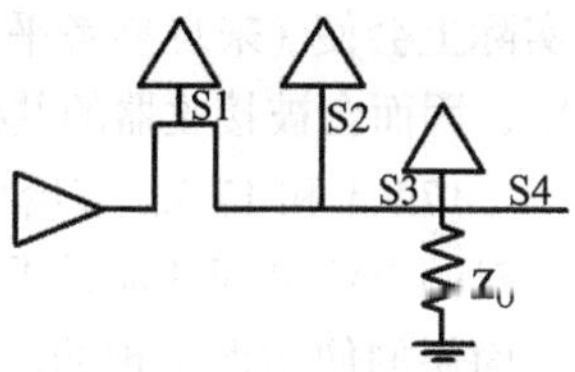

图 22-9　避免短截线

始终保持它们的长度在临界长度之内，而类似于 S1 的布线方法优于 S2。

22.2.8 终端的放置

如果我们使用并联终端，放置方法是清楚的：将终端放置在走线的末端。但如果不能利用走线末端，又该怎么办？例如，如果我们在 BGA 下的引脚处端接一个走线，但在 BGA 下面或许没有足够的物理空间可用来放置终端，如图 22-10 所示，它还给出了三种可能的终端放置位置。

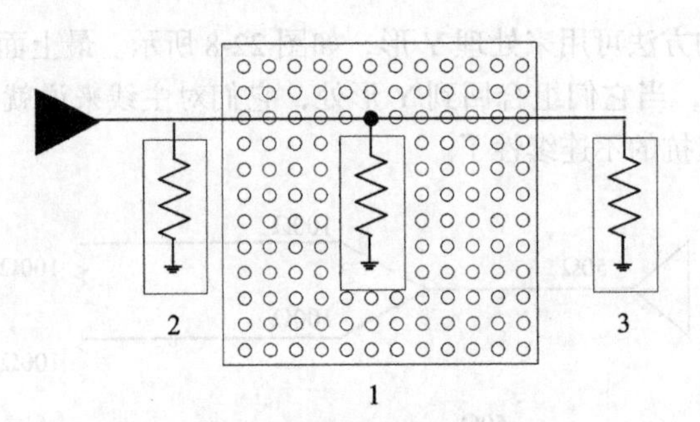

图 22-10 传输线终端的放置

终端放置选项 1 是理想的位置，它正好在 BGA 的引脚处，但在大多数时候这个位置用不了[⊖]。因此大多数设计师在走线前往 BGA 下的引脚前，就在 BGA 的边缘（位置 2）端接走线，但这一方法会导致一个从终端到引脚的延伸短截线，此短截线在那一点会引起可能的阻抗不连续和反射问题。

最好的解决方案是首先将走线布到 BGA 下的引脚，然后延伸到远侧（位置 3），随后在这里正确地端接。这样就不会留下短截线且没有阻抗不连续（无可否认，它是以额外的一些板面积为代价的）。

22.3 差分走线设计规则

在有关差分走线设计规则的领域，“专家们”之间有相当大的分歧。这一节概述了我感觉是最重要的规则及其原因，同时评述了相反的观点。这些规则可归纳如下：

- 在差分走线对下必须有一个参考平面层且平面是连续的。
- 走线必须等长。
- 走线必须布得相互靠近。
- 必须遵守差分阻抗规则。
- 整个长度上的走线间的间距相等。

22.3.1 平面连续性

有些人认为差分走线下不需要参考平面层。事实上，一些工程师认为参考平面层的存在实际上会使（来自参考平面层的）噪声耦合进走线中。但耦合噪声将同等地耦合进两条走线中，因而会被接收器的共模抑制特性所拒绝。

17.9.1 和 17.9.2 节给出了有参考平面层的差分走线对的电流与没有参考平面层的差分走线对的电流之间的流动差异。EMI 控制的思想需要我们最小化电流回路面积，那是借助参考平面层的使用而实现的。若参考平面层不连续，电流回路将要大些。因此，参考平面层的连

⊖ 这是我支持发展嵌入式无源器件的一个原因。

续性是需要的。

22.3.2 走线长度

差分走线上的信号很可能是相等且反向的，但如果不是这样，那么通过模式转换机制可能会产生共模电流（见 12.4 节）。共模电流会成为 EMI 问题的可能来源。为了最小化潜在的 EMI 问题，走线必须等长。

在以上五个设计规则中，这可能是最被普遍接受的重要的，或许甚至是最重要的规则。

22.3.3 走线的接近性

对于将走线布得近些的原则而言，有两个论据。第一个与在差分对周围产生的电流回路有关，如图 17-15（在回路电流稳定后）和图 17-16 所示，这一电流回路可能成为 EMI 问题。

但如果你不为此解释所动，另外还有一个论据：可能存在的任何外部噪声都可能耦合进差分走线对中。如果发生这种情况，差分走线系统的一个优点在于，这些噪声将被视为共模噪声而被接收器拒绝接收，但这将仅发生于两个走线上的耦合噪声相等时。走线相互间越近，耦合信号就越相等。

由于这两个原因，我认为走线应布得近一些。走线不应该布得近一些的异议与差分阻抗有关，这在下节讨论。

22.3.4 差分阻抗

如果差分走线布得很近，它们间将会发生耦合。这种耦合将影响走线的特征阻抗以及由此而来的正确端接。我们在 17.7.2 节讨论过差分阻抗，所以如果走线布得很近，可应用差分阻抗规则。

这是一些人为什么反对紧密间隔规则的原因之一。如果走线不是紧密布放，那么差分阻抗规则就不会成为问题。但如果我们信任紧密间隔规则，那么差分阻抗规则就是必然推论。

22.3.5 走线间距

如果差分阻抗规则适用，那么我们必须通过布线控制差分阻抗。阻抗控制的一个要素是走线间的耦合必须保持恒定（因为耦合会影响阻抗），因为耦合系数与走线间距直接相关，所以如果耦合必须保持恒定，那么走线间距也必须保持恒定。

你或许认为相等的间距和等长规则在某些情形下可能是相互排斥的，例如，如果差分对布在拐角附近，外侧走线将比内侧走线更长些，且大多数人认为等长规则更重要。此外，等距规则会影响阻抗，此处可考虑应用临界长度的因素。因此，如果设计师必须在这两个规则中做出选择，最佳的选择是保持走线长度相等，可对内侧走线增加一段补偿走线，并试着在拐角的临界长度范围内的区域进行。

22.4 过孔设计规则

如果上升时间非常快，可能有必要对过孔做些特殊考虑。与其在这里重复这些设计考虑，还不如回看第 21 章。

22.5 相信这些设计规则的原因

在一堂信号完整性课的结尾，一名学生问了我以下问题：

> 我们整天听你的设计规则，然后耐着性子听完 X 先生的研讨课并听到一些不同

的设计规则，接着我看到一些商业产品，如计算机主板、内存卡，但那些家伙并没有遵循我们听到的任何规则。为什么我们要相信你的设计规则？

这是个很好的问题，也是个棘手的问题。以下是我的回答。

22.5.1 语境

这很可能是学生们感知研讨会领导者之间差异的最重要原因。对学生来说，理解领导者正在说什么的语境是极其重要的（但很困难）。例如，一个与 EMI 相关的领导者的规则可能与其他某个人的阻抗控制相关的规则并不一致。一个人关于 1.0ns 上升时间所说的与另外某个人关于 100ps 上升时间所说的可能并不一致。

一位受人尊敬的作者在其书中的一部分可能说，为了控制 EMI，差分走线的布线应紧密些，但在同一本书中的另一部分，他或许会说，他喜欢将差分走线布放得远一些。但这第二个评述的语境是板级设计，其中走线宽度已经是制造者所能制造的最小值，并且在该设计中，重要的是所有走线都是 50Ω 的走线。如果走线布得太近，耦合将降低此阻抗，且由于生产线的限制，他将不能调整。因此，这就是为什么他要说（在那个特定的语境）他想将差分走线布得远一些。

22.5.2 专家间坦诚的分歧

在某些情形中，专家间没有达成任何共识。差分走线的设计规则就是一个很好的例子。由于在这一领域还没有是“普遍真理”的共识，这里就会有观点的差异。

22.5.3 有些人是完全错误的

很不幸地说，该领域的一些所谓“专家”的观点就是完全错误的。某人就有一个狂热的观点，差分走线不必为了时序的原因而等长。他自信满满地展示时序裕量是：即使差分走线的长度有相当大的差异都能被容忍而不会影响信号时序。他绝对正确，但这两者是不相关的，差分走线等长的原因与共模 EMI 有关，而与信号时序无关。

比如说，另一篇文章声称证明了：对于测试板而言，信号完整性问题不是由在参考平面层的缝隙上布线而引起的，换句话说，在参考平面层缝隙上布线是完全可以的。只有当你非常仔细地读了这篇文章，你才发现参考平面层缝隙下面是：另一个连续的（不破的）平面层。因此那个人所证明的是：只要在第一个参考平面层下有另一参考平面层，在参考平面层的缝隙上布线就是可以的。（这几乎不能成为一个普遍规则。）

22.5.4 资源

我认识一个与一家大型 IC 公司的处理器设计师关系密切的人，他为他们的计算机产品设计主板。我有一次问他，在最后产品设计完成前，他经过了多少次反复设计。他的回答是：“13”。13 次！如果你有资源做一个设计 13 次，在试图找到最优布线的过程中，你就能体验设计规则的折中，但我们的任何客户都不会让我们尝试 13 次去设计他们的电路板。他们希望一次就能设计好，或许为了微调会有第二次反复。如果你仅有一次或两次出手机会去将它做好，那需要在遵守的设计规则中保守些。这就是为什么你应该遵守包含在这里的规则，但如果你有 13 次尝试机会，那就放手去做吧。

附录 A
电流和麦克斯韦

麦克斯韦方程组（James Clerk Maxwell，1831—1879 年）是电子学理论发展中的一个伟大成就。麦克斯韦不是科学家和工程师，他是一位数学家。这个方程组（除了一个重要的例外）出自对其他人工作的总结。虽然如此，在理解在他之前的其他人所做工作方面，他认为这些工作是互相联系的，然后得出了一套方程组统一了那些工作，至今未受到挑战。

在 1873 年，麦克斯韦首次在他的 *Treatise on Electricity and Magnetism* 一书中发表了他的方程组。这组方程的优美之处在于它们完整地描述了一个封闭的系统。也就是说，如果你有一个稳定的系统，然后改变一个变量，所有其他变量将会调整以平衡此系统，不需要任何外部变量的参与。这个系统是完全独立的。

麦克斯韦方程组有四个“核心”定律，最早发现这些定律的人是：

- 安培（Andre Marie Ampère，1775—1836 年）；
- 高斯（Carl Friedrich Gauss，1777—1855 年）；
- 法拉第（Michael Faraday，1791—1867 年）。

这些定律为：

- 高斯定律（电场，1835 年）：有两种电荷，正的和负的。同性电荷相斥，异性电荷相吸，力的大小正比于它们电荷的乘积，反比于它们距离的平方。（我们通常称这一电场为 E 场。）
- 高斯定律（磁场）：每个磁极都是有一个相等和相反磁极的偶极子。磁力是一个矢量，方向沿其力作用的方向，磁力反比于距离的平方。（我们通常称这个场为 H 场。）
- 安培定律（1826 年）：电流伴随着磁场，其方向与电流成直角。（我们常常称这个场为 B 场。）（麦克斯韦的“修正”是：因而，变化的电流引起变化的磁场。）
- 法拉第磁感应定律（1831 年）：变化的磁场伴随着一个电场，它与磁场的变化成直角。

电子学的数学是变化的数学。根据定义，AC 电流是变化的电流，DC 电流没有很多令人感兴趣之处（或许除了点亮手电筒之外）。传播信息的是变化的电流。变化的数学是微积分。如果一个人在大学里学习电子学，掌握适量的数学是必要的。

麦克斯韦方程组是微积分方程，它们可表示为微分方程组或积分方程组。它们归纳在图 A-1 中。

麦克斯韦对理论所做的重要贡献与他的**位移电流**概念有关。

麦克斯韦不知道如何解释电容器极板间的电流是怎么流动的。你可以定性地解释电流是如何“流”过电容器的，但实际上电荷流不过去，并且电压确实建立在了电容器极板上，而且在电容器极板间充满着磁场线，就好像电流正在那儿流动。为了在数学上解释这些，麦克斯韦在数学模型中需要一个附加项，其称为“位移电流”。它与在它前后的传导电流幅值和相位相同。因此，可以认为它不是真实的电流，但它是可以（并且必须）用数学建模的实际效应。它在微分形式方程中是：

$$\varepsilon_0 = \frac{\partial E}{\partial t}$$

名称	微分形式	积分形式
高斯定律	$\nabla \cdot E = \frac{\rho}{\varepsilon_0}$	$\oiint_{\partial V} E \cdot \mathrm{d}A = \frac{Q(V)}{\varepsilon_0}$
高斯磁定律	$\nabla \cdot B = 0$	$\iint_{\partial V} B \cdot \mathrm{d}A = 0$
法拉第感应定律	$\nabla \times E = -\frac{\partial B}{\partial t}$	$\int_{\partial S} E \cdot \mathrm{d}l = -\frac{\partial \phi_S(B)}{\partial t}$
麦克斯韦修正的安培定律	$\nabla \times E = \mu_0 J + \mu_0 \varepsilon_0 \frac{\partial E}{\partial t}$	$\int_{\partial S} B \cdot \mathrm{d}l = \mu_0 I_S + \mu_0 \varepsilon_0 - \frac{\partial \phi_S(E)}{\partial t}$

图 A-1 麦克斯韦方程组

此项来自麦克斯韦对安培定律的“修正”。如果电流伴随着围绕电流（安培）的磁场，那么麦克斯韦认为变化的电流必定伴随着变化的磁场。虽然这个引申似乎是微不足道的，但它是麦克斯韦完成方程组所需要的。

附录 B

眼　　图

“眼图”是观察电路的一种可视的、经验的方法，以试图评估可能存在于电路中的噪声容限。它需要让电路执行所有可能的比特位跳变并将出现的所有不同信号形式叠加，我们可以通过简单地让电路“自由运行”一会儿或编排一套能更有效地完成同样事情的特定信号来实现这一目标。我们将会看到，在理想情况下跳变形成了一个睁大的眼睛。

眼图是一个**点概念**。也就是说，它描述电路某一特定点发生了什么。在电路中某点处眼睛清晰并不意味着在电路中另一点处眼睛清晰。先观察图 B-1，驱动器和接收器间有一个信号路径，图中信号从左向右流过。数据位流给出了通过某点的一个可能的信号流。我们将自右到左看到这个信号，也就是说，位流的右端在左端之前到达某点。

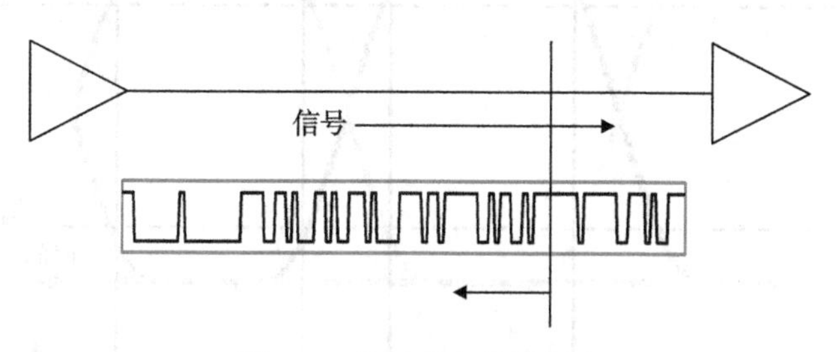

图 B-1　流经某点的数据流

如果我们观察三个数据位序列，则有 8 种可能的位组合（2^3）会发生，如图 B-2a 和 B-2b 所示。

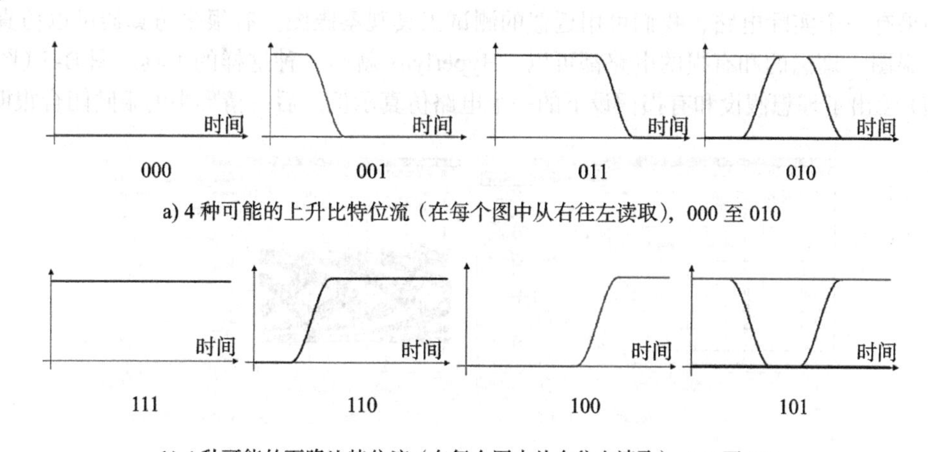

a) 4 种可能的上升比特位流（在每个图中从右往左读取），000 至 010

b) 4 种可能的下降比特位流（在每个图中从右往左读取），111 至 101

图 B-2　三个数据位序列有 8 种可能的位组合

如果我们将这八种数据流组合在一起，就得到图 B-3 所示的图案。只有自由运行的电路（连同存储范围）可以让我们在屏幕上看到所有可能的比特位组合。注意：比特位流是如何形成类似于眼睛的闭环。

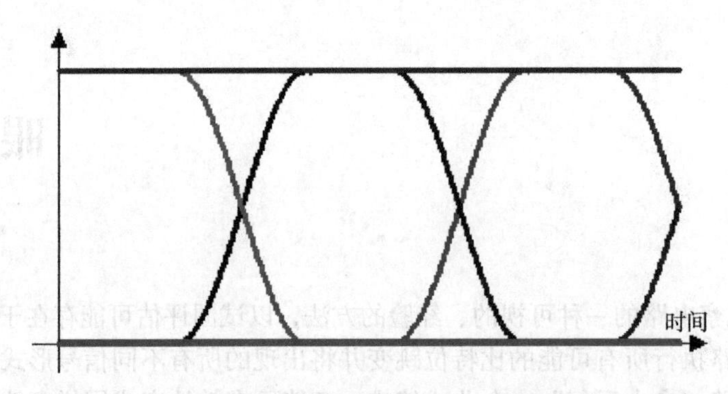

图 B-3 三个比特位宽度在某点的所有可能的比特位组合

眼图的好处是让我们现在可以观察对信号进行采样的时间窗口，见图 B-4。

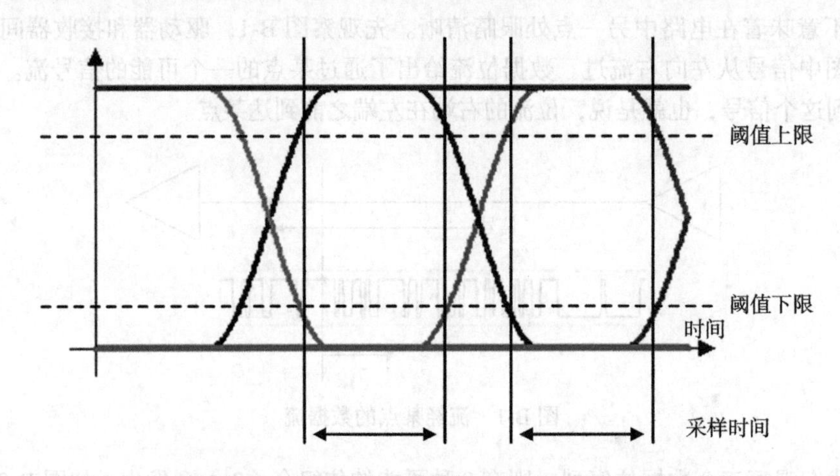

图 B-4 如果我们在采样时间内观察比特位流，将得到正确的信号

如果有一个实际电路，我们可用近似的测试工具观察眼图。有很多仿真器可以仿真电路并产生眼图，理想的和有损的电路都可以。Hyperlynx 就是一种这样的工具。图 B-5（图 20-7 的重演）给出了理想假设和有损假设下的一个电路仿真示例。后一情形中的眼睛闭合很明显。

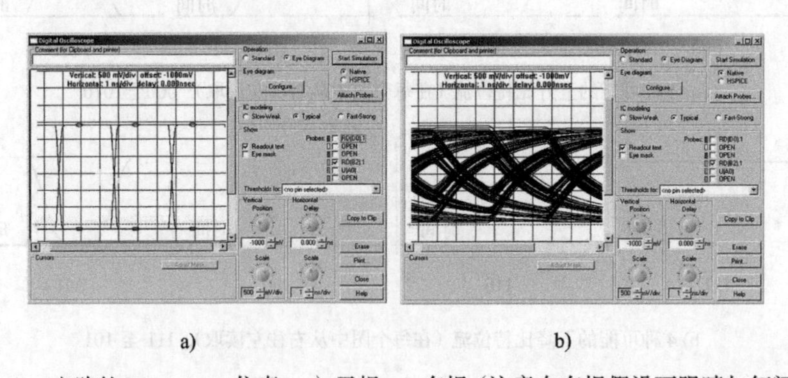

a)　　　　b)

图 B-5 电路的 Hyperlynx 仿真：a）无损，b 有损（注意在有损假设下眼睛如何闭合）

闭合的眼睛严重限制了时间裕量（图 B-4 中的采样时间）以及逻辑阈值。如果眼睛闭合得太多，此电路则不能精确地检测逻辑水平，从而会发生逻辑错误。

附录 C

电路板的消亡

在 PCB 时代的起初，我开始了我的电子学职业生涯。那时，你确实可以用一把雕刻刀片设计 PCB 并在厨房的洗涤槽里进行化学工作。从那时起，由于不断增长的 IC 密度，我们一直预言 PCB 的终结。最近的 PCB 消亡预言与苹果公司的各种 iPod 和 iPad 设计中的高集成度有关。

PCB 消亡的第一次预言始于 20 世纪 60 年代早期的 MSI（中规模集成），随后是 20 世纪 60 年代后期的 LSI（大规模集成），接着是 VLSI、微处理器、ULSI、MCM、SoC 等。每一次，印制电路板的消亡都没有出现，并且我认为短期内也不会发生。在我看来，将来 PCB 也不会过时，原因与在过去它们没有被废弃的一样。

在这样预言的问题在于他们采用了错误的衡量标准。人们往往关注单个 PCB 的功能，确实，单个 PCB 的功能几乎永远是在指数增长。我们可以在越来越小的面积上获得越来越多的线路和功能，但我认为正确的衡量标准不是单个 PCB 的功能，而是每个装置里 PCB 的数量。那样的衡量标准更为适宜。

这里有一些有趣的例证。30 年前，我买了一台又大又漂亮的新式电视机，里面约有 6 块 PCB。今天，我家里有一台一体式计算机，里面至少有 6 块 PCB，它有一个电视接收器，比旧式电视机好得多的显示器、功能强大的计算机、摄像机，还有其他部件。在显示器、主板、无线模块，以及硬驱、光驱、鼠标和键盘里都有一个 PCB。在电视机附近，至少有两块 PCB，一块是显示器的，一块是主板的。但在音频接收器、DVD 播放器、电缆分线盒，以及家庭娱乐计算机的近旁，总共有 10 多块 PCB。再加上几台电视机、我楼上的计算机、宽带调制解调器、无线路由器，以及无绳电话，因此我现在拥有的装置比 30 年前的多得多，将来还会有更多。

想想你家里有多少块 PCB：洗衣机里的、烘干机里的、冰箱里的、烤箱里的、洗碗机里的、搅拌器里的、厨房定时器里的、电话系统里的、调制解调器里的、路由器里的、计算机里的、电视机里的、DVD 里的、iPod 里的、闹钟里的、调光器里的、光感应器里的、荧光和 LED 灯里的、灌溉定时器和操纵件里的、室外照明器里的、汽车钥匙（不用提你车里有多少 PCB 了）里的、车库门开启接收器里的、车库门发射器里的、燃气和电能表里的（如果它们现在还没有 PCB，很快将会有的）。确实，单个 PCB 的功能在急剧增加，但每个装置里的 PCB 数量保持得还可以，并且装置数量增加的速度更是惊人的。因此不要相信 PCB 消亡的预言，PCB 生机勃勃。